KB157663

환경전문가 박광영의 세 번째 이야기

21세기 천손민족과

가이아의 비상飛上

국학자료원

박광영(朴洸英/Park, Kwang Young)
- 내외환경뉴스 · 내외매일뉴스 · 국제환경방송(iGTV) 회장
- 월드그린환경연합(중앙회) 총재
- 가이아 클럽 총재 / 국회환경포럼 정책자문위원
- 환경부 민관협력위원

우리 인류는 바이칼호 인근에서 태어났다고 한다. 이 바이칼호는 360개의 물줄기가 들어와 형성된 호수로 이물은 여성이 임신했을 때 양수와 비슷하다고 학자들은 말했다. 따라서 이 바이칼호는 인간을 탄생시킨 지구의 자궁이라고 한다.

현재 알타이산맥과 바이칼호수 주변에서 약 2만 5천 년~4만 5천 년 전에 인류가 살았다는 유적과 유물들이 발견되고 있어 이를 뒷받침 한다고 학계는 주장했다.

반면 진화론자들은 최초의 인류는 약 300만 년 전 '오스트랄로피테쿠스'며 이후 약 20만 년 전 직립인 '호모에렉투스(Homo Erectus)'로 이들은 불을 사용할 줄 알고 사냥을 하면서 살았던 것으로 알려졌다.

이후 네안데르탈인이라는 '호모사피엔스(Homo Sapiens)'는 언어를 사용하였으며 배를 만들어 물고기를 사냥했던 것으로 나타났다. 이후 현생인류의 조상인 '호모사피엔스 사피엔스(Homo sapiens spiens)'는 약 3~4만 년 전 나타났으며 크로마뇽 동굴에서 맨 처음 발견됐다 하여 '크로마뇽인'으로도 불리고 있다.

지난 2013년 9월 6일 SBS는 중국 윈민망 보도를 인용해 "중국 윈난에서 600만 년 된 것으로 추정되는 유인원 두개골이 발견됐다고 보도했다.

이 보도에 의하면 윈난성 정부는 "자오퉁시 자오양구 수이탕 방죽 고생물화석 유적지에서 약 620만 년에서 610만 년 전의 것으로 보이는 고대 유인원 화석을 발견했다"며 "이번 발견이 아시아에서 고대 유인원 유적이 발견되지 않은 공백기를 메워주고 유라시아 인류의 기원을 연구하는데도 중요한 사료가 될 것"이라고 설명했다.

어찌되었든 우리 인류는 빙하기를 지나 지금과 같은 따뜻한 기후가 되자 다시 번성할 수 있었다고 학자들은 주장했다. 당시에는 소수집단끼리 모여 살다가 약 1만 년전 기후가 따뜻한 천산지역으로 모여들었다.

때문에 많은 부족들이 생겨나고 각 부족의 대표와 리더가 필요해졌다. 이때 이러한 부족을 통합한 최초의 나라 환국(BCE 7197년)이 탄생했다. 이 환국(桓國)은 9환족으로 12나라로 이루어져 있었다고 전한다.

최초의 지도자는 1世 환인 안파견(安巴堅)이었으며 이후 7世 환인까지(BCE 7197~3897년) 3301년 동안 계승되었다. 이후 환웅천황 거발한(居發桓)이 백두산 신시로 이주해 동북아 최초 국가 "배달국(倍達國)"을 세우고(BCE 3897년) 1世 환웅천황이 되었다.

배달국은 18世(BCE 3897~2333년) 1565년 동안 통치되었으며 이후 단군왕검(檀君王儉)이 고조선을 건국(BCE 2333) 했다. 이후 단군 조선은 47世(BCE 2333~238년) 2096년 동안 계승되면서 동북아 최고의 국가로 군림했다.

우리는 천손(天孫)의 배달민족(倍達民族)이다. 그런데 지금까지 단군(檀君)을 신화로 잘못 알아왔다. 삼국유사(일연)부터 단군(檀君)은 100일 동안 쑥을 먹고 버틴 곰이 여자가 되자 환웅과 결혼해 낳은 아들이 단군왕검(檀君王儉)이라고 배워왔다.

그동안 우리 국민들 대부분이 우리 고대사(古代史)는 고조선부터라고 배웠으며 필자 역시 막연히 배달국 시대와 마지막 치우천황의 활약상 정도만 신화로 알아왔던 것이 사실이다.

특히 중국의 3황제(태호 복희, 염제 신농, 황제 헌원)와 요·순·하·은·주를 비롯해 춘추전국 시대, 진시황제, 한나라(유방)·수·당·명·청(마지막 부의)등 고대사(古代史)와 모택동(문화대혁명), 등소평(남순강화) 등 근대사(近代史)까지 나름대로 10여 년 전부터 공부를 해왔다.

그런데 올해 여름 휴가철에 환경 관련 책을 집필 중에 갑자기 우리나라 천손민족에 대해 궁금해졌다. 얼마 전 접한 '환단고기(桓檀古記)/상생출판'의 영향이 컸으며 이로 인해 우리 한민족의 국통 맥(國統脈)이 한 눈에 들어왔다.

이때 반가운 소식이 들렸다. 현 정부 들어와 한국사(韓國史)가 선택과목에서 필수과목으로 됐다는 것이다. 때문에 더욱 우리나라 고대사(古代史) 뿌리가 필요하다는 소명이 들었다.

어떻게 하면 학생들부터 일반인들까지 우리 '한민족사'를 재미있고 쉽게 접할 수 있게 하느냐? 는 것과 왜 지금까지 우리 고대사가 잘못돼 왔는지? 였다.

그런데 많은 자료를 조사하다가 너무나 울분이 터졌다. 우리나라 고대사가 일제 때 조선총독부에 의해 20만 여 권이 불태워졌으며 나머지 중요한 고대사들은 일 왕실 도서관으로 찬탈해 갔다는 것이다.

또한 조선총독부는 조선인들은 한민족사를 모르게 하라는 끔찍한 역사말살 정책을 폈다. 과연 이것이 현대판 '분서갱유(焚書坑儒)'가 아니고 무엇이겠는가? 이뿐만이 아니라 일제는 이것도 모자라 '조선사 편수'로 다시 한민족사를 조작했으며 국내 학자인 이병도씨를 참여시켜 정당화를 가장해 선전했다.

이병도씨는 이후 서울대 교수, 역사편찬위원, 문공부장관까지 역임하며 식민사관으로 많은 제자들을 양성했다. 사정이 이러하니 우리 사학(史學)이 제대로 되었겠는가? 무슨 문제만 생기면 '위서(僞書)'라 주장하며 우리 고대사를 지금까지 폄하하고 부정해 오고 있다.

특히 우리 민족의 국학(國學) 삼경(三經)인 '천부경(天符經)', '삼일신고(三一神誥)', '참전계경(參佺戒經)'도 이를 '대종교'를 통해서 전해진다고 해 하나의 종교 교리로 치부하고 있다.

필자는 언론인이지 역사학자가 아니다. 때문에 객관적으로 모든 것을 쉽게 우리 '국통 맥' 위주로 정리하고자 노력했다. 또한 우리가 '배달민족'의 후손인 '천손의 민족'임을 이해할 수 있도록 간결하게 정리했다. 우리는 이제 자부심을 갖고 21세기 통일한국의 미래를 준비해야 한다.

지금 중국은 우리 민족의 통일에 대비해 '동북공정(東北工程)'과 현재 자기 영토의 땅은 모두 자기들 역사라며 거꾸로 쓰는 '신 중화공정(新 中華工程)'을 하고 있다.

이때 우리는 역사의 뿌리를 제대로 찾고 미래를 준비해야 한다. 뿌리가 없는 민족은 미래도 없다. 때문에 지금부터라도 차분히 우리 '한민족사'를 다시 조명할 필요가 있다.

현재 사학자들은 '위서(僞書)' 논쟁보다 많은 고대사를 발굴해 올바른 전통 뿌리를 찾아야 하며 자라나는 우리 청소년들은 우리 '한민족사'를 바로보고 이해해 앞으로 올바른 역사학자들이 많이 나와 우리 '천손민족'의 역사를 바로 찾기를 바랄 뿐이다.

또한 21세기 글로벌 환경 시대를 맞아 지구온난화에 따른 각종 환경문제(식량 위기, 질병 위기, 에너지 위기)를 연구하고 글로벌 환경리더들이 우리 천손의 민족이기를 간절히 기대한다.

이 책은 1부 21세기 천손민족의 비상, 2부 녹색지구 가이아의 눈물, 3부 21세기 지구촌 3대 위기, 4부 녹색지구를 구할 녹색리더 '가이아 클럽' 등을 학생들뿐만 아니라 일반인들까지 폭넓고 쉽게 이해하고 접할 수 있도록 구성했다.

모쪼록 이 책을 통해 자라나는 우리 청소년들뿐만 아니라 일반인들도 우리 '한민족사'와 글로벌 환경문제를 쉽게 이해하고 앞으로 대안과 함께 방향을 제시하는 책이 되었으면 하는 마음 간절하다.

또한 '환단고기(상생출판)'를 발간해 우리 국통 맥(國統脈)을 정리한 많은 재야사학자 분들과 우리 역사를 찾기 위해 그동안 동분서주하신 분들께 한민족의 한사람으로써 감사를 드린다.

끝으로 이 책을 출간해 주신 국학자료원 정찬용 원장님, 정구형 대표이사, 심소영 팀장께도 감사를 드린다.

좀 더 많은 자료로 다양한 구성을 하고 싶었지만 필자는 앞에서도 언급했듯이 역사학자가 아니라 언론인으로 최대한 객관성을 갖고 '국통 맥' 위주로 간결하게 정리한 점 독자제현 여러분들께서 이해와 지도편달을 바랄뿐이다.

2013년 12월

문청(文淸) 박광영(朴洸英)

곽결호(郭決鎬)

• 현) 세종대학교 석좌교수
• 전) 환경부 장관, 한국수자원공사 사장

『가이아의 비상』의 저자이신 글로벌 녹색리더 '가이아 클럽' 박광영 총재님은 끊임없이 새로운 사실(事實)과 사실(史實)을 찾아내면서 지식 세계에 천착하시는 행동하는 선구자입니다.

박광영 총재님이 연전에 『1권 지구촌 대재앙과 생존전략』과 『2권 녹색지구 가이아를 구해라』를 출간한 데 이어 이번에 출간한 『3권 가이아의 비상』은 이 책을 읽는 많은 분들에게 특별한 감흥을 불러일으킬 것입니다. 그것은 우리의 역사를 재조명하고 지구온난화로 발생하고 있는 지구촌 재앙의 현실을 심도 있게 파헤치면서 이 시대가 직면하고 있는 식량 · 질병 · 에너지 위기라는 지구촌의 3대 위기가 본질적으로 환경문제에서 비롯됨을 알기 쉽게 분석하고 있기 때문입니다.

뛰어난 지성과 풍부한 상상력을 바탕으로 인간과 인간이 변형시킨 환경간의 인과(因果)관계를 실증적(實證的)으로 보여주고 있는 『가이아의 비상』은 오늘을 사는 우리들뿐 아니라 미래의 주역인 자라나는 세대에게 자신 있게 권하고 싶은 교양서입니다.

이 책은 우리나라의 고대사를 민주문명의 주류로 세워 신화와 세계문명사, 유물을 토대로 새롭게 조명하고 있어 대단히 흥미롭습니다. 또한 오도(誤導)된 오류(誤謬) 투성이의 우리나라 고대사인 고조선(古朝鮮)과 고구려(高句麗)와 대진국(大震

國) 발해의 역사를 재해석하고 바로 잡고자 하는 노력에 대해서는 겸허히 경의를 표하게 됩니다.

박광영 총재님은 언론인이시자 최고의 환경전문가답게 지구온난화 현상과 그 심각성을 "녹색지구가 병에 걸렸다.", "녹색지구 '가이아' 혼수상태에 빠지다"로 명쾌하게 지적하고 있습니다.

그 실증적 증좌로서 사라지고 있는 빙하(氷河)와 멸종위기에 처해있는 생물종(生物種)과 가속화되고 있는 사막화현상, 쓰나미와 허리케인, 지진과 화산폭발의 공포와 폭염·폭설·한파·가뭄·홍수 등 지구촌 곳곳에서 일어나고 있는 환경적 재앙을 사실적(寫實的)으로 기술하고 있습니다.

지구의 어머니인 가이아의 탄생에서부터 개발과 보전을 둘러싸고 첨예하게 맞서왔던 우리나라의 환경갈등 사례와 현대 문명이 빚어낸 국내외 화학물질 사고와 해양오염 사고를 비롯하여 경제 강국으로 떠오르고 있는 중국의 공해 등 지구환경문제를 광범위하게 다루고 있는 훌륭한 환경총서로서의 가치를 담고 있습니다.

파국(破局)으로 치닫고 있는 지구환경보전을 위해 인간이 어떤 활동을 해야 하는지를 보여주는 저자가 주관하고 있는 "가이아 클럽"에 대한 소개도 대단히 흥미롭습니다.

"젊음이란 인생의 어떤 시기가 아니라 어떤 마음가짐을 뜻한다"라는 말이 맞아떨어지는 박광영 총재님께서 앞으로 많은 사람들이 잘 알지 못하고 지나치고 있는 과거와 현실세계의 실상과 앞으로 닥쳐올 미래 세계를 선험(先驗)할 수 있도록 해박한 지식창고 역할을 계속해 주실 것을 믿어 의심치 않습니다.

김승도(金昇燾)
- 國學三法氣修練世界總本部 總裁
- 세계 기네스북 3개 기록보유자
- 세계가 인정한 氣의 大家

올해는 단기 4347년(2014년) 甲午年 청말의 해입니다. 저는 그동안 우리 역사의 뿌리가 살면 꽃이 피고 열매가 여는 법이라며 약 1만 년 된 '한국 역대 제왕표'를 만들어 보급하며 한 평생을 봉사로 살아왔습니다. 특히 우리 한민족의 경전 國學三經인『天符經』,『三一神誥』,『參佺戒經』을 우리 국민들에게 강의하며 올바른 역사를 전해왔습니다.

그런데 금번 다행스럽게도 내외환경뉴스, 내외매일뉴스, 국제환경방송의 발행인 겸 회장, 월드그린환경연합중앙회, 글로벌 녹색리더 '가이아 클럽'의 박광영 총재께서『21세기 천손민족과 가이아의 비상』이라는 책을 발간한다기에 기쁜 마음으로 우리 국민들, 특히 청소년들에게 자신 있게 추천드립니다.

저는 그동안 7세부터 한문공부와 三法氣를 수련해와 용광로 같은 기를 가지게 되었으며 지금까지 9톤 여의 쇠붙이를 먹고 소화한 초능력을 지닌 세계 80억 인구 중 유일한 사람으로 평가받고 있습니다.

國學과 三法氣는 사람이면 꼭 알아야할 學文으로 크게 天(하늘), 地(땅), 人(사람)이며 작게는 民族 學文인 造化(우주원리), 教化(가르침의 원리), 治化(다스림의 원리)의 三法을 말하는 것입니다.

지감, 조식, 금촉은 예를 들면 우리 몸도 머리(지식), 위장(음식), 배(단전숨 쉼)로 분류되어 있으며 병(病)도 마음(心)에서 오는 병, 피(血)에서 오는 병, 뼈(骨)에서 오는 병 등 세 가지이며 국회에서 법률이 통과될 때나 법원에서 판사가 선고할 때, 만세삼창, 종교적 삼신할머니 등 모두가 三法이 적용되고 있습니다.

박광영 총재께서는 금번 3번째 저서인 『21세기 천손민족과 가이아의 비상』 제1부 '21세기 천손민족의 비상'을 통해 우리나라 한민족의 국통 맥을 바로잡는 역사적인 일을 하셨습니다. 그 동안은 '환단고기'가 발간되어 재야 사학자 위주로 역사를 바로 세워 왔으며 강단 사학자들은 이를 위서라고 인정하려 들지 않고 있습니다.

이러한 때 박광영 회장은 이를 언론인으로서 새로운 시각으로 간결하게 한민족의 역사를 정리한 것은 대단히 높이 평가할 사안입니다. 제가 그동안 강의한 국학삼경을 비롯해 1만 년의 역사를 간결하게 누구나 쉽게 이해할 수 있도록 한 것은 자라나는 우리 젊은 세대가 읽고 알아야 할 필수적인 내용으로 다시 한 번 모든 국민들이 읽어야 할 고대사와 환경 관련 책으로 손색이 없다고 자부를 합니다.

우리 국민 모두가 그동안 잘 몰라왔던 우리 한민족, 천손민족의 뿌리임을 알고 자부심을 갖고 21세기를 힘차게 준비해 주시길 당부드립니다.

송일현 목사
• 대한예수교장로회 보라성교회 담임목사
• 한국기독교부흥회 증경회장(전) 대표회장)
• 로고스 말씀사역연구원 원장
• 보라성교회 글로벌비전센터 이사장

『가이아의 비상』의 저자이신 글로벌 녹색리더 박광영 총재님의 끊임없는 연구와 노력으로 귀한 책을 출판하게 되심을 진심으로 축하드립니다.

오랜 목회생활의 경륜과 또 이 시대를 살아오며 많은 것을 느낀 저로서는, 이번 박광영총재님의 우리의 역사를 재조명하며 새로운 방면으로 살펴볼 수 있는 가이아의 비상은 이 책을 읽는 많은 분들에게 감동을 불러일으킬 것입니다.

하나님이 지으신 이 땅, 아름다운 동산이었습니다. 그러나 우리 사람들로 인하여 타락해버리고 재앙으로 인해 파괴되어져 가고 있습니다.

누구도 그것을 바라보며 안타까워하지 않는 이 시대에 지구촌를 사랑하는 총재님의 마음이 재앙으로 인해 파괴 되어가는 환경, 그로 인해 변해버리는 지구촌에 발생하는 식량 부족, 치료되지 못하는 각종 질병 , 또한 마지막 이 시대에 일어나는 에너지 위기의 심각성을 알게 될 것이며, 이 책을 읽는 많은 분들을 통하여 실현될 것입니다.

그리고 이 시대를 살아가고 있는 우리들뿐 아니라 미래의 젊은이들에게 꼭 필요한 것이기에 자신 있게 권하고자 하는 교양서입니다.

또한 가이아의 비상의 책을 통하여 우리나라 고대사와 신화, 그리고 세계 문명사와 유물에 대한 내용은 대단히 흥미롭습니다. 백의민족인 우리나라 고대사인 고조선과 고구려의 역사를 바로잡고자 하는 부분에 있어서는 우리 젊은이들에게 이민족을 알게 하는 귀한 것이라 생각하며 존경을 표합니다.

지구의 환경보전을 위해 마지막 이 시대에 살아가는 우리가 어떻게 해야 하는지를 알고 우리에게 필요한 것이 무엇인지를 깨닫게 하는 책이라 봅니다.

이 책은 박광영 총재님의 체험과 이 땅에 이뤄지고 있는 수많은 재앙들을 보며 안타까움에 부르짖는 소리와 지구촌의 역사를 재조명시키는 좋은 자료가 될 것입니다.

총재님이 이 책을 통하여 전하고자 하는 뜻에 공감대를 느끼며 많은 감동과 감명을 통하여 이 세상에 전해지는 메시지가 되기를 기도합니다.

한 권의 이 책이 현대사회에 우리 천손민족과 글로벌 환경조성을 이끌어가는 데 기여할 수 있음을 믿으면서 자라나는 우리 청소년을 비롯해 모든 분들에게 추천하는 바입니다.

성우 大宗師
- 전) 중앙승가학원(현) 중앙승가대) 초대원장
- 전) 조계종 제11~12대 중앙종회의원 역임
- 현) 불교 TV 회장

먼저『21세기 천손민족과 가이아의 飛上』 저자이신 박광영 총재님께서 그동안 잃어버린 우리 한민족(韓民族) 뿌리 찾기에 고심(苦心)하고 상고사(上古史)와 국통 맥(國統脈)을 잇는 책을 저술해 출판하시는 열정에 감사드립니다.

특히 임진왜란(壬辰倭亂) 당시 구국(救國)을 위해 가사장삼을 수 하시고 승병장(僧兵長)이 되어 위기의 나라를 구(求)하신 서산대사(西山大師), 사명대사(四溟大師) 등 고승(高僧)의 활약과 호국(護國)성지(聖地)인 밀양의 표충사(表忠寺)를 기술하여 사부대중들이 친근하게 접할 수 있어 기쁘게 생각됩니다.

이 책은 1부 '21세기 천손민족의 비상'을 통해 우리 한민족의 국통 맥을 환국 시대부터 현재 대한민국까지 약 1만 년의 역사를 알기 쉽게 서술해 어린 청소년들부터 일반 대중들까지도 이해하는데 많은 노력을 하신데 대해 경의를 표합니다.

또한 2부 '녹색지구 '가이아'의 눈물'은 우리 인간들이 그동안 편리한 생활을 위한 자연환경파괴로 21세기 지구촌이 각종 환경재앙으로 몸살을 앓고 있으며 때문에 우리 인류가 위협을 받고 있다며 다양한 예를 들면서 경각심을 주고 있습니다.

제3부 '21세기 지구촌의 3대 위기'에서는 저자이신 박광영 총재께서 환경전문가

답게 그동안의 경험을 바탕으로 식량 위기, 질병 위기, 에너지 위기 등 3대 위기를 제시하면서 앞으로의 대응을 밝히고 있습니다.

제4부 '녹색지구를 구할 녹색리더 가이아 클럽'은 지구의 각종 화학물질 사고 등 안전 불감증을 경고하고 환경 NGO인 글로벌 녹색리더 가이아 클럽이 활동할 목표를 제시하고 있습니다.

이렇듯 이 책은 우리 한민족의 역사를 알기 쉽게 잘 설명하고 있으며 나아가 우리 지구촌의 환경의 위기에 대해 명쾌하게 지적하고 대안을 잘 제시하는 책으로 특히 우리나라 1만 년의 찬란한 역사인식을 새롭게 조명한 『21세기 천손민족과 가이아의 비상』을 필히 읽어보시길 권장하며 사부대중들의 가정마다 소원하는 모든 일들이 원만성취 하시길 바랍니다.

불기 2558년(2014年) 甲午年 새해

마하반야바라밀 마하반야바라밀 나무 바하반야바라밀

{ 차례 }

2부 녹색지구 '가이아'의 눈물

21세기 지구촌 3대 위기

녹색지구를 구할 녹색리더 '가이아 클럽'

1부

21세기 '천손민족'의 비상

1 우리는 천손(天孫)의 민족(民族)이다!

■ 왜곡 돼온 '한민족 뿌리' 역사

최근 『환단고기(桓檀古記/상생출판)』가 발간됨에 따라 우리 민족의 정통 뿌리를 찾게 되는 계기가 되어 언론인의 한 사람으로써 참으로 다행이라 생각된다. 그동안 우리는 애석하게도 『삼국유사(三國遺事/일연)』에서 전해져 오는 단군신화(檀君神話)를 우리 민족의 건국(建國) 역사(歷史)로 잘못 알아왔다.

歷代王朝의 檀君제사 日帝때 끊겼다

檀君은 神話아닌 우리國祖

堯와 함께 開國…箕子보다 앞서 立國

三國史記 이전 古記등 記錄 믿어야

식민사학자 이병도는 1986년에 단군은 신화가 아니라 우리의 국조라는 논설을 발표하여 과거의 식민사관을 수정했다.

삼국유사에는 옛날 하늘의 환인(桓因)이 아들 환웅(桓雄)에게 천부인(天符印)을 주어 세상에 내려가 다스리게 했다. 이에 환웅은 무리 삼천 명을 거느리고 태백산(太白山) 꼭대기의 신단수(神檀樹) 밑에 내려왔는데 이곳을 신시(神市)라 불렀다.

환웅천황(桓雄天皇)은 풍백(風伯), 우사(雨師), 운사(雲師)를 거느리고 인간 세계를 다스려 교화했다. 이때 곰 한 마리와 범 한 마리가 환웅에게 사람이 되기를 빌어 이에 환웅은 쑥 한 심지와 마늘 20개를 주며 "이것을 먹고 100일 동안 햇빛을 보지 않는다면 사람이 될 것이다"고 말했다. 이것을 참고 견딘 곰은 여자가 되었지만 참지 못한 범은 사람이 되지 못했다. 여자가 된 곰은 환웅과 결혼하였으며 둘 사이에 낳은 아들이 단군왕검(檀君王儉)이다.

위와 같이 삼국유사에서는 우리나라의 고대사를 제대로 기록하지 않고 신화(神話)로 만들어 우리는 지금껏 역사를 잘못 알아왔다. 참으로 한심한 노릇이 아닐 수 없다. 이렇듯 우리 역사가 잘못되고 왜곡된 것에 대해 『환단고기(편저. 운초 계연수/역주 안경전)』에서는 "그동안 전화(戰禍)로 인한 사서(史書)소실, 외세의 사서(史書) 탈취, 서양 실증주의의 사관에 의한 양독(洋毒)으로 인해 우리 한민족의 시원(始原) 역사가 없어지고 부정되었다"고 밝혔다. "또한 외래 종교에 중독돼 한민족인 우리들 자신의 역사를 바로 알지 않고 부정과 왜곡 역시 간과할 수 없는 이유다"고 말했다.

환단고기(桓檀古記)는 한민족의 역사 뿌리를 삼성조(三聖祖) 시대로 밝히며, 환국(桓國)은 BCE 7197~3897년 7世 환인천제까지 계승되어 총 3301년간 존속되었고 배달국(倍達國)은 BCE 3897~2333년 18世 환웅천황까지 총 1565년간 존속되었다. 이어 단군조선(檀君朝鮮)은 BCE 2333~238년 47世 단군 성조까지 계승되어 2096년간 존속 계승되었다고 밝혔다.

■ '한민족 국통 맥'에 따른 미래

〈구변지도(九變之道)의 우리 한민족 국통 맥〉

① 환국(桓國) /인류 최초의 나라 → ② 배달국(倍達國) 동북아의 한민족 최초 국가 → ③ 단군조선(檀君朝鮮) / 한민족의 전성기 → ④ 북부여(北扶餘) / 잃어버린 역사의 고리 → ⑤ 고구려(高句麗) / 북부여 계승 → ⑥ 대진국(발해)(大震國)과 신라 → ⑦ 고려(高麗) → ⑧ 조선(朝鮮) → ⑨ 대한민국(大韓民國)

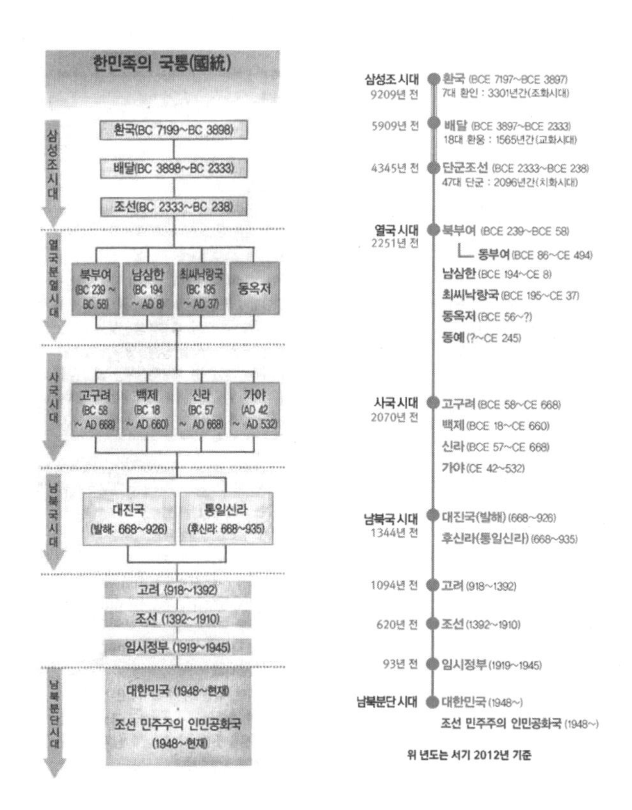

고조선 6대 달문 단군(BC 2083~BC 2048)때의 신지(神誌)발리(發理)는 9천 년 역사의 우리 한민족 국운에 따른 구변지도(九變之道)를 예언했다.

"신지비사(神誌秘詞)라는 이 예언서에는 환국(桓國), 배달국(倍達國), 고조선(古朝鮮)에 이르는 역사와 신교의 해원사상이 명문화된 경전이다. 특히 동국(東國)의 역사는 아홉 번 바뀐다고 밝혔다. 이 구변지도(九變之道)를 해석하면 '아홉 번 변하여 도를 이룬다' 즉 이름이 아홉 번 바뀌고 열 번째 나라에서는 새로운 역사가 열린다는 뜻을 말한다"

천부경(天符經)에서의 '9'수는 천지 상수원리에 의해 최대 확장 가능한 수이며 세상의 10공간 즉 진리궁까지 열린다. 때문에 10무극의 통일 시대 후천이 열리고 지금까지의 선천 분열 시대를 마감하고 통일국가로 거듭 태어난다는 의미로 해석된다.

이제 21세기를 맞아 우리 한민족은 국통(國統)을 계승해온 천손(天孫)의 민족으로 다시 태어날 것이다. 우리는 자랑스런 천손의 민족으로 자부심을 갖고 세계 질서에 당당하게 나가야 한다.

■ '아리랑'은 인류 최고(最古)의 찬송가

문헌에 따르면 아리랑은 배달국(BC 3897년~2333년) 시대부터 불려 졌으며 고조선(BC 2333년~238년)을 거쳐 현재까지도 불리어지고 있는 하느님의 노래라는 것이다. 아리랑은 우리 민족의 애환을 달래 온 노래로 슬플 때나 기쁠 때나 우리 겨레의 역사와 함께한 노래이다.

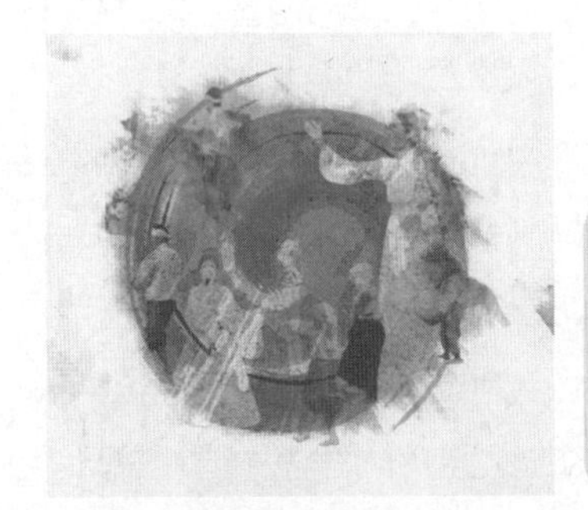

아리랑 아리랑 아라리요
아리랑 고개를 넘어간다
나를 버리고 가시는 님은
십리도 못가서 발병난다

우리 한민족은 기록된 계시인 성경에 의하면 '천손의 민족'으로 하느님의 택함을 받은 선민(選民)이라고 한다. 또한 유대민족은 복음의 첫 번째 주자로 사용하고 우리 한민족은 마지막 주자로 쓰임을 받을 것이라고 종교학자 유석근 목사는 밝혔다.

'아리랑'은 원래 '알이랑'이며 '알(하느님)', '이랑(함께)'라는 뜻이다. 하느님의 말 변천사는 '한울님' → '한늘님' → '하늘님' → '하느님'으로 현재 쓰이고 있다. 유대인의(EL), 아랍인(알라)는 '알'에서 파생된 말이라고 한다.

창조주 하느님을 뜻하는 인류 최초의 신명(神名)이 '알' 이었는데 대홍수 이후 '노아'에 의해 후세에 전해졌다한다. 즉 '이랑'은 하느님과 함께(with God)라는 말이다.

'알'은 모체(母體)요, 근원(根源)이요, 시작(始作)과 같은 뜻 이다.

창세기 노아는 대홍수 후 방주가 머무른 산 이름을 '하느님의 산'이라는 뜻으로 '알뫼'라 했다. 방주가 머무른 지역 '알뫼니아'는 아르메니아라는 지명으로 '알산' → '아르산'이라 불린다(창 8:4).

아라랏 산은 터키에서 가장 높은 해발 5,137m의 '대 아르'와 해발 3,985m의 '소 아르'로 구성되어 있다. '대 아르'는 일 년 내내 만년설로 덮여 있는데 이곳이 창세기의 '아라랏 산'으로 추정되는 곳이다.

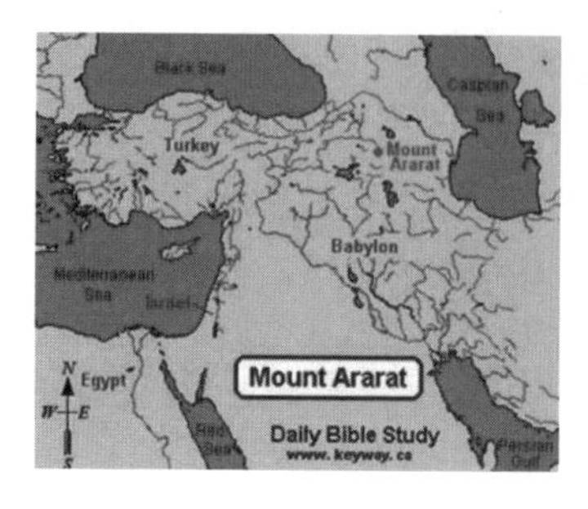

▲ 아라랏산(Mount Ararat)은 터키, 이란, 아르메니아 국경선 접경지역에 위치해 있다.

지난 2010년 4월 27일(현지시간) AFP통신과 외신들은 중국과 터키의 과학자들로 구성된 15명의 전문 탐사대가 터키 동부 아라랏산(해발 4,000m)에서 성서에 나오는 '노아의 방주'로 추정되는 목재 구조물을 발견했다고 전했다.

이란에서 실시된 탄소측정결과 이 구조물은 기원전 2800년의 것으로 확인되었으며 성서에 기록된 노아의 방주 건조시기를 근거로 100%는 아니지만 99.9% 노아의 방주가 맞다고 관계자는 주장했다.

이 목조 구조물은 여러 칸으로 되어 있고 목재 기둥 및 널빤지도 있으며 칸막이 형태로 볼 때 '동물우리'로 사용된 것으로 보인다고 탐사 팀은 설명했다.

성서에 의하면 '노아의 방주'는 길이 137m, 폭 23m, 높이 14m로 테니스장 36개를 합친 크기의 규모이다.

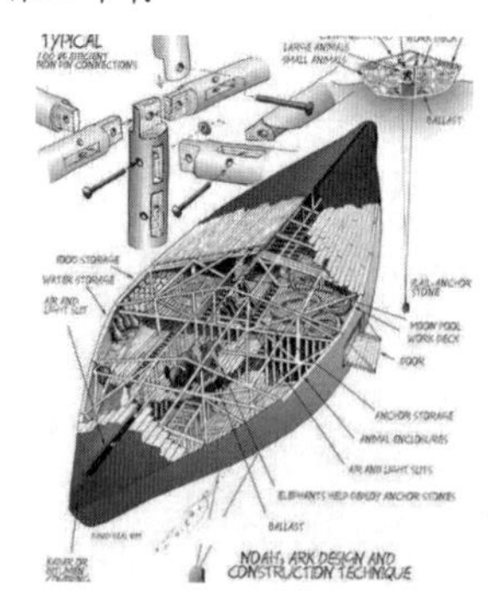

▲ 터키 아라랏산 산정에서 노아의 방주를 정박시킨 것으로 추정되는 거대한 돌 닻이 발견되었다.
◀ 여러 나라에서 성경에 기록된 노아의 방주를 근거로 모형 배를 제작해 실험한 결과 노아의 방주는 현대의 최첨단 조선공학 선박보다 뛰어난 안전성이 있음이 실증됐다.

'아리랑'은 창조주 하느님을 섬기던 고대 우리 한민족이 노아의 대홍수 이후 동쪽 신시로 이동하면서 수많은 산과 언덕을 넘고 고원들을 지나면서 하느님과 함께(with God)라며 부른 '찬송가(알이랑)'라고 '알이랑 민족'의 저자 유석근 목사는 주장했다.

■ 겨레의 꽃 '무궁화(無窮花)'는 '샤론의 장미'

세계 각 나라는 그 나라를 상징하는 대표적인 꽃을 국화(國花)라고 한다. 우리나라 국화(國花) '무궁화(無窮花)'는 추위에 강하며 옛날 시골의 대부분 집집마다 울타리용으로 많이 심었다.

그 당시에는 어디서나 흔히 볼 수 있는 꽃으로 낙엽과인 '활엽관목'이다. 무궁화는 보통 100일 동안 피고 지며 계절에 구애 없이 계속 피는 꽃이다. 무궁화는 태양과 함께 아침에 피었다가 저녁에는 지는 꽃이다.

『단군세기』, 『규원사화』에 따르면 무궁화는 단군 때부터 국화로 인연을 맺었으며 환화(桓華), 훈화(薰花), 천지화(天地花), 근수(槿樹) 등으로 다양하게 불렸다고 한다.

▲ 우리 겨레의 꽃 무궁화 모습

일제(日帝)는 한일합방 후 우리나라 국화인 무궁화를 '눈병이 나는 꽃'이라며 가까이 가지 못하게 했다. 그들은 조선(朝鮮)에 있는 모든 무궁화(無窮花)를 뿌리째 뽑고 그곳에 '벚꽃나무'를 심도록 만들었다. 때문에 우리는 무궁화 축제는 없고 일본 꽃인 '벚꽃 축제'만 해마다 해오고 있는 것이다.

일제는 우리 한민족의 '국화(國花)'인 무궁화와 함께 '역사와 말'까지 통째로 말살시키는 정책을 폈다. 하지만 역사는 물론 국화인 무궁화 꽃은 '천손민족의 꽃'으로 아직도 전국의 곳곳에 살아남아 있다.

현재 우리나라에 30년 이상된 무궁화나무는 120여 그루에 불과하다고 한다. 일제는 무궁화가 우리 한민족의 '민족정신(民族精神)'을 일깨울 수 있다며 악랄하게 무궁화 말살 정책을 폈기 때문이다.

'무궁화'는 배달의 꽃으로 우리 겨레의 꽃이다. 전문가들은 그 꽃이 빛을 사랑하는 우리 배달민족의 얼을 상징하는 꽃으로 밝고 환한 것을 좋아해 태양과 함께 피고 태양과 함께 진다고 한다.

그런데 우리 겨레의 꽃인 무궁화(無窮花)가 예수 그리스도를 상징하는 꽃인 '샤론의 장미(the rose of sharon)'라고 하는 사실을 아는가?

우리나라 무궁화 꽃이 국제적인 이름이 바로 '샤론의 장미(the rose of sharon)'이다. 동아프라임 한영사전(동아출판사)에 '무궁화(無窮花) 〈식물〉 the rose of sharon 〈학명〉 국화 the national flower of korea로 되어 있다.

우리 한민족의 국화(國花)인 무궁화(無窮花)가 예수 그리스도를 상징하는 꽃 '샤론의 장미'가 되었는데 이것이 무엇을 의미하겠는가?

기독교 알리랑 민족의 저자 유석근 목사는 "무궁화는 그 꽃잎이 순결한 백색이고 화심은 피처럼 붉으며 꽃대는 노란 황금빛 인데 이는 예수 그리스도의 순결과 고난 그리고 영광을 보여주고 있는 것이다"고 말했다.

■ 우리나라 애국가는 '찬송가'

애국가는 하느님을 찬양하는 찬송가이다. 애국가는 1908년 한국 초대교회가 재판 발행한 '찬미가'에 실려 있다. 이는 조선이 1910년 한일합방으로 나라의 주권을 빼앗기기 2년 전이다. 때문에 애국가는 일제 강점기에 '찬미가'를 통해 널리 보급되었다. 애국가의 작가가 윤치호, 작곡가 안익태 선생 모두 기독교인 이었다고 한다.

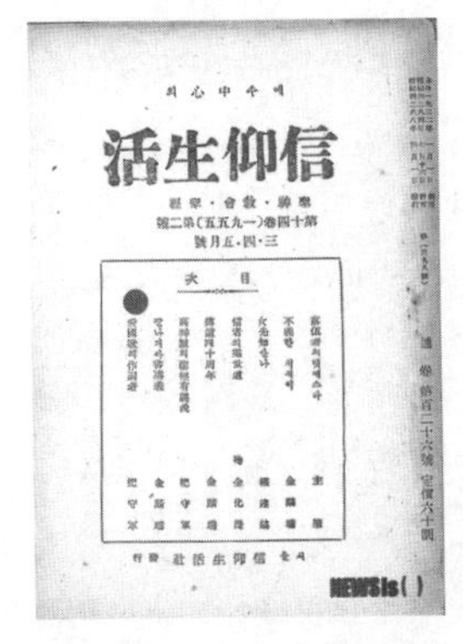

◀ 애국가 작사가는 안창호가 아니라 윤치호임이 밝혀졌다.

기독교 유석근 목사는 애국가가 찬송가인 이유에 대해 "하느님이 보우하사 우리나라 만세~ 무궁화(無窮花.the rose of sharon) 삼천리 화려 강산~대한사람 대한으로 길이 보전하세"에서 "'무궁화'는 '샤론의 장미'로 예수 그리스도를 상징하는 꽃이다"고 밝혔다. 이어 "한국교회는 애국가를 다시 찬송가에 수록해 교회 안에서 불려 지도록 해야 한다"고 주장했다.

◀ 대한민국 최동단에 있는 섬, 독도(獨島)
독도는 경상북도 울릉군 울릉읍 독도리 1~96번지에 걸쳐있다. 동경 131° 51′~131° 53′, 북위 37° 14′00″~37° 14′45″에 위치한다. 옛날부터 삼봉도(三峰島)·우산도(于山島)·가지도(可支島)·요도(蓼島) 등으로 불려왔으며, 1881년(고종 18)부터 독도라 부르게 되었다. 이 섬이 주목받는 것은 한국 동해의 가장 동쪽에 있는 섬이라는 점도 있지만, 어이없게도 일본이 영유권을 주장해 분쟁의 대상이 되고 있기 때문이다.

그는 "아직까지도 한국교회의 일부 무지하기 짝이 없는 그리스도인들이 과거 일제 식민사학자들이 한민족의 상고사를 말살하기 위해 주장했던 논리들 즉 '단군은 신화다' 라는 말을 앵무새처럼 되풀이하고 있다"며 분개해 했다.

이어 그는 "또 이런 논리는 서글픈 일이다. 학문적 검토도 없이 한국교회의 이와 같은 태도는 기독교 교회의 비 이성적(理性的)이며 비 애국적(愛國的) 집단이라는 오해를 초래하고 있다. 이것이 과연 신교측면에서 얼마나 부정적인 영향을 교회에 끼치고 있는지 모른다"고 안타까워했다.

그는 저서 '알이랑 민족'에서 단군은 '욕단'의 다른 이름이다고 주장했다. 여기서 '벨렉'과 '욕단'은 노아의 작은아들 '셈'의 후손이다. 이들의 가계는 '셈'(노아의 작은아들)→ 아르박삿(셈의 셋째아들) → 셀라 → 에벨(BC 2391년) → 벨렉(에벨의 큰아들로 후에 유대인의 직계 조상) → 아브라함(BC 2166년) → 이스라엘이며, 에벨 → 욕단은(단군. BC 2333년)으로 우리 한민족의 직계 조상이다고 주장했다.

즉 '욕단'은 셈(황인계)의 후손이다. '노아의 방주'(하느님이 대홍수로 심판한 때. BC 2458년) 이후에 '벨렉'의 자손들은 하느님을 불신하는 마음을 품고 동쪽의 반대 방향인 서쪽으로 이동해 '시날평원'(티그리스 강과 유프라테스 강 계곡 안에 있는 지역)에서 노아의 둘째 아들 '함(흑인계)'의 손자인 '니므롯'의 선동에 따라 바벨탑을 쌓다가 결국 서로 다른 언어를 가지고 각지로 흩어지고 말았다.

하지만 '욕단'은 하느님의 신앙인 '유일신 신앙'을 갖고서 자손들과 함께 동쪽의 백두산 신시로 이동했는데 이분이 우리 민족의 조상인 '단군(욕단)'이시다. 결국 '벨렉'계의 선민(選民)은 아시아 서쪽의 '유대민족'이요. '욕단'계 선민(選民)은 동쪽의 '한민족'이다고 말했다.

이 부분은 우리 민족 사학계가 주장하는 내용과 대립되는 내용이며 논란이 될 수 있는 부분이다. 우리 전통 역사학계는 환국의 서남쪽에 있던 '우르국과 수밀이국' 사람들이 기후변화에 따라 따뜻한 남쪽으로 이동해 '수메르 문명'(메소포타미아 문명)을 탄생시켰고 이후 이를 모체로 이들 중 일부가 남쪽의 갠지스강 유역으로 이주해 '인도 문명'을 탄생시켰다.

또한 일부는 나일강 유역으로 이주해 '이집트 문명'을 탄생시켰고, 다른 일부는 터키를 거쳐 유럽의 그리스로 이주해 '유럽 문명' 탄생의 근간이 되었으며, 기타 캐나다 쪽을 거쳐 남미의 잉카, 마야 문명을 일으켰다고 한다.

어찌 되었든 최초에는 결국 모두가 하느님의 자손이었으며 이들이 가계를 이루면서 각 나라의 조상이 된 것이다. 문제는 사학자들이 자기주장만 하기보다는 역사를 바로 볼 수 있는 연구와 노력이 필요할 것이다.

❷ 우리 민족의 경전(經典) 『국학삼경(國學三經)』

우리는 그동안 천부경(天符經)은 숫자로 된 경전(經典)이라는 정도만 막연히 알아 왔을 뿐 학계를 제외한 대부분 일반인들은 잘 모르고 지내왔다. 그런데 우리 민족의 경전이 『천부경』뿐만 아니라 『삼일신고』, 『참전계경』이 있다. 이를 우리가 모르는 것은 지금의 역사 교육이 잘 못되었기 때문이다. 이제 부터라도 우리 한민족의 올바른 역사를 알아야 새로운 21세기 우리 미래가 밝을 것이다.

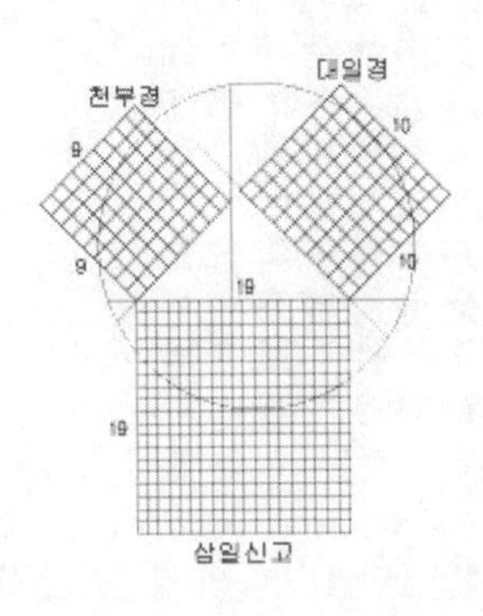

〈한민족 3대 경전〉

① 천부경(天符經) → 조화경(造化經)
② 삼일신고(三一神誥) → 교화경(敎化經)
③ 참전계경(參佺戒經) → 치화경(治化經)

■ **천부경(天符經)의 역사(歷史)**

천부경은 약 9000년 전 천산에서 시작된 환국(桓國)의 시조(始祖)인 환인(桓因) 안파견께서 수행을 통해 우주의 이치를 깨닫고 인간 안에 있는 신성을 깨달아 천부경의 원리에 의해 국가를 세우고 통치하였다고 한다. 그는 신인(神人)으로 기(氣)를 타고 노닌다하여 '천기도인(天氣道人)'으로 불렀다.

환국의 뒤를 이은 신시 배달국 시대에 환웅(桓雄) 거발한이 '신지현덕'에게 명하여 한민족 최초인 녹도문자(사슴 발자국을 본뜬 글자)로 천부경을 기록하게 하였다한다.

이후 단군왕검(檀君王儉)을 시조(始祖)로 한 단군조선(檀君朝鮮)에 이르러 전서로 옮겨졌으며 이 전서로 된 천부경은 신라의 대학자 고운 최치원이 다시 한자로 번역함으로써 오늘에 이르게 되었다.

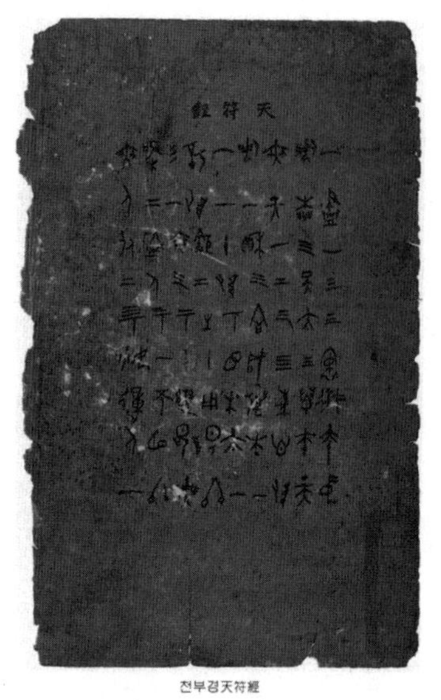

천부경天符經

고려시대 포은 정몽주, 목은 이색, 야은 길재와 더불어 오은五隱중에 한 사람인 농은農隱의 유집에서 발견된 천부경문

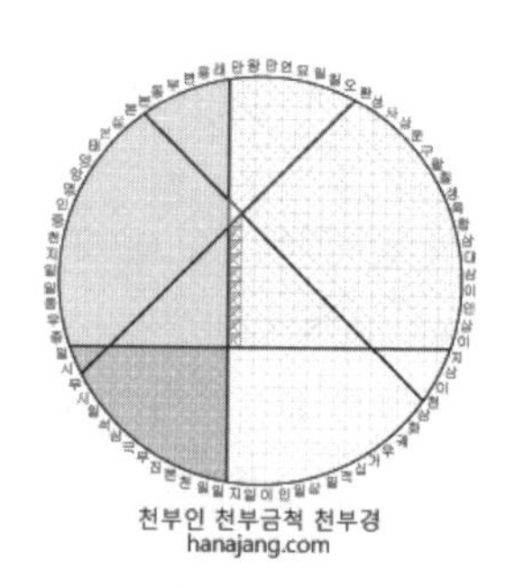

천부인 천부금척 천부경
hanajang.com

中本衍運三三一盡一
天本萬三大天三本始
地心往四三二一天無
一本萬成合三積一始
一太來環六地十一一
終陽用五生二鉅地析
無昂變七七三無一三
終明不一八人匱二極
一人動妙九二化人無

천부경 안에 담긴 원리(原理)와 철학(哲學)은 오랜 세월동안 한민족의 정신적, 문화적 뿌리가 되었다. 천부경은 국가통치 이념과 고대 환국에서 국가경영의 철학적 기반이 되었던 '조화, 교화, 치화'의 철학이 담긴 우리 민족의 경전(經典)이다.

이 철학은 조선(朝鮮)을 세운 '단군왕검(檀君王儉)' 때에 '홍익인간(弘益人間)', '이화세계'라는 건국이념이 되었다. 이러한 건국이념 속에는 공동체 구성원 모두가 자기자신이 누구이며 삶의 목적이 무엇인지를 깨달아 영적인 완성을 이루는 것이었다. 이를 통해 자신이 속한 공동체를 이롭게 하는 이상적인 사회 모습이 구현되었다. 그러나 47世 단군 고열가를 끝으로 깨달음의 도(道)가 끊어지고 그때부터 인간의 역사는 소유와 지배로 얼룩진 전쟁의 역사가 되었다. 그 후부터 천부경의 정신은 한민족의 역사 속에서 '율려도', '풍류도', '신선도' 등의 이름으로 전해오며 그 맥을 이어왔다.

■ 천부경(天符經)의 삼원조화(三元造化)

천부경의 핵심철학은 천지인(天地人) 삼재(三才) 사상으로 천부경 안에서 '하늘과 땅이 모두 하나로 있다'는 인중천지일(人中天地一)로 표현된다. 이것은 '시작도 끝도 없는 하나'를 뜻한다. 즉 '모든 존재가 그것에서 나와 그것으로 돌아가는 하나'를 의미하는 '일(一)' 이라는 숫자로 귀결된다.

이 하나의 다른 모습을 삼원(三元)이라 한다. 이를 다시 성(性), 명(命), 정(精)이라하고 다시 이(理), 기(氣), 상(象) 이라고도 하며 천(天), 지(地), 인(人)이라 한다. 즉 하나는 셋으로 이루어져 있고 그 셋이 조화를 이루어 모든 것을 생성한다. 천부경의 형식은 우주의 신비로 나타나는 히란야(육망성)와 피라밋이다.

천부경은 총 81자로 이중 문자는 50자, 숫자는 31자로 되어있다. 또한 첫 숫자와 끝 숫자가 일(一)이다. 이는 전체가 일(一)로써 우주를 의미한다. 즉 우주 만물은 시작도 없고 끝도 없는 하나이다(一始無始一로 시작해서 一終無終一로 끝난다).

천부경의 31자 숫자를 모두 더하면 99가 되는데 이는 100으로 들어가는 영원무궁으로 우리 민족의 후천 미래가 밝다는 것을 의미한다. 천부경의 가로 9자, 세로 9자, 총 81자의 정사각형 중앙 숫자는 6(六)으로 중심 수이다. 숫자 중에서 6(六)이 중심이 된 것은 자연계 숫자 중에서 가장 작은 완전수이기 때문이며 자연계 질서의 가장 적합한 형태로 가장 안정된 생명에너지를 품고 있다.

특히 6(六)은 천지인 삼합(하늘, 땅, 사람의 음양)이 합쳐진 가장 완벽한 숫자이며 하나의 중심 완성체로 소우주인 인간을 상징한다. 예로 가장 완전한 물은 육각수이며 우리 인체 역시 육각형 체질로 육각수를 마시면 빠른 흡수와 함께 건강을 유지할 수 있다.

깨끗한 눈의 결정도 육각형이며 벌집, 거미줄, 수정도 역시 육각형이다. 육각형의 벌집에서는 부화율이 100%라 한다. 고대 문명의 이스라엘이나 유럽, 아랍 등 인류 역사 속에서도 6(六)각형의 많은 기록을 발견할 수 있다. 이스라엘 국기(六芒星)도 육각형이며, '다윗의 별'도 육각형이다.

고대 이스라엘 '솔로몬 왕(BCE 930년)'은 초대 국왕 '사울', 2대 국왕 '다윗'에 이어 3대 국왕으로 '솔로몬 제국'을 만들었는데 '솔로몬 왕'은 이 육망성(헥사그램)을 갖고 귀신을 내 쫓고, 천사를 소환했다고 한다. 이 때부터 육망성(六芒星)은 '솔로몬의 인장', '다윗의

별'로 불려 졌으며 액운을 몰아내는 특별한 힘이 있는 것으로 알려졌다.

특히 유대인. 기독교인. 아랍인들은 이 '육망성(六芒星)' 상징을 많이 사용하였다. 중세 이후 지어진 유럽과 아랍의 큰 건물 중앙 천정에는 '육망성의 인장'이 황금빛으로 새겨져 있는 곳이 많다.

이제 우리는 천부경과 함께 우주 인류, 천손민족, 천손언어(한글)를 이해하고 더 나아가 정치, 경제, 사회, 자연 및 우리의 인생 과 운명을 개척하고 세계 속에 천손의 민족으로서 자부심을 갖고 더욱 발전시켜 나가야 할 때이다.

■ 삼일신고(三一神誥)

천부경이 만물의 근원이자 귀결인 환(桓)을 81자로 압축해 설명한 것이라면 삼일신고는 환(桓)을 체득하기 위한 방법과 마음자세를 풀어놓은 것이며 366자로 되어있다.

『삼일신고』의 '삼일(三一)'은 "삼신일체(三神一體), 삼진귀일(三眞歸一)이라는 이치(理致)를 뜻하고 '신고(神誥)'는 신(神)의 신명(神明)한 글로하신 말씀"을 뜻한다.

『어학사전』에는 단군(檀君)이 한울, 한얼, 한울집, 누리와 참 이치(理致) 다섯 가지를 삼천단부(三千團部)에게 가르친 말로 이것을 신지(神誌)가 써둔 고문(古文)과 왕수긍(王受兢)이 번역(飜譯)한 은문(殷文)은 현재 없어지고 오직 고구려(高句麗)때에 번역하고 발해(渤海)때에 해석(解釋)하여 놓은 한문(漢文)만이 남아 있다고 한다.

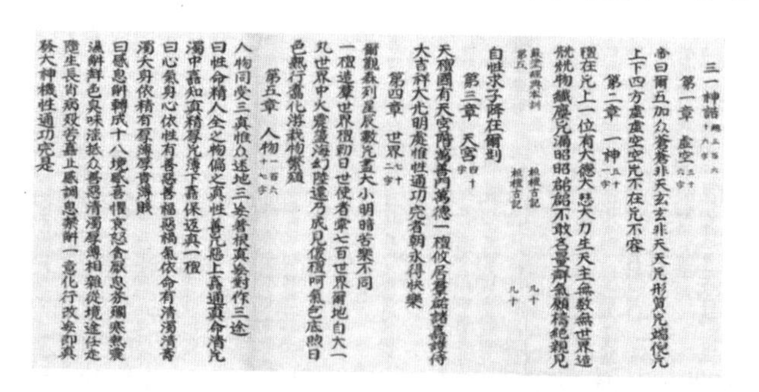
三一神誥
第一章 虛空
帝曰爾五加衆蒼蒼非天玄玄非天天无形質无端倪无
上下四方虛虛空空无不在无不容
第二章 一神
神在无上一位有大德大慧大力生天主无數世界造
兟兟物纖塵无漏昭昭靈靈不敢名量聲氣願禱絶親見
自性求子降在爾腦
第三章 天宮
天神國有天宮階萬善門萬德一神攸居群靈諸哲護侍
大吉祥大光明處惟性通功完者朝永得快樂
第四章 世界
爾觀森列星辰數无盡大小明暗苦樂不同
一神造群世界神勅日世使者牽七百世界爾地自大一
丸世界中火震盪海幻陸遷乃成見象神呵氣包底煦日
色熱行翥化游栽物繁殖
第五章 人物
人物同受三眞惟衆迷地三妄着根眞妄對作三途
曰性命精人全之物偏之眞性善无惡上哲通眞命淸无
濁中哲知眞精厚无薄下哲保返眞一神
曰心氣身心依性有善惡善福惡禍氣依命有淸濁淸壽
濁殀身依精有厚薄厚貴薄賤
曰感息觸轉成十八境感喜懼哀怒貪厭息芬爛寒熱震
濕觸聲色臭味淫抵衆善惡淸濁厚薄相雜從境途任走
墮生長肖病歿苦哲止感調息禁觸一意化行改妄卽眞
發大神機性通功完是

이 책은 1906년 1월 24일 오후11시 '나철(羅喆)'이 구국운동 중 일본에서 귀국해 서대문역에서 세종로 방향으로 걸어갈 때 한 노인이 다가와 "그대가 나철인가?"묻고 "나의 본명은 백전(伯佺)이고 호는 두암(頭巖)이며 나이는 90세 인데 백두산에 계신 백봉신형(白峯神兄)의 명을 받고 공(公)에게 이것을 전하러 왔노라"면서 백지에 싼 것을 전해주고 사라졌다한다. 이것을 풀어보니 『삼일신고』와 『신사기』가 한 권씩 들어 있었다.

이 책의 본문 앞에는 발해국 고왕(高王)의 '어제삼일신고찬문(御製三一神誥贊文)' 이 있으며, 그 앞에 어제(御製)인 '대야발(大野渤)'의 삼일신고서(三一神誥序)가 있다. 본문 뒤에는 고구려 개국공신인 마의극재사(麻衣克再思)의 '삼일신고독법(三一神誥讀法)'이 있고, 끝으로 발해국 문왕의 '삼일신고봉장기(三一神誥奉藏記)'가 붙어있다고 한다.

여기에는 삼일신고가 전해진 경위와 유실(遺失)되지 않도록 각별히 노력한 경위가 실려있으며 이들 내용 가운데 발해국 문왕까지 이 경전(經典)이 전해진 경위가 밝혀져 있다. 특히 그뒤에 대종교까지 전해진 경위는 백두산의 백봉과 백전 등 32인이 1904년 10월 3일에 발표했다는 '단군교포명서(檀君教佈明書)'에 밝혀져 있다.

이 책은 한배검이 홍익인간(弘益人間), '광명이세(光明理世)'의 큰 이념으로 팽우(彭虞)에게 명하여 그 가르침을 받게 하고, 고시(高矢)는 동해(東海)가에서 청석(青石)을 캐내어 오고, 신지(神誌)는 그 돌에 고문(古文)으로 새겨 전하니 이것이 이 책의 '고문석본(古文石本)'이다. 이후에 부여의 법학자 왕수긍(王受兢)이 은문(殷文)으로 단목(檀木)에 새겨 읽게 하니 이것을 '은문단본(殷文檀本)'이라 한다.

이 두 가지가 모두 전화로 없어졌는데 고구려때 한문으로 번역한 것이 전해져 발해국 문왕이 조부인 태조 고왕의 찬문과 대야발의 서문, 극재사의 독법 등을 엮고 자신의 봉장기를 덧 붙여 '어찬진본(御贊珍本)'을 만들었다.

문왕은 전대에 석본과 단본이 모두 유실되어 후세에 전하지 못함을 안타깝게 여겨 대흥(大興) 3년 15일 백두산 '보본단(報本壇)' 석실(石室)안에 숨겨서 소중히 보관하였던 것이다. 이렇게 1300여 년 동안 보관돼 있던 것을 백두산에서 수도하던 '백봉신사'가 10년을 도천(禱天)하고 한배검의 묵시(默示)를 받아 찾아낸 다음 후에 대종교 초대 교주인 '나철'에게 비전되었다고 전해진다.

『삼일신고』는 366자의 한자로 쓰여 졌으며 천훈(天訓), 신훈(神訓), 천궁훈(天宮訓),세계훈(世界訓), 진리훈(眞理訓) 등 오훈(五訓)으로 구성되어 있다.

① 천훈(天訓)

'천(天)'에 대한 무가명성(無可名性), 무형질성(無形質性), 무시종성(無始終性), 무위치성(無位置性) 등 무한성(無限性)을 전제함으로써 천체(天體)의 지대(至大)함과 천리(天理)의 지명(之明)함, 천도(天道)의 무궁(無窮)함을 36자로 가르친다.

② 신훈(神訓)

무상위(無上位)인 '신(神)이 대덕(大德), 대혜(大慧), 대력(大力)이라는 삼대권능(三大權能)으로 우주 만물을 창조하고 다스림에 조금도 허술하거나 빠짐이 없으며 인간이 진성(眞性)으로 구(求)하면 머리 속에 항상 내려와 자리한다'는 내용이다.

③ 천궁훈(天宮訓)

신교(神敎)에 따라 헛된 마음을 돌이켜 참된 성품으로 돌아오게 하는 수행을 쌓아 진성(眞性)과 통하고 366가지의 모든 인간사에 공덕(功德)을 이룬 사람이 갈 수 있는 곳이 천궁(天宮)이다. 여기는 한배검이 여러 신장(神將)과 철인(哲人)을 거느리고 있는 곳이며 길상(吉祥)과 광명이 아울러 영원한 쾌락이 있는 곳이다.

천궁훈 주해(註解)에 "천궁은 천상(天上)에만 있는 것이 아니라 지상(地上)에도 있는 것이니 태백산(현재 백두산) 남북이 신국(神國)이며 산상(山上)의 신강처(神降處)가 천궁이다. 또한 사람에게도 있으니 몸이 신국이요 뇌(腦)가 천궁이다. 때문에 삼천궁(三天宮)은 하나다"고 한다. '신인합일적이요', '삼이일적(三而一的)'인 천궁설(天宮說)을 설명하고 있어 단순한 내세관과는 크게 다르다는 것을 짐작할 수 있다.

④ 세계훈(世界訓)

우주의 창조과정을 설명한다. 우주 전체에 관한 내용과 지구 자체에 관한 내용으로 나누어 말하고 있다. "눈 앞에 보이는 무수히 많은 별들은 그 크기와 밝기, 고락이 같지 않다. 신(神)이 모든 세계를 창조하고 일세계(日世界)를 맡은 사자(使者)를 시켜 700세계를 다스리게 하였다"는 내용과 "지구가 큰 듯 하지만 하나의 둥근 것이며 땅 속의 불(中火)이 울려 바다가 육지로 되었다. 신(神)이 기(氣)를 불어 둘러싸고 태양의 빛과 더움으로 동식물을 비롯한 만물을 번식하게 하였다"는 내용으로 두 번째의 내용은 현대 과학적으로도 설득력이 있는 대목이다.

⑤ 진리훈(眞理訓)

사람이 수행하여 헛된 마음을 돌이켜 참된 성품으로 돌아오게 하고, 도를 통하여 깨달음을 이루는 것에 이르는 가르침으로 신앙적인 면에서 매우 중요하다 할 것이다.

이 오훈(五訓)인 심의 감(感)을 '지감(止感)' 하고 기의 식(息)을 '조식(調息)' 하고 신의 촉(觸)을 '금촉(禁觸)' 하는 '삼법(三法)'을 힘써 익혀야 한다. 여기서 지감은 불가(佛家)의 '명심견성(明心見性)', 조식은 선가(仙家)의 '양기연성(養氣練性)', 금촉은 유가(儒家)의 '수신솔성(修身率性)'으로 비교하기도 한다. 〈출처 : 한국민족문화대백과〉

■ **참전계경(參佺戒經)**

참전계경은 천부경과 삼일신고의 진리를 생활 속에서 실천하기 위한 계율을 366가지 조목으로 나누어 설명하고 있다. 고서(古書)에 의하면 환인천제 때에 '오훈(五訓)'이 있고 신시의 환웅천황 때에는 '오사(五事)'가 있었다고 전해진다. 이 오훈과 오사를 천부경의 순리에 따라 고조선에 이르러 '366事'의 계율로 조화, 교화, 치화에 치용(致用)하였다고 하는데 이것이 곧 조화경(造化經), 교화경(敎化經), 치화경(治化經)이라는 삼경의 핵심이다.

▲ 백두산천지, 환웅천황이 배달국을 개국한 곳으로 한민족뿐만 아니라 동북아 민족 전체의 영산이다.

다시 말하면 이른바 육대하면 공(空), 열(熱), 진(震), 습(濕), 한(寒), 고(固)의 원소가 우주 만물과 만상을 조성하는 것인데 그 조화의 원리는 천이삼(天二三), 지이삼(地二三), 인이삼(人二三), 대삼합육생칠팔구(大三合六生七八九)에 근거를 두고 있는 것이다. 또한 운삼사성(運三四成)에 '三四'는 12로써 그 절에 12에 용변의 기수 3이 승하여 36을 성수로 하고 이것이 일적십거(一積十鉅) 무게화삼(無櫃化三)의 순리에 의하여 천도수 삼백육십이 이뤄져 육대(六大)가 우주 만상을 생성케 됨으로써 인간 '366'事가 이뤄진다는 원리다. 이 '336訓'을 근거로 당시 백성들을 치화 하셨다.

『태백일사』, 『소도경전본훈』을 보면 참전계경은 고구려 고국천황 때 유명한 재상 '을파소(乙巴素)'가 일찍 백운산에 들어가 하늘에 기도하던 중 단군(檀君) 성신(聖神)으로부터 천서(天書)를 얻어 붙인 이름이라 전한다. 을파소는 고구려의 모든 젊은이들에게 이 경전을 가르쳐 고구려의 국가정신을 재 확립하는 기초로 삼았다고 한다.

한편 이 경은 인간이 세상을 살아가며 걸어야할 정도가 무엇인가를 가르치고 있으며 인간이 겪는 모든 일에 대한 해결 방법을 366가지로 분류해 설명하였다. 참전계경의 구조는 8개의 장으로 나누어져 있으며 각장 또한 세부적인 절과 항목으로 나누어져 있다.

참천계경은 상경 182事(4강령+21훈+157사), 하경 184事(4강령+24훈+156사) 총 366사로 구성되어 있다. 상경은 4강령의 '성신애제(誠信愛濟)' 그리고 21訓 157事로 구성된다. 상경은 작용에 관한 내용으로 인간사의 문제점을 시작부터 제거하는 원리로 구성되었다. 하경은 나머지 4강령의 '화복보응(禍福報應)' 그리고 그 결과로써 인간을 둘러싼 문제점을 끝에서 모두 제거하는 원리로 구성된다.

이 원리는 인간의 환경에서 '시작도 끝도 없는 하나' 즉 '일시무시일(一始無始一)', '일종무종일(一終無終一)'의 천부경 핵심 진리로써 시(始), 종(終)의 시간이 없는 영원불변의 무극세계(無極世界)에 자력으로 도달하도록 마련한 경전이다. 이 참전계경은 사람이 하늘의 섭리에 따라 살아가야하는 도리를 일깨우고 있다.

3 인류 최초 국가 환국(桓國) 탄생!

■ 인류의 기원(紀元)

그동안 학계에서 밝혀진 최초의 인류는 약 300만 년 전 '오스트랄로피테쿠스'이다. 이후 20만 년 전 직립인 '호모 에렉투스(Homo Erectus)'로 이들은 불을 사용할 줄 알고 사냥을 하면서 살았던 것으로 알려졌다.

이어 출현한 네안데르탈인 이라는 '호모 사피엔스(Homo sapiens)'는 언어를 사용하였으며 배를 만들어 물고기를 사냥했던 것으로 나타났다. 오늘날의 인류인 '호모 사피엔스 사피엔스(Homo sapiens sapiens)'가 나타난 것은 지금으로부터 약 4만 년 전 프랑스 아키텐주(州)의 크로마뇽 동굴에서 맨 처음 발견된 '크로마뇽인'으로 현생 인류의 조상으로 밝혀졌다.

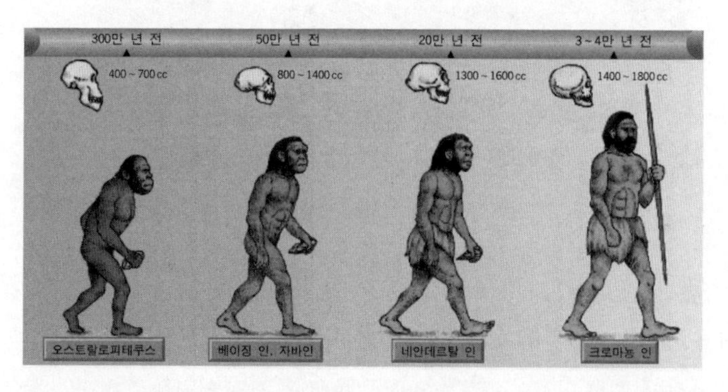

『환단고기』, 『태백일사』에는 현재의 인류가 나반(那般)과 아만(阿曼)으로 이분들은 북극수(北極水)의 조화에 의해 탄생되었다 한다. 북극수(北極水)는 지금의 바이칼호로 '인류 탄생의 바다'라하며 주위의 360여 개의 물줄기가 흘러들어와 바이칼호가 생겨났는데 물의 성분이 임신한 여성의 양수와 비슷하다고 한다. 따라서 바이칼호는 인간을 탄생시킨 지구의 자궁으로 북극수에 의해 탄생된 '나반과 아만'은 둘이 서로 결혼해 우리 인류의 조상이 되었다고 밝혔다.

현재 알타이산맥과 바이칼호 주변에서 약 25000~45000년 전에 인간이 살았다는 흔적이 남아있다고 학계에서는 주장한다.

■ **최초 국가 '환국(桓國)' 탄생**

지구가 기후변화로 인해 현재와 같은 기후가 되자 다시 인류가 번성하였으며 약 9천 년 전에 새로운 문명집단인 '환족(桓族)'이 탄생되었다.

『삼성기 하』에 따르면 환족은 '나반과 아만'의 후손으로 당시 9종족으로 이루어져 있었다고 한다. 또한 환족은 중앙아시아의 천산을 중심으로 인류 최초 국가인 환국(桓國)을 세웠다. 우리 인류가 첫 탄생된 곳은 '바이칼 호'지역 이지만 첫 문명국 나라를 세운 곳은 중앙아시아 동쪽 천산인 것이다.

환국의 영토는 천산에서 동쪽으로 2만여 리, 남북으로 5만여 리에 달했으며 이는 중앙아시아에서 시베리아, 만주까지 광활한 지역이다. 당시 모든 사람들은 스스로를 '환(桓)'이라 불렀다한다. 그때 당시의 인간들은 신성(神聖)을 가진 사람들로 천지와 같이 빛나는 존재들이었기 때문이다고 학계는 말했다. 이들 '환'을 다스리는 사람을 '인(仁)'이라 불렀는데 환국을 통치하는 사람을 '환인(桓仁)'이라 했다.

환인은 오가(五加) 부족장 중에서 백성들의 추대를 받아 선출되었는데 이는 '9환족'이 합심해 하나가 되기 위함이었다고 한다. 환국(桓國)의 첫 지도자는 환인천제 '안파견(安巴堅)' 이었으며 7世 환인천제까지 3301년(BCE 7197~3897)동안 계승되었다.

환국은 '9환족(九桓族)'으로써 열 두 나라로 이뤄져 있었다. 환국이 열 두 나라로 이뤄졌던 것은 심오한 우주론적 원리가 있었다. 이는 동양의 음양론에서 찾을 수 있는데 하늘의 질서는 10수(十干), 땅의 질서는 12수(十二支)로 땅에서 일어나는 모든 변화는 12수를 한 주기로 일어난다. 따라서 인류 첫 나라인 환국도 12국으로 되었던 것으로 학계에서는 주장한다.

동서양의 여러 고대신화의 신들에서도 12수는 많이 나타난다. 그리스신화의 올림포스 신들도 제우스신과 함께 12신이다. 또한 최후의 만찬에 나오는 예수의 제자도 12명이다. 이외에도 인도, 이집트 등 동서양의 고대 문명의 발상지의 신화에 등장하는 신들 역시 12명인 것은 역설적으로 이 모든 것들이 하나의 인류 문명인 환국(桓國)에서 나왔다는 것을 말해주고 있는 것이다.

인류의 첫 나라 환국은 '조화신(造化神)'의 신성을 구현한 때로 '천부경(天符經)'의 원리로 국가를 세우고 통치하였다. 이 시기에는 인간과 대자연이 하나가 되어 천지조화 속에 살았으며 사람의 높고 낮음과 차별이 없었다. 특히 싸움과 다툼이 없고 무병장수하는 '신선(神仙)'의 삶을 누렸다고한다. 또한 자연과 인간이 공존하며 조화롭게 함께하는 시대였다. 고(古) 역사서 기록에 따르면 환인천제 7世 동안 평균 재위가 평균 약 470여 년으로 당시 인간이 '선(仙)'의 경지에 살았던 시대로 하늘과 직접 소통하며 살면서 신선(神仙)생활을 하였던 것이다.

④ '메소포타미아(수메르)' 문명 탄생!

■ **메소포타미아(티그리스강, 유프라테스강 유역) 문명 탄생**

우리는 최초의 문명을 티크리스강, 유프라테스강 유역(현재의 이란, 이라크)에서 일어난 '메소포타미아' 문명이라고 세계사에서 배웠다. 이 메소포타미아 문명을 탄생시킨 사람들이 바로 '수메르인'이다.

역시 수메르인들의 신(神)들 가운데 중요한 신(神)은 남자 여섯, 여자 여섯으로 12신이다. 그런데 메소포타미아 문명을 탄생시킨 수메르인들은 어디서 왔을까? 이에 대해 학계에서는 현재 이라크 일대에서 발굴된 토기의 분석결과 수메르인들은 이란 북쪽에 있는 카프카스산맥의 인근 지역 정착민들이 따뜻한 남쪽 평원인 티그리스강. 유프라테스강 유역으로 이주해 메소포타미아 문명을 꽃피운 것으로 나타났다고 한다.

특히 당시 기록에는 수메르인들은 '안샨(An shan)'에서 넘어왔다고 밝혀졌는데 이는 수메르 말로 '안(An)'은 하늘(天), '샨(shan)'은 산(山)을 의미한다. 이때 천산(天山)은 환국(桓國)의 문명 중심지 였다.

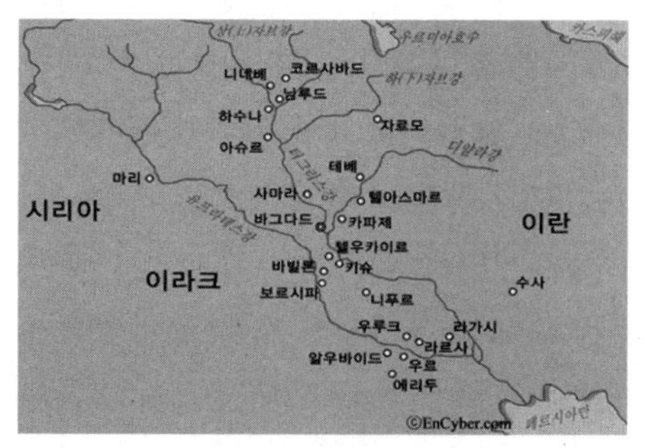

◀ 고대 문명

수메르인들은 동양의 60갑자의 60진법을 사용하였으며 언어 가운데 엄마. 아빠 등의 단어들과 기타 많은 단어들이 한글과 같거나 유사성이 많다고 한다. 그들의 천지론 역시 동방문화와 닮은 점이 많다. 우주를 '안키(Anki)', '천지'라 불렀으며 천명(天命)사상을 갖고 있다고 학계는 밝혔다.

『환단고기』에서는 지금과 같은 기후가 10000년 전부터 되었으며 이 때문에 환국(桓國)

이 탄생되어 인류 문명을 꽃 피웠고 이후 6000년 전 다시 한 번 기후의 대변화로 인해 환국의 사람들이 더 따뜻한 남쪽으로 이동하게 되었다고 밝혔다.

결국 환국의 서남쪽에 위치해 있던 '우르국과 수밀이국' 사람들이 현재 이란의 산악지대를 넘어 메소포타미아 지역으로 남하해 티그리스강, 유프라테스강(지금의 이라크, 이란)유역에 정착하면서 생겨난 문명이 수메르인들의 '메소포타미아 문명'인 것이다.

고대 메소포타미아(수메르) 문명에 대해 권위자인 크레이머(Samuel Kramer)박사는 "당시 수메르인들의 모습, 풍습, 언어 등을 기록한 점토판을 해독한 결과 메소포타미아 문명을 연 수메르인들은 약 5500년 전 동방에서 온 사람들이다"고 밝혔다.

메소포타미아(수메르) 문명은 서양 문명의 모체이다. 이 메소포타미아 문명을 일으킨 수메르인들은 갑자기 새롭게 홀로 나타나 문명을 만든게 아니라 동방인, 즉 환국(桓國)의 우루국, 수밀이국 사람들이 기후변화에 따른 따뜻한 남쪽으로 이동해 현재의 이란, 이라크 지역인 티그리스강, 유프라테스강 유역에 정착하면서 생겨난 문명이 수메르(메소포타니아) 문명인 것이다. 이들 역시 인류 최초 국가인 환국(桓國)의 자손들인 것이다.

■ **인도(갠지스강), 이집트(나일강), 그리스, 유럽 문명 탄생**

모든 문명은 강을 끼고 발달해 왔다. 인류는 농사를 비롯해 먹고 마시는 물이 제일 중요했기 때문이다. 특히 집단적인 생활을 위해서는 물이 절대적으로 필요했다. 현재도 마찬가지다. 세계의 중요한 대도시는 강과 함께 발전해왔다. 독일의 '라인강의 기적' 대한민국의 '한강의 기적'도 마찬가지로 강의 발전과 함께해왔다.

◀ 고대 문명

수메르인들은 메소포타미아 문명을 꽃피운 이후 BCE 1500년경 일부 사람들이 남쪽의 인도 갠지스강 유역으로 이주해 '인도 문명'을 탄생시켰다. 다른 일부는 터키를 거쳐 유럽의 그리스로 이주해 유럽 문명 탄생의 근간이 되었으며 또 다른 일부는 이집트의 나일강 유역으로 이주해 '이집트 문명'이 탄생되었다. 학계에서는 이집트의 건축, 문자 등이 메소포타미아(수메르) 문명에서 유래한 것으로 밝히고 있다.

다른 한편으로 수메르인들이 인도, 이집트, 그리스 등으로 이주할 때 일부 사람들은 흑해를 돌아서 러시아를 거쳐 유럽으로 건너가 정착했다.

5 한민족의 동북아 최초 국가 '배달국' 탄생!

■ 동북아 최초 국가 '배달국' 탄생

환국(桓國) 시대 말 인구 증가 등으로 인해 사람들의 생활이 점차 어려워지고 급격한 기후변화로 인해 '9 환족(九 桓族)'중 일부가 따뜻한 남쪽으로 이주해 수메르(메소포타미아) 문명을 탄생시키는 계기가 되었다. 또한 이로 인해 환국은 동·서로 나눠지는 계기가 되고 말았다.

『삼성기 하』, 『태백일사』는 환국의 마지막 천제인 지위리(智爲利)환인께서 백두산과 삼위산을 둘러보고 백두산이 '인간을 널리 이롭게 할 만한 곳'이라 여기시고 서자부(庶子部) 부족의 환웅에게 국통계승의 상징인 천부(天符)와 인(印)을 주시고 풍백(風伯),우사(雨師), 운사(雲師) 등과 함께 3천여 명의 백성을 대동하게 하셨다고 밝혔다.

환웅께서는 풍백, 우사, 운사를 비롯한 3천여 명의 백성을 이끌고 백두산 신단수 아래에 도착해 신시(神市)에 도읍을 정했다. 이에 환웅천황께서는 신단수에서 상제님께 천제(天祭)를 올려 국가 탄생을 고(告)하였다. 이로써 동북아 한민족 최초 국가인 배달국(倍達國)이 탄생되었으며 거발환(居發桓) 환웅(桓雄) 천황(天皇) 시대가 열렸다.

◀ MBC 태왕사신기 중 한 장면

다른 한편 중국 '한족(漢族)'의 창세신화(創世神話)에 나오는 '반고(盤固)'는 환인천제께 삼위산으로 갈 것을 허락받고 '십간십이지(十干十二支)'의 신장(神將)과 백성들을 이끌고 삼위산 납림 동굴에 이르러 '반고가한(盤固可汗)'이 되었다고 한다. 『삼성기 하』에서는 '반고'를 환국에서 이주해 나간 환족의 일부로 한족 역사의 뿌리가 된 실존인물로 밝혔다.

우리민족의 역사를 '배달의 역사' 민족을 '배달의 민족'이라 한다. 배달(倍達)의 뜻을 살펴보면 밝음을 뜻하는 '배(倍)'와 땅을 뜻하는 '달(達)'의 합친 말로 '광명의 동방 땅'을 뜻한다고 학자들은 말한다. 따라서 우리 민족은 천손(天孫)의 민족으로 환국(桓國)의 적통 계승자인 환웅천황께서 세우신 동북아 최초 국가인 '배달국'의 자손인 것이다.

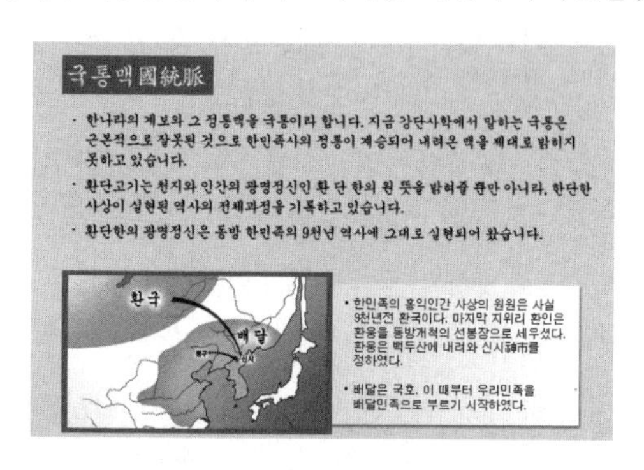

환웅천황께서는 '재세이화(在世理化)'를 기반으로 '홍익인간(弘益人間)'을 실천하였으며 이는 신교(神敎)로 세상을 다스리고 깨우쳐 널리 인간을 이롭게 하였다. 특히 환웅께서는 함께 대동한 '풍백(風伯)'에게 입법, '우사(雨師)'에게 행정, '운사(雲師)'에게 사법을 맡겼는데 이를 '삼백'이라 했다. 이때 천부경(天符經)은 조화경으로 깨달음을 가르치고 '삼일신고'는 교화경으로 백성들을 교화(敎化)하며 나라를 다스렸다. 이때 까지만 해도 우리 한민족은 신성(神聖)을 갖고 깨달음의 일상생활을 했던 것 같다.

■ '배달국'의 번창(繁昌)

배달국(倍達國) 시대에는 동북아의 대국으로써 세분의 성황(聖皇)인 태호 복희씨(伏羲氏), 염제 신농씨, 치우천황 등으로 인해 동방 문명을 꽃피웠다.

태호 복희씨는 약 5500년 전 5世 환웅 태우의 막내 아들로써 하도(河圖)를 그려 치수의 기틀을 마련하였고 '음양오행'사상의 기틀을 마련했을 뿐만 아니라 팔괘(八卦)를 만들어 주역(周易)의 기초를 닦아 우리 인간이 우주의 변화와 법칙을 체계적으로 이해하는 계기가 되었다. 또한 그물을 만들어 고기 잡는 법을 가르치고, 결혼제도, 침(針)을 만들어 백성들의 삶을 풍요롭게 만들었다.

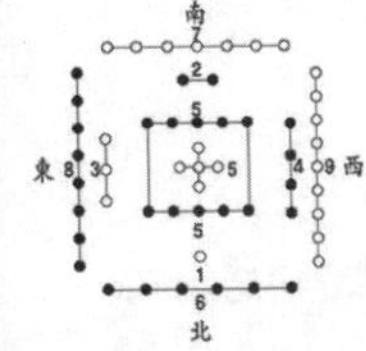

▲ 하도, 복희 팔괘도
◀ 중국 하남성 주구시 회양현의 복희사당 내 모셔진 복희 상

염제 신농씨는 약 5200년 전 8世 환웅 안부련 때 인물이며 농사짓는 법과 불을 사용하는 방법을 알아냈다. 또한 그는 배달국 초(初) 불을 발명한 고양씨의 후손으로 '의약'을 개발해 백성들의 병을 치료하는데 기여함은 물론 후에는 '신농국'이라는 나라를 세워 임금이 되었다.

▲ 염제 신농씨(상상도)

▲ 중국 호남성 치우천황 동상

치우천황은 약 4700년 전 배달국 14世 천황으로 서쪽으로 탁록까지 진출하였으며, 동쪽으로 요서. 산동성, 강소성, 안휘성 주변 지역까지 광활한 영토를 개척하였다. 이후 서토지역의 제후 헌원이 봉기하자 탁록에서 헌원과 10여 년 동안 대치하며 싸워 이겼다. 당시 치우천황의 싸울 때 투구가 현재 왕도깨비 모양(투구 양쪽에 뿔난 모양)을 하고 있었다고 학계에서는 전한다. 때문에 치우천황의 이름만 들어도 벌벌 떨었으며 그의 법력과

위용을 한민족은 물론 중국 백성들까지 숭배와 추앙의 대상이었다고 한다.

하지만 사기(史記)에서는 치우천황이 헌원에게 패한 것으로 기록하고 있으며 태호 복희, 염제 신농, 황제 헌원을 3황(皇)으로 자기들 역사에 편입시켜 놓았다.

■ '배달국'은 동이족(東夷族)이다

당시 서방의 중국인들은 우리 배달민족을 '동이(東夷)'라 불렀다. 동이(東夷)라는 말은 '이(夷)' 가 '화(華)족'의 동쪽에서 살았다는 이유로 동이(東夷)라 한 것으로 이(夷)는 고대의 중원에 강자였던 동방민족의 칭호로 '대궁(大弓)' 또는 대인(大人)이 활(弓)을 가졌다는 뜻의 문자라고 한다.

즉 동이(東夷)의 이(夷)는 한자 자전(字典)에서 '큰 활을 잘 쏘는 동방사람'으로 풀이 된다는 것이다.

허신(許愼)의 '설문해자(設文解字)' 에는 '이(夷)'가 크다(大)와 활(弓)의 조합으로 되어 있다면서 예로부터 동이족은 활을 잘 쏘는 민족으로 알려져 있다고 설명했다.

한편 이(夷)는 치우천황이 큰 활을 만들어 쓴 데에서 유래되었다고도 한다. 이것은 치우천황이 전쟁 당시 사용한 큰 활의 위력에 놀란 지나(한족)인들이 동쪽의 민족을 '동이(東夷)'라고 부른데서 유래한다고 학자들은 말했다.

이때의 지나인들은 '동이족(東夷族)'을 동방의 신성한 민족이며 어진 민족으로 동경하였다.

▲ 당시 치우천황의 상상도

▲ 기와의 왕도깨비 문양은 치우천황이 썼던 투구 모양이라고 한다.

그런데 동이(東夷)를 동쪽의 오랑캐라고 불려 진 배경에는 역사적. 정치적 때문이라고 한다. 학자들은 4700년 전 헌원과 치우천황이 탁록 벌판에서 10년 동안 싸움 끝에 헌원이 패하자 2300년이 지난 진시황제 때에 동이가 오랑캐로 쓰였다고 했다.

이는 한 무제(漢 武帝)때 사마천이 사기(史記)를 쓰면서 헌원이 치우천황을 이긴 것으로 조작하고 동이족 역사(배달국, 고조선)까지 왜곡했다는 것이다.

학자들은 지나(支那. 영어로 China)가 처음 황제라는 말을 사용한 것이 배달국 14世 환웅(BC 2667년)때 부터라고 한다. 서방의 헌원(지나인이 아닌 동이족으로 밝혀짐)이 배달국을 10년 동안 73번이나 침범하자 이를 보다 못한 치우천황이 직접 군대를 이끌고 탁록 벌판에서 헌원의 군사를 대파했는데 이를 '탁록대전'이라고 한다.

사마천은 사기(史記)에서 "치우천황은 옛 천자의 이름으로 짐승 모습을 하고 구리로 된 머리와 쇠로된 이마를 가졌다"고 했다. 아마도 당시 사람들은 치우천황이 전쟁 때 사용한 투구와 갑옷을 처음 보았기 때문일 것으로 추측된다.

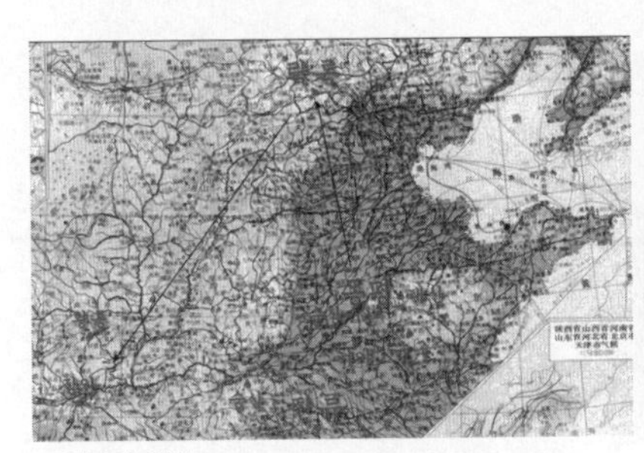

▲ 탁록의 위치도

▲ 치우와 헌원이 싸운 탁록의 판천지야.

『신시본기』에 "치우천황은 전쟁 시 전군을 81군으로 나누고 갈로산 철광으로 칼과 창, 갑옷, 활을 만들어 무장했으며 싸울 때 질풍과 같이 적진으로 쳐들어가 휩쓸고 지나가면 시체들이 넘쳐났다"고 했다. 이에 지나(西土)인들은 동이족이 무서워 '도깨비'로 비하해 묘사했다. 그런데 우리 역사에는 도깨비가 많이 등장해도 치우천황은 사라져 버렸다.

학자들은 이에 대해 불교가 들어온 뒤로 치우천황은 절 입구에 사천왕이라는 수문장으로 전락해 버렸으며 도깨비 문양의 기와나 장승으로 남아있을 뿐이었다고 말했다.

그런데 지난 2002년 한·일 월드컵 당시 4강의 신화를 이룰 때 '붉은 악마'에 의해 화려하게 부활해 우리 국민들은 세계가 놀란 광화문의 응원 기적을 만들어 냈다.

▲ 2002년 한·일 월드컵 당시 광화문 앞 광장을 가득메운 붉은악마 응원단들. 세계인들에게 응원문화의 새로운 모습을 각인시켰다. (출처:연합뉴스)

오늘날 우리나라 젊은 궁사들이 '양궁대회'에서 세계 신기록을 수립하고 올림픽에서 금메달을 따는 것은 옛 치우천황과 선조들 때부터 활을 잘 쏘는 동이(東夷) 민족의 DNA가 유전되었기 때문일 것이다.

6 단군왕검(檀君王儉) '고조선'을 건국하다

■ 단군왕검 '고조선' 건국

배달국 초대 거불단 천황 이후 14世 비왕(裨王)은 24년간 제왕 교육을 받은 단군왕검으로 배달국 말기 9환족을 하나로 통일하고 천제의 아들로 추대되어 제위에 올랐다. 이 분이 새로운 나라 '조선(朝鮮)'을 건국(BCE 2333년)한 단군(檀君) 왕검(王儉)이다.

▲ 황해도 구월산 삼성사의 단군왕검 존영

▲ 단군 성조 어진 (증산도 본부 성전에 봉안되어 있다.)

단군왕검께서는 아사달(현재 중국 흑룡강성 하얼빈시)에 도읍을 정하고 상제님께 천제(天祭)를 올리고 국가 탄생을 고(告)했다. 아사달은 송화강 지역으로 '송화강 아사달'로 불리며 "아침의 태양이 떠올라 빛을 비추는 땅"을 뜻한다.

고조선은 단군왕검이 아사달에 도읍을 정하고 개국한 이래 22世 색불루 단군은 남서쪽에 있는 백악산 아사달(현재 길림성 장춘)로 천도 했으며 44世 구물 단군에 이르러 장당경 아사달(현재 요령성 개원시)로 다시 천도를 하였다. 결국 44세 단군까지 2096년 동안 계승되었다.

고조선 변천 과정

제1왕조 : 송화강 아사달(하얼빈) 시대 : 심한
단군왕검~21세 소태단군 (BCE 2333 ~ BCE 1286), 1048년간 지속

제2왕조 : 백악산 아사달(장춘) 시대 : 삼조선
22세 색불루단군~43세 물리단군(BCE 1285 ~ BCE 426), 860년간 지속

제3왕조 : 장당경 아사달(개원) 시대 : 대부여
44세 구물단군~47세 고열가단군(BCE 425 ~BCE 238), 188년간 지속

『단군세기』, 『태백일사』 『소도경전본훈』에 따르면 가륵 단군(BCE 2181년)은 "그 진서(眞書)가 해독하지 못할 정도로 어려웠다"며 "삼랑(三郞) 을보륵(乙普勒)에게 명하여 정음 38자를 만들게 하였다"고 밝혔는데 이것이 고조선의 새로운 문자 '가림다(加臨多)'로 불리며 세종대왕이 창제한 '한글'과 그 형태가 흡사하며 모음 11자는 똑같이 생겼다고 한다.

앞서 『태백일사』, 『소도경전본훈』은 "환웅천황께서 신지현덕에게 명하여 녹도(사슴 발자국을 본 뜬 모양)문자로 '천부경(天符經)'을 기록하게 하였다"고 밝혔는데 이는 이후 3世 가륵 단군이 새 글자를 만들기 전 진서(眞書)라는 상형문자 즉 '녹도문자'가 배달 시대까지 사용된 것으로 여겨진다.

중국의 '상고금문', 은나라 '갑골문', 주나라 '대전(大篆)', 진나라 소전(小篆)을 거쳐 지금의 한자(漢字)가 완성되었다면 우리 한민족은 이미 배달국 시대에 '녹도문자'가 고조선 시대에 '가림토(加臨土)'문자가 탄생돼 중국의 한문자에 앞서 우리 한민족의 문자가 중국의 한문자의 모태가 된 것임을 알 수 있다.

■ 국가 경영제도 '삼한 관경제(三韓 管境制)'

고조선은 신교(神敎) 삼원(三元)의 '치화신(治化神)' 도(道)가 실현돼 만물의 질서를 바로잡는 시대였다. 단군왕검은 나라를 삼한(三韓)인 진한, 번한, 마한으로 나눠 다스렸는데 이것이 고조선의 가장 큰 특징으로 국가 경영제도인 '삼한 관경제'이다.

삼한(三韓) 중 '진한'은 도읍지가 '아사달'로 요동과 만주지역을 단군왕검(檀君王儉)이 직접 통치를 하였으며 '마한'은 도읍지가 백아강(현재의 평양)으로 한반도 지역, '번한'은

도읍지가 안덕향(현재 하북성 당산시)으로 요서지역을 각각 부 단군이 통치를 하였다. 특히 진한(太一)은 천지의 주인 인간, 마한(天一)은 하늘의 정신, 변한(地一)은 땅의 정신을 상징한다.

『삼성기』, 『단군세기』, 『태백일사』는 고조선의 역사와 문화의 핵심을 '삼한 관경제(三韓 管境制)'라 한다. 일부 사학자들은 "이 삼한의 관경제를 제대로 이해하지 못해 고조선의 영토 및 도읍지, 대외관계 등을 알 수 없다"며 "현재 대부분의 사학자들이 고조선 역사를 제대로 밝히지 못하는 가장 큰 이유를 '신교(神教), 삼원문화(三元文化), 삼한 관경제(三韓 管境制)'에 대한 인식부족이다"고 『환단고기/상생출판』 말했다.

■ **고조선의 '8조 금법(八條禁法)'**

고조선에는 '8조 금법(八條 禁法)' 이라는 국법(國法)이 있었다. 이 법은 고조선 사회에서 모든 사람이 따르고 이행해야할 법이었다.

현재 고등학교 국사 교과서에는 3개조항만 남아있다. 그것은 첫째, 사람을 죽인 자는 사형에 처한다. 둘째, 남에게 상해를 입힌 자는 곡물로 배상한다. 셋째, 남의 물건을 훔친 자는 노비로 삼는다 등으로 나와 있다.

그런데 다행히 단군역사를 기록한 『규원사화(揆園史話)』에 이 '8조 금법'이 나와 있다. '8조 금법(八條 禁法)'은

제1조 살인한자는 즉시 사형에 처한다.
제2조 상해를 입힌 자는 곡식으로 보상한다.
제3조 도둑질한자 중에서 남자는 거두어 들여 그 집의 노(奴)로 삼고 여자는 비(婢) 로 삼는다.
제4조 소도를 훼손한자는 금고형에 처한다.
제5조 예의를 잃은 자는 군에 복역시킨다.
제6조 게으른 자는 부역에 동원 한다.
제7조 음란한 자는 태형으로 다스린다.

제8조 남을 속인 자는 잘 타일러 방면한다.

이 책은 숙종 1년(1675년)에 북애노인(北崖老人)이 저술한 책으로 저자는 당시 고기(古記) 자료를 참고로 이 책을 썼다고 한다. 『규원사화』는 고기(古記) 중에서도 발해 계통의 책을 참고하여 저술한 사서이다. 또한 고려 말의 이명(李茗)이 지은 진역유기(震域遊記)를 참고로 하고 이외에도 발해유민의 사서인 고조선 비기(古朝鮮 秘記), 조대기(朝代記), 삼성밀기(三聖密記) 등을 토대로 저술했다고 한다.

■ **제천의식(祭天儀式)은 우리 천손민족의 전통이다**

제천의식은 단군 시대 때부터 북으로 백두산, 남으로 강화도 마니산 참성단까지 행해진 우리 천손민족의 고유한 전통이었다.

◀ 태백산 천제단

1995년 6월 27일자 중앙일보에는 "백두산의 고대 제단 무더기를 중국의 아마추어 고고학자 리수린이 발견했다"며 "추정연대는 4천 년전까지 거슬러 올라간다"고 보도했다. 이 돌무더기는 양 40여 마리를 올릴 수 있는 고(古) 제단이다.

단국대 윤내현 박물관장은 "이 돌 제단 주위에서 수백 개의 적석총(赤石冢)군과 마을 유적이 확인되었다"며 "이는 이 지역에서 고조선의 지배층이 거주했음을 말해준다"고 밝혔다.

이어 그는 "돌로 만든 제단과 적석총이 발견됐다는 것은 이 유적이 우리 민족의 고대 문화유적이라는 점이 분명하다"며 "중국의 황하유역에서는 이런 종류의 유적(遺蹟)이 발견된 예가 없다"고 말했다.

▲ 강화 마니산 참성단에서 천제를 지내고 있는 필자와 신문사 일행

우리 한민족은 동북아시아의 최초 산정제사였던 배달국 환웅천제께서 하느님께 국가를 세웠다는 백두산 천제(天祭) 이후 전통적으로 우리 겨레의 생활 속에서 계속 이어져 왔다.

이는 강화도 마니산, 황해도 구월산, 강원도 태백산 등의 산정에서 우리 민족이 하느님께 천제(天祭)를 드렸던 제단이 아직도 남아있다.

■ **고인돌은 무덤이 아닌 '제단(祭壇)'**

고인돌은 흔히 족장의 무덤으로 지금까지 알려져 왔다. 그 것은 대형 고인돌의 위용과 이를 축조하는 데는 당시 권력가의 무덤일 것이다고 전문가들은 말했다.

그런데 이 거대한 고인돌을 만들은 것은 대부분 개인의 무덤보다는 하느님께 경배를 드리기 위한 제단(祭壇)이었다고 일부 학자들은 주장했다. 우리나라 전역에서 확인되고 있는 고인돌은 기원전 3000~4000년까지 거슬러 올라가며 가장 오래된 것은 6000년까지 되는 것도 있다.

우리나라에는 전 세계 고인돌의 약 70% 이상이 있다. 우리는 천제(天祭)라는 제천의식을 행한 천손의 민족이기 때문이다. 유럽에는 수 천기 정도의 고인돌이 있는데 한반도에는 4만기 이상이 전국에 분포되어 있다. 유네스코 세계유산위원회(WHC)에 우리나라 고인돌이 세계문화유산으로 등록됐다.

강화도 하점면 부근리에 있는 고인돌은 사적 137호로 지정되어 있다. 이 고인돌은 현재 남한에서 발견된 탁자식 고인돌 가운데 가장 큰 것으로 나타났다. 덮개돌의 크기는 장축 길이가 650cm, 너비가 520cm, 두께가 120cm로 무게는 약 80톤에 이른다.

▲ 강화 하점면 신삼리 고인돌

받침돌의 크기는 길이 450cm, 464cm이며 두께가 60cm, 80cm이다. 높이는 140cm이며 덮개돌 두께를 합치면 고인돌 전체 높이는 260cm에 이른다. 때문이 이 곳 에서는 대규모의 제천의식이 치러진 것으로 전문가들은 추측했다.

▲ 전북 고창 운곡리 고인돌 모습

우리나라에서 제일 큰 고인돌은 고창 운곡리에 있는 것으로 높이 4m, 무게가 200여 톤으로 초대형 고인돌이다. 이 고인돌들은 다른 거석문화와 본질적으로 기능이 다른 것으로 우리 한민족만이 갖고 있는 고대사(古代史) 의 귀중한 유물이다고 학자들은 말했다.

■ **고조선의 왜곡**

우리 한민족은 고조선 이전부터 벼농사 재배가 보편화 되었으며 벼 이외에도 조, 기장, 콩, 팥, 수수 등 잡곡과 닭, 돼지, 소, 말 등 가축 등을 기르고 산짐승 사냥으로 고기와 가죽을 이용했다.

또한 나무로 만든 그릇을 사용하고 시루, 단지, 항아리 등을 만들어 다양한 음식을 만들어 먹었다. 특히 한민족의 난방시설인 '온돌' 문화 등이 사용된 흔적의 유적이 발굴됨에 따라 찬란했던 고조선의 생활 문화를 알 수 있다.

▲ 태백산 단군 상 앞에서 필자

▲ 태백산에서 천제를 지낸 후 필자

고조선(古朝鮮)은 동쪽으로 한반도 동해와 북쪽으로 흑룡강을 지나 시베리아, 남쪽으로 큐슈와 일본 본토, 서쪽으로 몽골에 이르는 대제국(大帝國)이었다고 한다.

단군(檀君)은 배달나라의 임금으로 고조선은 제1대부터 47대 까지 총 47명의 단군이 2096년간 존재하였다. 그런데 우리 민족사의 절반 이상인 중요한 역사를 역사 교과서 몇 장으로 요약하는 것은 잘못일 것이다. 뜻있는 학계는 중국과 일본에 의해 왜곡된 우리 한민족의 위대한 상고사를 복원해야 한다며 이는 국가와 확계가 함께 나서야 한다고 주장했다.

하지만 고려 시대와 조선의 사대주의자들 및 일제 시대의 식민사학자들이 고조선을 한반도 북부에 국한된 소국(小國)으로 만들어 놓았다는 것은 실로 통탄하지 않을 수 없는 노릇이다.

■ **초기 중국과의 관계**

중국에서는 '요순(堯舜) 시대'를 이상적인 태평성대(太平聖代)라고 말한다. 사기(史記)에 따르면 요(堯)가 제위(帝位)에 오른 것은 기원전(紀元前) 2390년이다. "그는 백성들과 같이 초가집에 살았으며 궁궐도 만들지 않았다. 또한 마음을 백성들에게 두고 굶는 자가 있으면 함께 끼니를 거르고 추위에 떠는 사람이 있으면 함께 떨며 백성들과 함께 호흡하였다"고 전한다.

요(堯)임금은 50년 동안 선정을 베풀다 자기 아들인 단주(丹朱)에게 임금자리를 물려주지 않고 순(舜)이라는 현자(賢者)에게 물려주었다. 창힐(蒼頡)이 한자(漢字)를 이때 창안했으며 바둑도 요임금 시대에 만들어졌다고 사기(史記)에서는 밝히고 있다.

순(舜)임금 시대의 수도는 산서성(山西省) 평양(平陽)이었는데 해마다 여름철이면 황하(黃河)가 범람해 백성들이 많은 피해를 보았다. 이때 마침 9년이라는 '대홍수'를 겪게 되었다.

단군왕검(檀君王儉)은 재위 67년 9년여 동안 대홍수를 겪던 '순(舜) 시대'에 태자 '부루'를 보내 '오행의 원리로 물을 다스리는 법'을 전해줘 치수(治水)에 도움을 줬다. 당시 우(禹)가 세운 하(夏)나라(BCE 2205~1766년)는 우의 아버지 곤이 치수에 실패해 순 임금에게 처형을 당하자 뒤를 이어 치수사업을 관장하는 관리였다.

우는 고조선 태자 부루에게 '오행 치수법'이 적힌 '금간옥첩'비법을 전수 받았다. 때문에 우는 '대홍수(大洪水)'를 해결하고 백성들의 인심을 얻어 결국 왕위를 물려받아 '하나라'를 건국했다. 이러한 이유로 하(夏)나라 역시 마지막 '걸(桀)왕'에 이르기까지 고조선을 '상국(上國)'으로 모셨다 한다.

▲ 우왕

▲ 말희

▲ 탕임금

▲ 달기

하나라의 마지막 17대 '걸(桀)왕'은 원수의 딸인 '말희(末喜)'라는 계집에 미쳐 낮과 밤이 없이 음탕과 연락(宴樂)으로 세월을 보냈다. 걸왕은 말희를 기쁘게 해주기 위해 대궐 안 정원에 커다란 연못을 파고 오색찬란한 화방(畵舫)을 띄웠다. 그런데 연못에 가득차 있는 것이 물이 아니라 술이어서 후세 사람들은 이를 주지(酒池)라 불렀다. 그뿐만이 아니라 말희와 함께 화방을 타고 뱃놀이를 하며 연못에 가득찬 술을 맘대로 퍼마셨다. 또한 연못가에 우거진 버드나무에 고기와 육포(肉脯)를 매달아 놓아 술안주를 삼았다 한다. 이를 두고 후세 사람들이 육산포림(肉山脯林)이라며 비방을 했다. 오늘의 주지육림(酒池肉林)이 이때 생겨 난 문자이다.

이렇듯 걸왕이 백성을 돌보지 않고 사치와 음란만 일삼자 지금의 하남성(河南省)의 제후였던 성탕(成湯)이 1만 5천의 군대를 이끌고 걸왕을 몰아내기 위해 쳐들어갔다. 이로써 450여 년의 하나라는 막을 내리고 상(은)나라가 탄생하게 되었다.

하나라가 마지막 '걸왕'에 와서 상나라 '성탕'에게 멸망할 때에 고조선은 처음 하나라 '걸왕'을 지원했는데 후에 '걸왕'의 폭군 정치에 반대해 '성탕'을 지원함으로써 상(은)나라가 개국하는데 공헌을 하였다. 특히 13세 단군 흘달은 이때 빈(邠)과 기산(岐山)를 공격해 점령(현재 섬서성(陝西省))했다. 이때 고조선 군사와 낙랑군사가 합세했다고 하는데 낙랑은 지금의 하북성. 요녕성 일대에 해당하는 지역으로 배달국의 태호 복희씨 태부터 있었던 지명으로 고조선 시대부터 제후국이 되었다. 당시의 고조선은 한반도에서 요서까지 드넓은 땅을 가진 대제국으로 동북아의 맹주였다.

은(殷)나라는 성탕이 건국한 이래 6백여 년을 계승해 오다 28대 주왕(紂王)에 와서 멸망하게 된다. 주왕도 걸왕과 닮아서 여색을 좋아하는 천하의 폭군이었다. 그 역시 달기(妲己)라는 미녀를 위해 대대적인 토목공사를 벌였다. 궁궐 인근의 남양사(南陽社)라는 곳에 7년여의 거대한 공사를 하였다. 이곳에는 1천 척 높이의 고대(高臺)를 쌓았고 옥문경실(玉門瓊室)을 지었으며 금은보옥(金銀寶玉)으로 내부를 장식했다. 또한 정원에는 기화요초(琪花瑤草)를 사시사철 꽃피게 했다. 이에 백성들은 혹사(酷使)와 기아(饑餓)를 견디지 못해 이웃 나라로 도망치기에 바빴다.

이때 기산(岐山)이라는 지역(현재 섬서성(陝西省)은 서백(西伯) '희창'이라는 장수가 지키고 있었는데 이 지역에도 백성들이 관내로 몰려들었다. 어느 날 밤 서백은 이상한 꿈을 꾸었다. 전각(殿閣)에 홀로 앉아 있는데 곰 한 마리가 동남방향에서 나타나 서백의 옆에 앉자 문무백관들이 들어와 서백에게 배려를 하는 꿈이었다. 이에 서백은 모사(謀士)인 의생(宜生)을 불러 꿈 해몽을 물었다. 이에 의생은 "주공(主公)께서 현인(賢人)을 얻어 왕위(王位)에 오르실 꿈이며 백관(百官)들이 어전에 배복(拜伏)한 것은 만조백관(滿朝百官)을 거느릴 꿈"이라고 말했다. 이어 "곰이 동남방향으로부터 나타났다고 하니 그 방향으로 가면 현인(賢人)을 만날 수 있을 것"이라고 했다.

다음날 서백(희창)은 모사 의생과 함께 동남지방으로 사냥을 핑계로 현인을 찾아 나섰다. 그들은 반계(磻溪)지방의 위수(渭水)라는 곳에 문제의 백발노인을 만났다. 위수가에 있는 석실(石室)에 80객의 어옹(漁翁)이 살고 있었다. 그는 매일 위수강가에서 유유히 흘러가는 강물을 보며 노래를 흥얼거리고 있었는데 바구니에는 고기가 한 마리도 없었을 뿐만 아니라 낚시대의 고기를 낚는 바늘도 구부려진 바늘이 아닌 곧은 바늘이었다고 한다.

◀ 중국 위수 강변 '조어대'

서백은 노옹 앞에 엎드려 큰절을 올리고 주왕이 정사를 멀리하고 계집에게 미쳐 만백성이 도탄에 빠져있어 그들을 구하고자 하니 선생께서 도와 달라 청했다. 이에 백발 노옹은 서백을 손수 일으키며 "주왕의 황음(荒淫)은 그칠 줄을 모르니 은나라가 멀지 않아 반드시 멸망할 것입니다. 그때까지 서백께서는 만백성들에게 덕(德)을 쌓아야 합니다. 그러다 은나라가 자멸할 때 일어나시면 이는 하늘의 뜻에 응하고 아래로는 백성들의 뜻을 반드는 방법으로 자연히 왕위에 오르실 수 있을 것입니다"고 말했다. 이리하여 서백은 백발노옹(강태공)을 기산으로 융숭히 모시고 돌아와 '태공망(太公望)'이라는 칭호와 함께 내정 전체를 통솔하는 진국대군사(鎭國大軍師)로 봉했다.

서백(주 문왕)이 주나라 창건 직전 병사하게 되자 그의 맏아들 발(發)이 주나라 초대 임금이 되었다. 그가 주나라 초대 무왕(武王)이다. 그는 천하를 평정하고 도읍을 서안(西安)으로 정했다. 서안을 호경(鎬京)이라 부르며 전국을 71개 지구(地區)로 나누고 후국제도(侯國制度)를 실시하였다.

▲ 문왕 ▲ 강 태공

주(周)나라를 창건한 문왕과 무왕은 '동이족(東夷族)' 출신으로 주나라는 550년 동안 지속됐다. 주나라 건국의 최대 공신이 '동이족(東夷族)' 강태공이다. 강태공은 주나라 창업 1등 공신으로 창업 후 지금의 산동성(山東省) 일대(一帶) 제후국(齊侯國)의 군주(君主)로 임명되었다. 강태공은 천문(天文), 지리(地理), 상학(相學), 병학(兵學), 복학(卜學) 등에 통달한 기인(奇人)이며 선인(仙人)이었다.

강태공의 성은 강(姜)이며 이름은 여상(呂尙), 자(字)는 자아(子牙), 호(號)는 비웅(飛熊)으로 반계지방 위수에서 80평생을 빈 바늘 낚시로 유명하다. 즉 강태공은 세월만 보낸 것이 아니라 '때'를 기다렸던 것이다. 그는 수(壽)를 160살까지 살았는데 80세 전에는 별 볼일 없이 지내다가 80세 후야에 비로소 큰일을 할 수 있다는 것도 미리 알았던 선인(仙人)이었다. 즉 80세 전에는 날마다 독서를 하면서 심심 파적으로 낚시를 하였던 것이다. 결국 섬서성 서백(문왕)을 만나 '천하통일'의 1등 공신이 되었다. 3천여 년이나 지난 현재에도 낚시를 즐기는 사람들의 별명(別名)을 '강태공(姜太公)'이라 부르고 있다.

강태공은 병법서(兵法書) 여섯 권(60편)을 저술했는데 그것이 바로 육도(六韜)이다. 이는 훗날 손자병법(孫子兵法)을 지은 손무(孫武)가 고전장을 찾아다니며 '병법(兵法)'을 연구할 때 그에게는 항상 이 육도(六韜)라는 병서(兵書)가 있었다고 한다.

주(周)나라는 3백여 년 동안 계승해 오다 13대 유왕(幽王)때 '포사(褒似)'라는 아비도 모르는 종년의 딸에게 그의 미모에 미쳐 황후(皇后)를 내쫓고 그녀를 황후에 앉혀놓고 옆에 끼고 살았다. 포사는 워낙 표독스럽고 웃는 법이 없는 요부였다.

◀ 포사

유왕은 포사의 웃는 얼굴이 보고 싶어 하루는 간신 석부를 보고 황후의 웃는 얼굴을 보고 싶은데 묘책이 없냐고 물었다. 석부는 "선황께서 도성을 방어하게 위해 5리 간격으로 제후국에 이르기까지 봉화대(烽火臺)를 만들어 놓았는데 지금까지 한 번도 사용한 적이 없었다며 거짓 봉화를 올려 제후들이 달려와 거짓임을 알고 놀라는 것을 보면 반드시 웃을 것"이라고 말했다. 이에 유왕은 그날 밤 거짓 봉화를 올리게 했다. 봉화가 오르자 각지의 제후들이 대군을 이끌고 도성으로 몰려들었다. 그들이 거짓 봉화에 속은 것을 보자 포사는 망루에서 손벽을 치며 웃었다. 나라를 구하기 위해 대군을 이끌고 온 제후들은 이 엄청난 장난에 분노하여 그 길로 다들 돌아가 버렸다.

이후 주나라를 호시탐탐 노리던 견융은 군사를 이끌고 주나라에 쳐들어 왔다. 이에 당황한 유왕은 당황해 제후들에게 긴급함을 알리기 위해 봉화를 올렸지만 누구하나 오지를 않았다. 결국 포사라는 여인을 위해 제후들을 속인 죄는 실로 엄청나 주나라를 멸망하게 만들었다. 이후 주나라는 수도를 동쪽에서 멀리 떨어진 낙양(洛陽)으로 옮겼다. 이때부터 주나라는 동주(東周)라 불리며 분열되고 말았다.

어찌되었든 고조선(古朝鮮)은 중국(中國)의 요순(堯舜) 시대 뿐만 아니라 하(夏), 은(殷), 주(周)나라까지 정치적 지배는 물론 동북아의 실질적인 '천자국(天子國)'이었다.

7 '고조선(古朝鮮)'을 계승한 '북부여(北扶餘)'

■ '북부여(北扶餘)' 고조선(古朝鮮)을 계승하다

고조선(古朝鮮)말기 한민족의 새 역사를 이은 분이 '북부여'를 건국한 '해모수'이다. 해모수는 요하 상류 '고리국'출신으로 고리국은 당시 고조선의 제후국이었다. 그는 웅심산(현재 길림성 서란)에서 일어나(BCE 239년) 백악산 아사달을 점거했다. 이에 '고가열 단군'의 빈자리를 백성들이 '해모수'를 단군(檀君)으로 추대해 고조선(古朝鮮)의 적통을 이어 '북부여'를 건국(BCE 232년)하였다.

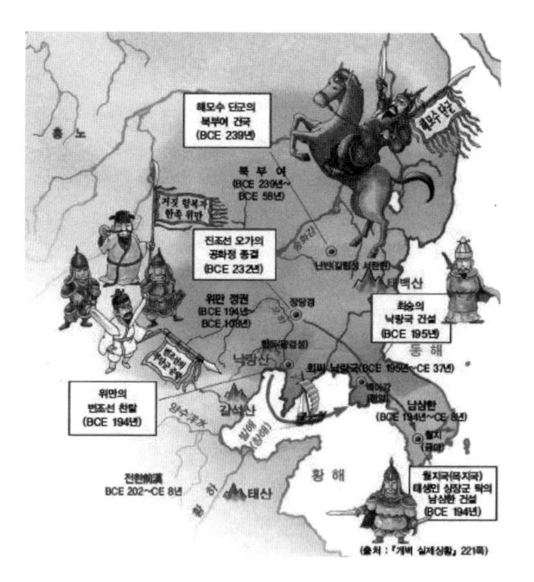

북부여(北扶餘)는 북쪽에 있는 부여라는 뜻으로 고조선 제3왕조 시대 때 '대부여'가 망해가자 '해모수' 단군은 대부여 정통을 계승해 고조선의 맥을 잇고자 '북부여'로 정한 것으로 해석된다.

『삼국유사』와 일부 사학계에서는 위만이 '번조선'을 탈취해 세운 정권을 '위만조선'이라며 고조선의 정통을 계승한 정권이라 잘못알고 있는데 이는 우리 민족의 서쪽 영토 한쪽을 일시 강탈해 지배한 정권에 불과하며 '북부여'가 고조선의 정통을 계승한 것을 모르는 무지(無知)의 소치라고 『환단고기/상생출판』에서는 밝혔다.

한(漢) 무제는 '위만조선'을 함락시키고 북부여를 침공하였는데 이때 '고두막한(高豆莫汗)'이 의병을 일으켜 한나라 군대를 대파시켰다. 이후 그는 졸본(卒本)에 '졸본부여'(BCE108년)를 열고 스스로를 '동명왕(東明王)'이라 칭하며 북부여 5世 '고두막 단군'(BCE86년)으로 즉위 하였다.

북부여는 '해모수 단군'이 건국(BCE 239년)이래 고두막 단군 다음대인 BCE 58년에 182년의 짧은 역사의 뒤안길로 사라졌다. 문제는 '북부여가 고조선을 계승했다'는 사실이며 우리 한민족의 국통 맥을 바로잡는 핵심이다. 하지만 국내 사학자들은 위만조선(BCE 194년)을 고조선의 계승자로 삼고 '위만'이 한나라에게 망한(BCE 108년) 이후에 그곳에 '한사군(漢四郡)'을 설치했다며 '북부여'의 존재마저 없애고 있다.

이에 대해 『환단고기/상생출판』에서는 "북부여가 이렇게 난도질당하는 것은 사마천이 사기(史記)를 쓸 때 '한(漢)무제'가 북부여 동명왕 '고두막한'에게 대패하자 의도적으로 '북부여사(北扶餘史)'를 누락시킨데 있다"며 "또한 고려와 조선의 사대주의 사서(史書)들이 그것을 모방하고 특히 일제의 식민사학자와 국내 강단의 사학자들이 무 비판적으로 답습하기 때문이다"고 강하게 비판했다.

이어 "부여의 원형이 처참히 파괴되고 한국사(韓國史)의 허리가 잘려버렸다. 한국사의 국통 맥이 어려워지고 뿌리 역사가 소멸되었다. 북부여(北扶餘)라는 잃어버린 고리가 고조선(古朝鮮)과 고구려(高句麗)사이에 제대로 연결되는 날이 바로 동방(東邦)의 배달(倍達) 민족사(民族史) 9000년 국통 맥이 바르게 서는 역사의 광복의 날이 될 것이다"고 밝혔다.

8 '고구려(高句麗)' '배달국' 국통(國統) 계승(繼承)

■ 고주몽의 '고구려(高句麗)' 건국

북부여(北扶餘)의 고무서 단군은 주몽에게 자신의 둘째딸 '소서노'를 주어 사위로 삼았다. 아들이 없던 그가 재위 2년여 만에 서거하자 고주몽이 북부여의 7世 단군(檀君)(BCE 58년)이 되었다. 주몽은 북부여 시조인 '해모수'의 4대손이며 해모수 둘째 아들 고진의 손자 '불리지'와 '유화부인'사이에 태어났다. 주몽은 부여어로 '활을 잘 쏘는 사람'을 말한다고 한다. 그는 북부여를 '고구려(高句麗)'로 나라 이름을 바꾸고 새로운 나라를 건국(BCE 37년)했다.

▲ 고구려 벽화 수렵도

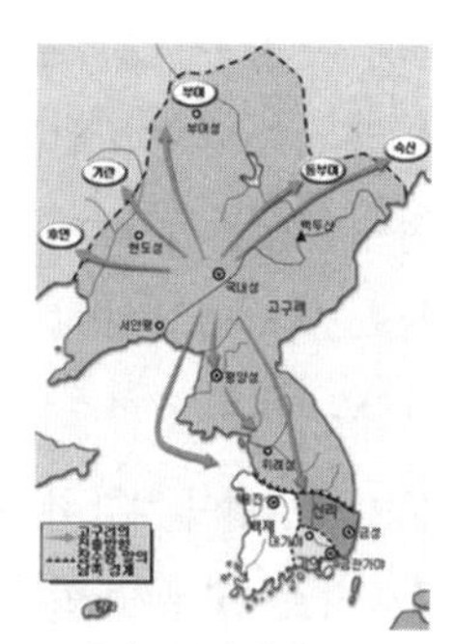

▲ 당시 고구려 영역

고구려(高句麗)는 낙랑을 병합(BCE 37년)하고, 3世 대무신열제 때 '동부여'왕 '대소'를 굴복(BCE 22년)시켜 고구려에 귀속시켰다. 이후 갈사부여, 연나부부여 등 한반도 북부와 만주지역 열국 등을 통합했다. 고구려 역사(BCE 37~CE 668년)는 건국에서 패망까지 약 700여 년 동안 '북부여(北扶餘)'의 연장 선상에 있었던 나라로 볼 수 있다.

고주몽과 소서노 사이에 태어난 두 아들 중 '온조'가 마한 땅에 백제(CE 18년)를 세우고 소국가들을 통합했다.

고두막한의 딸이 낳은 '박혁거세'는 진한 땅에 '사로국'을 세우고 주변의 소국들을 통합해 후에 '신라'가 되었다.

변한은 '6가야' 연맹체로 발전했다. 이후 백제는 신라에 병합(CE 660년)되었으며 고구려는 나당연합군에게 패망(CE 668년)했다.

결국 백제와 신라도 고구려와 마찬가지로 '북부여(北扶餘)'를 계승한 역사라고 『환단고기/상생출판』 밝혔다.

■ '삼족오(三足烏)'는 천손민족 고유의 상징

집안(集安) 5호분 4호 묘의 고구려 벽화에는 태양 속에 들어있는 세발달린 까마귀인 삼족오(三足烏)가 그려져 있다. 삼족오는 세발달린 까마귀로 당시 동이족들은 길조(吉鳥)로 여기던 신성한 새였다고 일부 학자들은 말한다.

우리 배달민족이 아침에 떠오르는 태양을 쫓아 동쪽인 백두산 신시 배달국으로 올 때 언제나 그 앞에는 까마귀가 있었다. 그 까마귀를 삼신하느님(삼일신) 의 새, 즉 하늘의 새임을 표시하기 위함이라 한다.

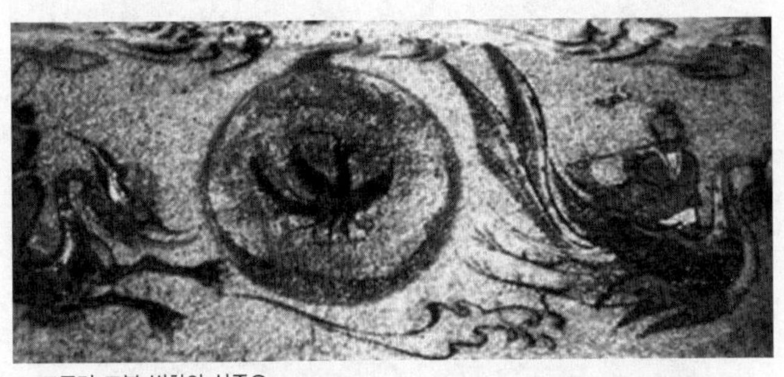

▲ 고구려 고분 벽화의 삼족오

한편으로는 삼족오는 태양 안에서 살면서 천상의 신(神)들과 인간 세계를 이어주는 신성한 새로 표현하며 태양의 사자(使者)로써 고대 동아시아의 태양숭배사상과 관련이 깊다는 것이다. 또한 우리 한민족의 고유한 상징으로 나타난다.

고구려의 고분벽화인 무용총, 각저총에 사신도가 그려져 있는데 이 벽화의 사신들은 동, 서, 남, 북을 지키고 있으며 이 중심에 '삼족오(三足烏)'가 있다. 삼족오는 고구려 시대의 상징이며 21세기 현재 가장 화려하게 부활했다고 학계는 말했다.

『산해경(山海經)』에 따르면 "대황의 한가운데 얼요군저(孼搖頵羝)라는 산에는 높이가 300리인 부목이 있는데 잎은 겨자 같고 부목은 10개의 태양이 있어 이들이 교대로 떠오르면서 낮과 밤을 조율하는데 그 태양 속에 까마귀가 살고 있다"고 했다.

『삼국사기(三國史記)』의 『고구려 본기』에는 고구려 때 대무신왕은 북부여와 전쟁 중 어느 날 "북부여의 대송왕은 머리 하나에 몸이 둘인 붉은 까마귀를 얻게 되었다" 이를 본 신하가 "까마귀는 검은색인데 붉은 색으로 변해 머리 하나에 몸이 줄이니 이는 필시 나라가 하나 될 징조이니 왕께서 고구려를 정복할 것입니다"라 말했다. 이에 왕은 기뻐서 까마귀를 고구려로 보냈는데 이를 본 대무신왕은 "검은 것은 북방의 빛인데 남방의 빛인 붉은 색으로 되었다"며 "붉은 까마귀는 상서로운 것이다"고 오히려 기뻐했다고 한다.

▲ 충주시 가금면 충주고구려비 전시관 앞인 고구려역사공원 내에 고구려의 상징 새인 삼족오 조형물이 건립된다. (사진:삼족오 조감도)

고구려 시대 신격화된 삼족오(三足烏)는 고구려인들에게 통치철학의 이념이 되었다. 해의 정령신인 삼족오는 우리 한민족 문화의 구심점으로 인식돼 아름다운 현실문화 속에서 자리매김하고 있다.

고조선의 뒤를 이은 고구려인들은 자신들이 가장 위대한 태양의 후손이라는 뜻으로 원형의 태양 속에 삼족오를 그려 넣어 그들의 문양으로 삼았으며 이는 천손의식을 갖고 있던 한민족의 상징으로 남았다.

미국의 역사학자들은 아메리카 인디언들이나 러시아 바이칼 호 주변의 원주민들의 DNA에서 우린 민족과 같은 동질인자를 발견하고 이것이 한민족 문화와 같다고 증명했다.

중국의 문화인류학자인 왕따여우(王大有)는 그의 연구에서 "동이족은 서쪽으로는 바이칼 호, 동쪽으로는 쿠릴열도, 남쪽으로는 창청(長成), 북쪽으로는 대신안링(大興安領)까지 영역을 확장하고 일부는 베링해협을 지나 북미와 남미의 마야와 인디언의 조상이 되었다"고 밝혔다. 이는 북미 인디언이나, 남미의 마야족의 벽화에 어김없이 태양조가 있어 같은 문화의 동일성을 확인할 수 있다는 것이다.

특히 고구려인들은 태양 속에 산다는 전설적인 태양조(三足烏)를 고구려 벽화에 그려넣어 우리 민족이 천손의 민족임을 강조하고 있는 것이다. 일부 사학자들은 우리 민족의 역사를 제대로 파악하고 연구하는 노력보다는 고(古) 문서들에 나오는 글자들이 당시의 글자에 맞지 않고 고대 이후에 필사한 사본이라며 인정하지 않는 것은 학자의 양심을 저버리는 것임을 알아야 할 것이다.

9 '고구려(高句麗)' 국통 계승한 '대진국(발해)'

고구려(高句麗) 멸망 시 유장 '대중상'은 동쪽으로 동모산에 성을 쌓고 '고구려를 회복해 부흥 한다'는 이름의 '후고구려'를 열었다. 대종상이 죽고 그의 아들 '대조영'은 6천여 리의 강역을 개척해 고구려의 옛 영토를 대부분 되찾고 국호를 '대진(大震)'이라 칭했다. 진(震)은 동방을 뜻하며 '대진국(大震國)'은 '강한 동방의 나라'를 의미한다.

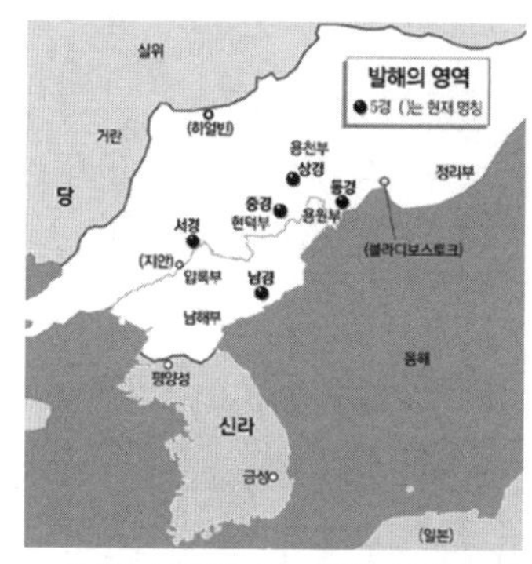

▲ 일제의 식민사학계가 비정한 발해의 5경. 참으로 어처구니가 없는 지도이다.

▲ 해동성국 대진국의 강역은 하남성부터 연해주까지 원폭 9,000리였다.

『대진국본기』에 따르면 대조영(서기 698년)은 국호를 대진(大震), 연호를 천통이라 했다. 그는 고구려의 옛 땅 6,000리를 개척했다. 천통 21년(718년) 봄 대안전에서 돌아가시니 묘호를 '태조'라 하고 시호를 '성무고황제'라 했다.

▲ 대진국 태조 '성무고황제'

『신당서』에는 "대진국 발해는 강역이 넓어 5경을 두고 통치했다. 이때에 이르러 해동성국(海東盛國)이 되었다"며 "국토는 5경 15부 62주(五京 十五府 六十二州)를 두었다"고 했다.

『대진국본기』에는 5경에 대해서도 나와 있다. 대진국의 남경(南京)인 남해부(南海府)는 원래 남옥저의 옛 땅이며 지금의 해성(海城)현 이다. 서경(西京)인 압록부(鴨綠府)는 원래 고리국으로 지금의 임황(臨潢)이며 서 요하는 옛날의 서 압록을 말한다.

또한 안민(安民)현은 동쪽에 있으며 그 서쪽은 임황현이다. 임황의 뒤에는 요나라의 상경 임황부로 옛 서안평(西安平)이다고 했다. 그리고 15부 행정구역 중 하나인 천리부에 대해서는 "철리의 옛 땅(鐵利故地)에는 철리부(鐵利府)를 두어 광주(廣州), 분주(汾州), 포주(蒲州), 해주(海州), 의주(義州), 귀주(歸州) 등 6주(州)를 다스렸다"고 기록되어있다.

대진국 발해는 고구려의 핵심 강역을 모두 수복했으며 전성기 강역은 산서성, 하남성, 하북성, 내몽고와 만주에 이르는 9,000리라는 거대한 영토를 차지했다. 또한 독자적인 연호를 사용했으며 '황제(皇帝)'칭호를 사용해 고구려의 국통을 계승한 나라다. 발해는 '해동성국(海東盛國)'으로 불리며 주변국인 당, 왜, 신라 등에 조공을 받으며 동북아의 강국으로 군림했다. 대진국은 신교(神敎)문화를 바탕으로 한민족이 동북아의 강자로 군림한 마지막 국가였다. 대진국(발해)의 멸망은 배달국 이래 5000여 년간 지속대온 대륙의 시대가 끝나고, 고려(高麗), 조선(朝鮮)으로 이어지며 우리 민족사는 반도 시대로 접어들었다.

발해의 멸망은 거란에 침공에 의해서 이기도 하지만 '자연재앙'인 '화산 대폭발'과 가뭄으로 인한 '기근' 때문이 이었다는 것이 학계의 정설이다.

⑩ 신라의 '삼국통일(三國統一)'

■ 태종무열왕 김춘추의 '삼국통일' 발판마련

태종무열왕(太宗武烈王) 김춘추(金春秋)는 (재위 654~661년) 김유신과 함께 당나라를 끌어들여 고구려를 멸망시키고 통일신라의 발편을 마련했다. 하지만 신라는 통일과 항께 찬란한 1천년의 역사를 가졌음에도 불구하고 우리 한민족의 국통 맥을 있는 새로운 나라를 건국 것이 아니라고 학계에서는 말한다.

▲ 태종무열왕(604~661) 신라 제29대 왕(재위 654~661) 표준영정 (출처:한국민족문화대백과)

▲ 통일신라의영토

김춘추(金春秋)는 신라 제29대 왕으로 진지왕의 손자이다. 아버지는 이찬 요춘이며 어머니는 진평왕의 딸인 천명부인(天明夫人)이다. 그의 부인은 우리가 역사서에서 잘 알고 있는 김유신의 여동생인 문희로 후에 문명부인(文明夫人) 이 되었다.

일부 학자들은 "김춘추가 당나라 군사를 끌어들인 것은 당시 백제나 고구려의 당나라 같이 다른 나라일 뿐이었기 때문에 당시에는 나라의 생존을 위해서는 서로 이합집산이 될 수밖에 없었다"고 말했다.

어찌되었든 김춘추는 진골 신분의 불리함을 극복하고 51세의 나이에 왕이되어 재위 7년째인 BC 660년 '나당 연합군'으로 백제를 멸망시켰지만 고구려는 멸망시키지 못하고 아들 문무왕에게 물려주고 이듬해 세상을 떠났다.

당나라의 힘을 빌려 삼국을 통일한 신라는 결국 광활했던 옛 고구려의 영토를 되찾지 못하고 반쪽짜리 통일에 그쳤다. 하지만 그곳에는 대진국(大震國) 발해가 고구려의 국통맥을 이은 국가를 건국했다.

일부 학자들은 "고구려가 한반도를 통일했다면 연해주 일대가 우리 역사가 되었을 것이다"고 하지만 역사는 그 누구도 거스릴 수 없으며 역행할 수 없는 것이다.

백제, 고구려 멸망 이후 고구려의 국통 맥을 이어 받은 대진국(大震國) 발해의 건국으로 남쪽의 신라와 북쪽의 발해가 공존하게 되었다. 발해는 고구려를 계승하고 강한 군사력으로 고구려의 옛 영토를 되찾았을 뿐만 아니라 해동성국(海東盛國)으로 찬란한 문화를 꽃피웠다.

■ **통일신라의 분열과 '후삼국(後三國)' 시대**

통일신라 말 귀족들은 사치와 부패로 혼란에 빠졌으며 중앙의 왕위계승 등으로 진골귀족들이 권력쟁탈에 본격적으로 가담해 분열이 심했다. 특히 진성여왕 즉위 때부터 지방 호족세력들이 들고 일어났다.

이후 궁예는 '후고구려(BC 901년)'를 세웠으며 견훤도 후백제(BC 900년)를 세움으로써 신라, 후고구려, 후백제의 '후삼국 시대'가 시작됐다.

▲ 후삼국 시대 영토

'궁예'의 후고구려 건국

궁예는 진골 집안에서 태어났지만 모진 인생을 살았다고 한다. 하지만 타고난 재주로 힘을 모아 '후고구려'(BC 901년)를 세웠다. 그는 국호를 '후고구려'라 짓고 스스로 왕위에 올랐다.

궁예는 신라 왕족 출신으로 3개월 동안 승려 노릇을 했다고 한다. 이 때문이었는지 당시 그는 '관심법(觀心法)'이라는 특유의 술책으로 살아있는 미륵을 자처하며 사람들을 사로잡았다.

◀ 사진은 이미지임

초기에 그는 양길의 부하가 되어 강원도 산악지대와 강릉, 철원까지 점령하자 그를 따르는 부하가 3천여 명이나 되었다한다. 이후 양길과 헤어진 그는 송악 지대의 왕륭과 왕건 부자를 부하로 삼고 왕륭을 금성태수, 왕건을 부하장수로 임명했다.

특히 왕건은 수군을 양성해 한강 하류를 점령하였으며 이로 인해 자신감이 생긴 궁예는 양길과 싸워 이김으로써 신라 북부 지역을 장악했다.

왕건의 활약으로 후삼국을 주도했던 궁예는 왕건의 세력이 커지자 왕건을 경계하기 시작했다. 그는 포악한 성격으로 수백 명의 장수와 신하를 죽였다. 이러자 홍유, 배현경, 신숭겸, 복지겸 등이 왕건에게 모반을 권유하였지만 왕건이 동참하지 않자 그의 부인 유씨가 설득해 군사를 동원하게 되었다고 전해진다.

왕건의 군대가 왕성으로 쳐들어가자 궁예는 전의를 잃고 변복해 궁을 빠져나갔다. 하지만 그는 산야(山野)를 전전하다가 강원도 평강에서 허기를 견디지 못해 남의 집 곡식을 훔쳐 먹다가 분노한 백성들에게 살해되었다고 한다.

그는 포악한 성격으로 인심을 잃고 결국 부하인 왕건에게 권위를 찬탈당하고 비참한 최후를 맞았다.

'견훤'의 후백제 건국

견훤 역시 중앙 정부에 반기를 들고 무주 일대를 점령하고 세력이 확장되자 완산주에 도읍을 정하고 '후백제'(BC 900년)를 건국했다. 하지만 태조 왕건 19년에 결국 고려에게 멸망하고 말았다.

▲ 견훤의 초상화

▲ 논산시 연무읍 금곡리 산 18-3에 있는 '견훤 왕릉'

견훤은 경상도 상주 출신으로 그의 부친은 호족이었지만 그는 신라의 장군이 되어 서남지역을 맡았다.

신라 말 진골 귀족들의 부패와 사치로 나라가 어지럽자 마침내 농민들이 들고 일어났다. 이에 견훤도 자신의 군대와 함께 전라도 호족세력과 손잡고 군대를 일으켰다.

서 남해에서 출발한 견훤군이 무진주(광주)에 이르자 호응하는 사람들이 5,000여 명에 달했으며 계속 진군해 완산주(전주)에 이르렀다.

견훤은 이곳에 후백제(990년)를 세우고 자신이 스스로 왕이 되었다. 이로써 '후백제'가 다시 부활하게 된다.

그는 원래 경상도 상주 출신으로 백제지역의 사람이 아니었다. 때문에 백제의 후손들의 마음을 알고 자신을 지지하는 사람들이 옛 백제의 후손이라며 백제의 부활을 외쳤다.

민심이 안정되자 그는 군대를 이끌고 신라의 수도 경주까지 쳐들어가 경애왕을 죽이고 경순왕을 옹립했다. 견훤은 고려와 대등한 힘을 가졌지만 결국 신라 호족들의 마음을 사로잡지 못했다.

이후 고창에서 고려와 전쟁에서 대패해 쇠퇴하기 시작했다. 견훤이 후궁인 고씨의 아들 금강에게 왕위를 물려주려고 하자 장자인 신검이 금강을 죽여버렸다. 심검은 왕위에 올라 아버지인 견훤을 유폐시켜 버렸다.

이에 분노한 견훤이 고려로 망명했다. 견훤은 고려 군사의 선봉장이 돼 후백제를 쳤으며 견훤을 본 후백제 군사들은 사기를 잃고 말았다. 결국 '후백제'는 멸망(936년)하고 말았다.

11 '고려(高麗)' 고구려의 '국통 맥' 잇다

■ 태조 왕건의 '고려(高麗)' 건국

태조 왕건(BC 877~943년)은 후삼국을 통일하고 단일민족 국가인 '고려(高麗)'를 건국(BC 918년)했다. 그는 국호를 고구려의 국통 맥을 잇는다는 의미로 '고려(高麗)'라 칭했다.

태조 완건은 BC 935년 신라의 항복을 받고 BC 936년 후백제 신검을 격파해 후삼국을 통일했다. 이로써 고구려를 이은 '대진국(大震國) 발해'와 발해의 뒤를 이어 고구려의 국통 맥을 이은 고려가 탄생되었다.

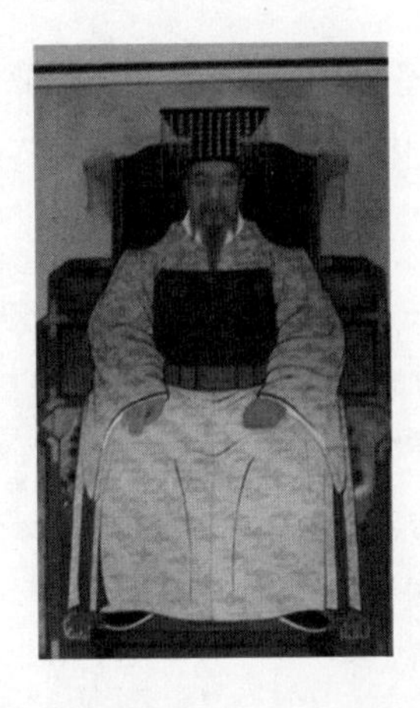

◀ 개성 고려박물관에 있는 왕건의 초상
(출처:kallgan at ko. wikipedia.com)

고려는 실질적인 민족통합으로 세운 왕조였다. 통일신라가 정치적인 삼국통일을 했다면 고려는 복잡한 분열된 사회를 통합하였으며 우리 민족문화의 토대를 마련했다고 해야 할 것이다.

특히 고려는 고구려, 백제, 신라의 다양한 문화를 융합해 새로운 문화를 창출했다. 태조 왕건은 초기 막강한 호족 세력을 화합하기 위해 호족의 딸들과 결혼을 하였다. 또한 불교를 국교로 삼고 북진 정을 강력히 추진했다.

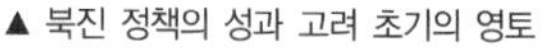

▲ 북진 정책의 성과 고려 초기의 영토

▲ 북진 정책의 성과 고려 후기의 영토

『편년통록』에 따르면 왕건의 조부 작제건이 배를 탔을 때 한족들이 그를 '고려인'이라 호칭했다고 한다. 또한 중국, 일본의 역사서들도 고구려와 고려를 같은 나라로 표기하고 있다.

고구려 시대에도 이미 고려라는 이름으로 인도, 티벳 등에 알려졌으며 , 고려 건국 이전에 고구려 유민출신 '고선지'가 사라센 군대와 싸울 때 그가 고려인이라는 사실이 아라비아에 전해졌을 가능성도 높다고 학자들은 밝히고 있다.

고려는 거란, 몽고, 여진, 왜구, 원나라 등의 침입으로 항쟁의 역사였지만 전란 중에도 '고려청자'나 '팔만대장경' 등을 만들어 찬란한 문화를 이뤘다.

■ **'단군세기', '태백일사'에는 우리 민족사가 있다**

단군세기(檀君世紀)는 고려 말 이암(李巖)(문정공 1296~1364년)이 엮은 책으로 1世단군 '왕검'으로부터 47世 단군 '고열가'까지 약 2100년 동안 단군의 재위기간에 있었던 주요사건을 편년체로 기록한 책이다.

삼일신고(三一神誥)는 태백일사(太白逸史)에 실려 있다. 이 책은 단군 이전 시대부터 고려에 이르기 까지 상고사를 서술한 책으로 조선 연산군과 중종 때 학자였던 이맥(李陌)이 펴낸 것으로 '단군세기'를 저술한 이암의 현손이다.

태백일사(太白逸史)에는

삼신오제본기(三神五帝本紀)는 주로 우주생성

환국본기(桓國本紀)는 환인이 다스렸다는 환국 역사

신시본기(神市本紀)는 황웅이 다스렸다는 신시 시대 역사

삼한관경본기(三韓管境本紀)는 진한(진조선), 마한(막조선), 번한(번조선)가운데 마한과 번한의 역사가 실려있음.

소도경전본훈(蘇塗經典本訓)는 단군조선의 신앙과 교리와 삼일신고의 기록이 있다.

고구려국본기(高句麗國本紀)는 고구려역사

대진국본기(大震國本紀)는 발해역사

고려국본기(高麗國本紀)는 고려역사를 다룬 것으로 구성돼 있다.

삼일신고는 단군의 훈고(訓誥)로 당시의 사관(史官)이었던 신지(神志)에 의해 기록되었다 한다. 이후 단군(檀君) 시대에 '가림토'라는 원시 한글이 존재 했었다고 학자들은 주장했다. 때문에 삼일신고는 이 가림토로 기록됐으며 그 후 은(殷)나라의 왕수극(王受兙)에 의해 은문(殷文)으로 번역되었다한다.

현재 전해지는 삼일신고는 발해 고조왕(高祖王) 대조영(大祚榮. 669~719년)의 '찬문'인 어제삼일신고찬 1편과 그의 아우인 반안군왕(盤安郡王) 대야발(大野勃)의 서문에 실려 있으며 이 후 3대 문왕(文王) 3년(739년)에 삼일신고 봉장기(三一神誥 奉藏記)가 쓰여졌다고 한다. 세조 재위 3년(1457년) 전국 팔도관찰사에게 명하여 민간에 유포된 고기(古記)를 압수하라고 하였으며 이때 20종의 고(古) 기록을 수집해 궁중에 보관했는데 '세조실록' 3년에 그 서목(書目)이 나와 있다.

여기에는 ① 고조선 비기(古朝鮮 秘記), ② 대변설(大辯說), ③ 조대기(朝代記), ④ 지공기(誌公記), ⑤ 표훈천사(表訓天詞), ⑥ 삼성밀기 (三聖密記), ⑦ 안암로. 원동중 삼성기(安含老. 元董仲 三聖記), ⑧ 도정기(道証記), ⑨ 동천록(動天錄), ⑩ 도천록(道天錄), ⑪ 지화록(地華錄) 이상 11종이다.

⑫ 동방 아침의 나라 '조선(朝鮮)' 건국

■ 태조 이성계의 '조선(朝鮮)' 건국

태조 이성계(1335년~1408년)는 고려의 뒤를 이어 국통 맥을 잇는 조선(朝鮮)을 건국(1392년)한 시조(始祖)이다. 이성계는 단군조선의 자주성과 고조선의 도덕성을 계승한다는 의미에서 국호를 조선(朝鮮)으로 정하고 수도를 한양으로 천도했다.

▲ 태조 이성계의 초상화

조선(朝鮮)은 태조부터 마지막 순종까지 27명의 왕이 통치했고 마지막 '대한제국(1897~1910)'은 황제 시대로 왕조역사는 506년 이라고 일부 학자들은 주장한다. 고종은 1897년 '대한제국'을 선포하면서 명실공이 조선이 황제국가임을 천명하였다.

결국 조선은 1910년 8월 29일 일제의 강탈에 의한 '한일합방(韓日合邦)'으로 인해 일시적인 한민족 국통 맥이 끊어졌다. 하지만 1945년 8월 15일 일본의 식민지에서 벗어나 광복을 맞는다.

고려 우왕 15년(1388년)에 최영 장군과 이성계 장군은 5만여 군사를 이끌고 요동을 정벌하기 위해 출정하였다. 그런데 문제의 '위화도'에 도착하자 갑작스런 폭우와 함께 질병에 걸린 군사들이 속출했다. 이때 최영 장군은 계속 진군을 주장하였으나 이성계 장군은 '4가지 불가론'을 내세워 회군을 주장했다.

이 4가지 불가론은 첫째, 소국이 대국을 거스르는 짓은 있을 수 없는 일이며 둘째, 일손이 필요한 농번기에 군사를 동원하는 것은 좋지 못하며 셋째, 원정 시 왜구가 침입할 가능성이 있고 넷째, 시기가 무더운 장마철이라 활이 풀리고 전염병에 걸릴 염려가 있다는 등의 이유로 회군을 요청하였으나 대신들과 우왕이 이를 묵살하자 군사를 이끌고 회군해 개경으로 향했다.

당시 최영 장군은 이성계의 이러한 이유로 회군하려는 낌새를 알아차리고 먼저 돌아와 우왕 곁을 지켰지만 이성계의 군대를 막지는 못했다. 결국 우왕과 최영은 유배되었는데 이들은 유배지에서 살해되는 운명을 맞았다.

이때 고려는 정몽주, 이색 등 신진사대부가 세력을 잡았다. 고려 때는 몽고항쟁 등으로 무신정권이 권력을 잡았지만 고려 말 '삼별초'군은 결국 몽고군과 왕권 연합군에게 패해 힘을 잃고 말았다.

이들 신진사대부들 역시 온건파와 급진파로 나눠지는데 이색, 정몽주 등 온건파는 우왕의 아들 '창'을 왕에 앉혔다. 하지만 불과 1년 만에 이성계, 정도전 등 급진파들은 성이 왕씨가 아닌 신씨라는 이유로 '창'을 왕에서 폐위시켰다. 창의 뒤를 이어 공양왕이 뒤를 이었으나 그는 실질적인 모든 권한을 이성계에게 넘겼다.

결국 정몽주를 비롯한 온건파는 이성계의 둘째 아들인 이방원의 계략으로 암살당했다. 이후 정도전, 조준, 등은 공양왕을 폐위시키고 이성계를 왕으로 추대해 새로운 나라 '조선(朝鮮)'을 건국했다.

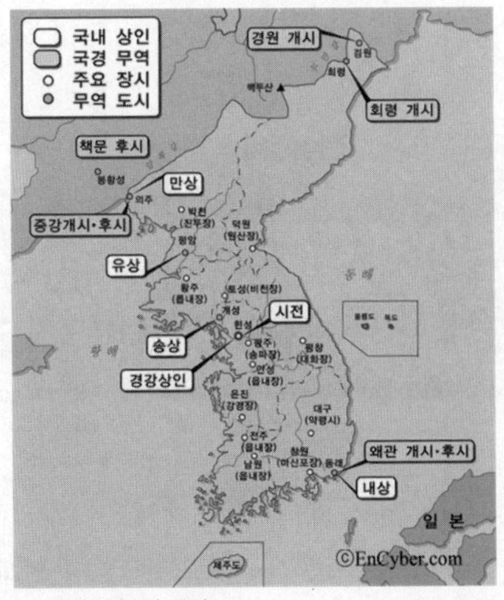

▲ 조선의 영토와 무역

이후 조선의 4대 왕인 세종대왕은 집현전을 세우고 젊은 유림들을 대거 등용했으며 4군 6진으로 국토를 확장하고 왜구를 근절시켰다. 또한 '훈민정음(訓民正音)'이라는 한글을 창제해 모든 백성들이 글을 익히고 배울 수 있게 만들었다. 후세인 지금에도 세종대왕을 광화문 세종로에 가면 만날 수 있다.

■ '한글'은 세계 최고(最高)의 글이다

세종대왕께서 창제하신 훈민정음(訓民正音)은 1997년 10월 유네스코 세계기록유산으로 등재되었다. 이러한 세계 최고의 한글은 말소리가 풍부하고 음성학적으로 매우 뛰어나서 세계 어느 나라 어느 말이든 또한 어떤 사물소리든 자유자재로 정확하게 구사할 수 있는 천부(天符)의 음(音)이다.

뉴욕 주립대학 김석연 교수(한국학/음성학)는 "조선의 세종대왕께서 1446년 반포한 훈민정음(訓民正音)을 토대로 전 세계의 말(방언)을 하나의 표기체제로 음역할 수 있는 '누리글(Global writing system)'을 만들었다"며 "이는 모든 말을 간단히 표기할 수 있는 이 누리글을 문명퇴치는 물론 우리 대한민국 한글의 우수성을 세계에 알리는데 활용가치가 있다"고 말했다.

▲ 광화문 세종로에 있는 세종대왕 동상. 많은 관광객들이 찾고 있다.

다들 아는 바와 같이 우리 한글의 음(音)은 초성(初聲)에서 시작해 종성(終聲)으로 끝나는 종성이 가장 발달한 언어이다. 일본어나 지나(중국)어는 원래부터 종성이 없는 언어이다. 예를 들어 일본인은 김치를 '기무치', 택시를 '다꾸시'라고 발음한다. 중국인들은 국(國)을 '꾸어', 칠(七)을 '치'라고 한다. 국에서는 'ㄱ', 칠에서는 'ㄹ' 등 혀를 잘 사용하지 못한다.

때문에 한국을 '한꾸어', 출발을 '추바'라고 발음한다. 이는 종성이 발달하지 못한 언어들이기 때문이라고 전문가들은 지적하고 있다. 서양의 대부분의 언어들은 종성이 몇 개 되지를 않는다.

그런데 한글에는 초성 19자, 중성 21자, 종성 28자로 이처럼 종성이 발달된 언어는 인류 역사상 없다고 한다. 한글에는 초성과 종성을 합해 1만 1,172개의 문자를 만들 수 있으며 다시 이것을 결합해 20만 개 이상의 어휘를 만들 수 있다고 하니 이는 천손민족의 언어가 아니면 안 되는 언어이다.

예를 들어 '내게 말해라'는 문장에서 영어로는 어린이나 어른, 옛날의 왕들에게 모두다 'Tell me'라고 말하며 구분 없이 함께 사용하는 문장이다. 그런데 우리 한글에는 어린이들에게는 '말해라', 어른들에게는 '말씀 하십시오', 왕에게는 '말씀 하시옵소서' 등 다양하고 풍부한 말이 있다.

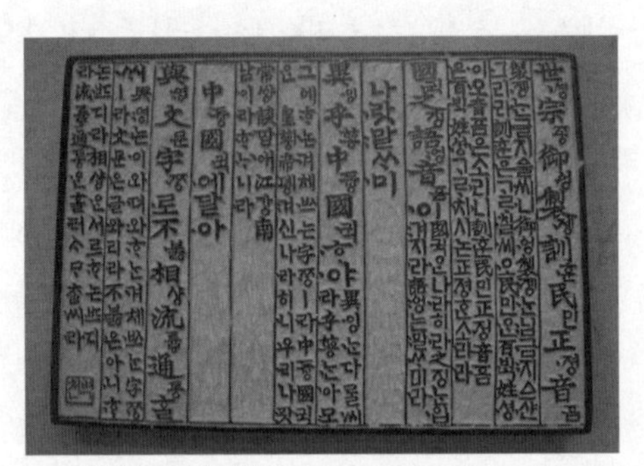

▲ 훈민정음 글자 활자본

나랏말싸미 듕귁에 달아 문자와로 서르 사맛디 아니할쌔
이런 전차로 어린백성이 니르고저 배이셔도 마참내 제 뜨들 시러 펴디 못할노미 하니라.
내 이를 위하야 어엿비너겨 새로 스믈여듧자랄 맹가노니
사람마다 해여 수비니겨 날로 쑤메 편안케 하고저 할 따라미니라.

우리는 세계 최고의 언어를 가진 천손의 민족이다. 일부 학자들은 이미 한글은 옛날에도 존재하고 있었다고 주장한다. 그런데 이 언어를 우리 세종대왕께서 우리 한민족을 위해 창제하신 것은 누구도 부인할 수 없는 역사적인 사실이다.

이제 우리는 역사를 올바로 찾고 우리 천손의 언어인 녹도문자, 가림토 문자, 한글에 이르는 문자를 잘 연구하고 계승해야 할 책임이 있는 것이다.

■ 일본 '임진왜란(壬辰倭亂)' 일으키다

16세기 말 일본을 무력 통일한 '풍신수길(豊信秀吉/도요토미 히데요시)'은 1592년 4월 13일(선조 25년) 왜병 25만 대군과 조총으로 무장하고 조선침략을 감행해 임진왜란(壬辰倭亂)이라는 7년의 대 환란을 일으켰다.

조선의 사대부들은 분열되어 당파싸움에 휩싸이고 이이(이율곡)의 십만양병설은 들은 척도하지 않았다. 이때 일본은 '도요토미 히데요시가' 내전을 끝내고 통일을 이루었으며 내전으로 길러진 군사력을 조선의 침략하는데 이용하려 했다.

일본은 조선의 침략 구실로 명나라를 정벌하려는데 길을 내달라고 했으나 조선에서 응하지 않자 부산진성과 동래성을 거쳐 한양까지 쳐들어 왔다. 하지만 조선은 군대가 제대로 양성되지 않아 계속 패하였으며 선조는 의주까지 피난을 할 수밖에 없었다.

이때 조선의 영토는 황폐해지고 엄청난 백성들이 죽고, 수많은 문화재가 불타고, 약탈당했다. 또한 많은 기술자들이 일본으로 끌려가게 되는 아픔을 겪어야만 했다.

난지 의주에서 명나라에 지원병을 요청하였다. 1592년 12월 25일 겨울 선조는 피난지인 의주 용만관(龍灣館)에서 명나라 제독 이여송(李如松)을 만났다. 선조는 하루 만에 명나라 군사 이여송에게 조선의 군사지휘권의 상징인 환도(環刀) 한 쌍을 줘 이때부터 조선의 모든 전시지휘권이 명나라에 넘어가게 되었다.

이후 선조 31년(1598년) 명나라 수군 제독 진린(陳璘)이 구원병으로 왔다. 하지만 명나라 군사들은 싸움에는 무능했으나 전투의 공은 자신들에게 돌리고 잘못된 것은 조선군대에 책임을 물었다고 한다. 또한 왜군과 내통까지 했다고 하니 이들이 어찌 지휘권을 갖은 지원병이라 하겠는가?

당시 이순신 장군이 지휘하는 우월한 조선의 수군이 왜군을 섬멸하려해도 지휘권을 이유로 명나라 군대에게 번번히 제지를 당했다고 학자들은 말했다.

결국 국력이 약해 다른 나라의 군대를 끌어들인 대가를 톡톡히 치렀던 것이다.

▲ 거북선 모형도(당시 거북선은 2층이 아닌 3층 구조로 되었다고 최근 결론을 내렸다)

◀ 세종로 앞에 세워진 이순신 장군 동상. 많은 관광객들이 찾고 있는 곳이다.

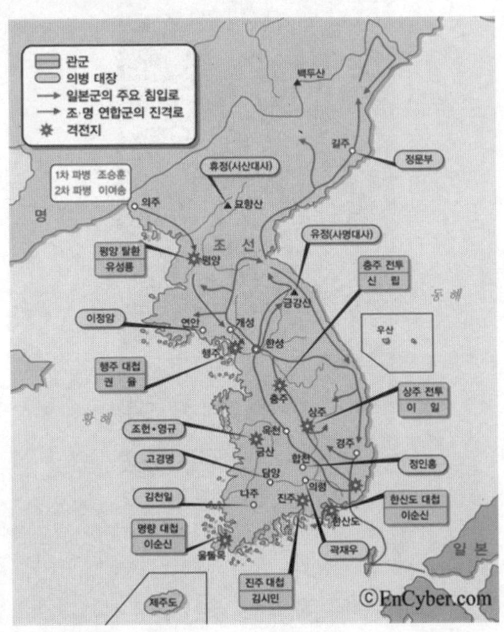

▲ 임재왜란 당시 전투상황

■ **임진왜란(壬辰倭亂)과 구국(救國)의 승병(僧兵)들**

임진왜란(壬辰倭亂) 당시 바다에는 이순신 장군, 육지에는 권율 장군과 승병장 서산대사와 사명대사가 있었다. 특히 사명대사는 불력(佛力)과 지략(智略), 담대함으로 평양을 탈환해 아군의 승기를 잡는데 결정적인 역할을 함과 동시에 적진에 들어가 위기의 나라를 구했으며 그의 외교력은 역사에 남는 획을 그었다.

구국(救國)에 앞장선 승병장 서산대사(西山大師)

서산대사(西山大師)는 1520년 평안도 안주 출신으로 아명은 운학이며 법명은 휴정(休靜)이다. 완산 최씨로 이름은 여신, 별호는 벽화도인, 풍악산인, 서산대사 등으로 불리고 있다. 또한 고승(高僧)으로 호법승려이시다.

서산대사의 운학이라는 아명은 그가 3세 되던 해 4월 초파일 그의 부친의 꿈에 한 노인이 나타나 "꼬마스님을 뵈러왔다"며 "아이의 이름을 '운학'이라 지으라고 했다"한다.

▲ 서산대사 영정 〈국립중앙박물관소장〉

그는 어렸을 때부터 돌을 세워 부처라고 하고 모래를 쌓아 탑 놀이를 하는 등 승려로써 자질이 있었다. 이후 그는 성균관에 입학해 3년 동안 글과 무예를 익혀 과거도 보았지만 뜻한바 있어 지리산 화엄동, 칠불동 등 여러 사찰에 기거하면서 불법을 공부하던 중 깨달은 바가 있어 스스로 삭발 후 출가를 하였다고 전해진다.

이후 그는 1549년(명종 4년) 승과(僧科)에 급제를 하지만 모든 것을 내려놓고 금강산, 묘향산, 태백산, 오대산 등을 두루 다니며 불법(佛法)에 전념을 했다. 1592년 임진왜란(壬辰倭亂)이 일어나자 선조는 묘향산에 머물던 서산대사를 찾았다. 서산대사는 곧 전국의 사찰에 격문을 보내 구국(救國)에 동참할 승려들을 모아 승병(僧兵)을 조직해 평양을 탈환하는데 혁혁한 공을 세웠다.

당시 서산대사는 73세의 노승으로 팔도 선교도총섭으로 임명되어 승병 1,500여 명을 모집했으며 명나라 군대와 합세해 평양을 탈환했다. 이에 선조는 서산대사의 공로를 높이 사 정2품 당산관 직위를 하사하고 그 공덕을 치하했다.

서산대사(휴정/休靜)는 "유교(儒教), 불교(佛教), 도교(道教)는 궁극적으로 일치한다"는 삼교(三教)통합론의 기원을 이뤘다. 또한 그의 대표적인 저서인 『선가귀감』, 『선교결』에는 선(善)을 위주로 선(善)과 교(教)의 통합을 실현하는 선 중심 사상으로 "선(善)은 부처님 마음이고 교(教)는 부처님의 말씀이다"라고 가르쳤다.

그는 85세 되던 해(법랍 67세)에 가부좌(跏趺坐)로 앉은 채 입적했으며 입적 뒤 21일(삼칠제) 동안 기이한 향이 방안에 가득했다고 전해진다. 〈참고문헌 : 한국민족문화대백과사전〉

위기의 조선을 구한 승병장(僧兵長), 외교관 사명대사(四溟大師)

사명대사는 형조판서 임수성(任守城)의 아들로 경남 밀양에서 태어났으며 풍천 임씨로 이름은 응규(應奎)이다. 호는 사명당(四溟堂), 송운, 종봉 등이며 시호는 자통홍제존자(慈通弘濟尊者)라 한다. 법명은 유정(惟政)이며 대표적인 호법승려이시다.

사명대사는 어려서 조부에게 공부를 했다. 그런데 1556년(명종 11년) 13세 때 황여헌(黃汝獻)에게 맹자(孟子)를 배우던 중 양부모를 모두 잃게 되었다. 이때 그는 죽음의 이치를 알고자 황악산(黃岳山) 직지사(直指寺) 신묵(信默)을 찾아가 승려가 되었으며 1561년 승과(僧科)에 급제했다. 이후 1575년(선조 8년) 봉은사 주지를 마다하고 묘향산 보현사에 기거하는 서산대사(휴정/休靜)를 찾아가 그의 불법(佛法)을 이어 받았다.

▲ 밀양 표충사(表忠寺)의 사명대사 영정

특히 그는 금강산 등 전국의 명산을 찾아 불법과 도(道)를 닦았다. 그러던 중 상동암(上東菴)에서 소나기를 맞고 떨어지는 낙화를 보고 무상을 느껴 문도(門徒)들을 해산하고 홀로 참선에 들어갔다고 한다.

1592년(선조 25년) 임진왜란이 일어나자 스승인 서산대산(휴정)의 격문을 받고 승병을 모집해 서산대사의 휘하로 들어갔다. 이듬해 승군도총섭이 되어 명나라 군사와 협력해 평양을 되찾고 도원수 권율 장군과 의령에서 왜군을 격파해 당상관(堂上官)이라는 위계를 받았다.

1597년(선조 30년) 정유재란(丁酉再亂) 때에는 명나라 총병관 마귀(麻貴)와 함께 울산, 순천에서 전공을 세우고 중추부동지사가 되었으며 1604년(선조 37년) 8월에 선조의 명을 받고 일본에 건너가 도쿠가와 이에야스(德川家康)와 강화를 맺고 담판을 해 이듬해인 1605년4월에 전란 때 잡혀간 조선인 포로 3,000여 명을 인솔해 귀국했다.

◀ 사명대사가 임진왜란 때 잡혀간 조선인을 구하기 위해 도쿠가와이에야스와 담판을 위해 머물렀던 本法寺(본법사 앞에서 필자)

그는 '부처님의 힘으로 나라를 지킨다' 는 호국불교(護國佛敎)사상이 투철했다. 때문에 호국불교의 힘으로 승병을 일으켜 대승을 거둘 수 있었다. 사명대사는 민족의 수난기(受

難期)인 임진왜란 때에 가사장삼을 벗어 던지고 나라를 구한 숭고한 종교적 삶을 살았으며 한편으로는 오랜 수도 생활로 어지러운 세상을 구하고자 종교적인 구도자의 삶을 살았다.

이후 사명대사는 해인사(海印寺)에서 1610년 입적했다. 그는 밀양의 표충사(表忠祠)와 묘향산의 수충사(酬忠祠)에 배향되었다. 〈참고문헌 : 한국민족문화대백과사전〉

사명대사(四溟大師) 호국성지(護國聖地) 밀양 표충사(表忠寺)

표충사는 임진왜란 때 큰 공을 세운 사명대사의 충혼을 기리기 위하여 국가에서 명명한 절이며, 대한불교조계종 제15교구 본사인 통도사의 말사이다.

사기(寺記)에 의하면 654년(진덕여왕 8년, 무열왕 元년) 원효대사가 삼국통일을 기원하고자 654년 창건하고 죽림사(竹林寺, 竹園精舍)라 했으며, 829년(흥덕왕 4년) 인도의 고승인 황면(黃面)선사가 석가모니의 진신사리를 봉안할 곳을 동방에서 찾다가 황록산 남쪽에 오색서운이 감도는 것을 발견하고는 3층 석탑을 세워 사리를 봉안했다고 한다.

▲ 밀양 표충사 표충비

이후 서기 829년 신라 흥덕왕 4년에 왕의 셋째 왕자가 몹쓸 병을 얻어 전국의 명산과 명의를 찾던 중 이곳의 약수를 마시고 황면(黃面)선사의 법력으로 쾌유되어 왕이 친히 찾아와 크게 칭송하니 선사가 말하기를 "이곳 유수와 산초가 모두 약수요, 약초 아님이 없습니다"라 말하니 왕이 기뻐하고 절 이름을 재약산 영정사(載藥山 靈井寺)라 명명하고 절을 크게 부흥시켰다.

중요문화재로는 청동은입사향완(靑銅銀入絲香:국보 제75호), 3층석탑(보물 제467호), 대광전(경상남도 유형문화재 제131호), 석등(경상남도 유형문화재 제14호) 등이 있다.

사명대사는 서산대사의 제자로 임진왜란이 일어나자 스승을 도와 의승병을 일으켜 평양성 탈환의 중요한 역할을 하였으며 나라를 구하고자 서생포 가등청정의 적진으로 네 차례나 회담을 하기 위해 들어갔으며 1597년(정유년) 외장 가등청정이 "조선에 국보가 있느냐?" 고 묻자 "가등청정 당신의 목이 바로 조선민족의 국보다" 라고 말을 해 적장의 간담을 서늘케 하였다.

1604년 2월에 스승이신 서산대사의 부음을 받고 묘향산으로 가던 중 선조의 국서를 받들고 그해 8월 일본 탐적사(강화정사)로 가서 8개월 동안 각고의 노력 끝에 포로로 잡혀간 동포 3,000여 명과 함께 귀국하는 등 외교적 업적을 남겼다.

▲ 사명대사의 일본행을 그린 일본 지도

1605년 6월 선조에게 복명하니 가의대부(嘉義大夫) 영의정을 하사 받았으나 3일 만에 관직을 사양하고 그 해 10월에서야 스승이신 서산대사의 영정에 분향 참배하고 다시 합천 해인사에 들어가 결가부좌한 채 무량선정에 들다가 1610년(광해군 2년) 열반에 드시니 세수 67세(법랍 51년)였다. 시호는 자통홍제존자(慈通弘濟尊者)라 하다.

당시 조정에서는 국장으로 장례를 지내고 밀양 표충사(祠)와 묘향산 수충사(祠)에 서원 편액을 내리며 유교식 제향으로 봉행토록 했다.

숭유억불 조선 시대의 당시 사회로서는 승려에 대한 파격적인 예우였던 것이다. 또한 사명대사가 태어났던 밀양 무안면에 표충사당과 표충비 이를 수호할 표충사를 지었다.

그 후 오랫동안 당쟁으로 조선의 중신들은 구국의 영혼인 삼대성사들을 까맣게 잊고 있다가 1839년(헌종 5년) 사명대사의 법손(法孫)인 월파당 천유(月坡堂 天有)선사가 임진왜란 때 공을 세운 사명대사의 충혼을 기리기 위해 예조에 소청을 올리면서 무안면에 있던 표충사(表忠祠)를 그 당시 폐사로 있었던 영정사 경내로 사당과 서원을 옮기면서 가람 배치가 크게 변하고 절 이름도 표충사로 고쳐 부르게 되었다.

현재 이곳에는 중앙에 사명대사 동쪽에는 그의 스승인 서산대사, 서쪽에는 임란 때 금산전투에서 800명 의승병과 함께 장렬히 전사한 기허당의 영정을 함께 모심으로 삼대성사를 추모하는 서원이면서 그 관리와 제향을 사찰에서 맡는 유불(儒佛)의 이원적 구조로서 불교(佛敎)의 호국사상과 중생구제사상 그리고 유교(儒敎)사상의 의(義)와 공존하게 되므로 표충사(寺) 안에는 표충사(祠)와 표충서원이있게 되었으며, 본사인 통도사와 더불어 동부 경남을 대표하는 명산대찰인 것이다. 〈출처 : 표충사 사찰소개〉

서산대사(西山大師)와 사명대사(四溟大師) 세기(世紀)의 대결

이 두 분은 사제(師弟)지간 고승(高僧)으로 불력(佛力)과 법력(法力), 도력(道力)이 뛰어났으며 유명한 일화(逸話)가 전해진다.

사명대사는 서산대사의 법력과 도술을 시험하기 위해 서산대사가 기거하는 금강산을 향해 축지법(縮地法)으로 자신의 묘향산에서 눈 깜작할 사이에 금강산에 당도했다.

이는 자신이 수도하는 묘향산에 서산대사가 왔을 당시 그는 "선녀들이 밥을 날라다 준다"며 자랑했는데 왠지 그날따라 선녀가 밥을 가지고 오지를 않아 하루 종일 기다렸다. 그런데 서산대사가 떠나면서 하는 말이 "내가 가고 나면 선녀들이 가져다 준 밥을 먹게 될 것이다"고 했다. 그런데 정말이지 서산대사가 떠나고 조금 후 선녀들이 밥을 가지고 나타났다. 선녀들은 사명당에게 "제 시간에 가지고 오려고 했는데 천상식관(天上食管)에게 서산대사께서 늦어도 괜찮다는 말씀에 따라 늦게 왔다"고 말했다.

이 일이 있은 후 사명당은 더욱 더 분발해 도술을 연마하고 이제는 서산대사와 견줄 수 있다는 자신감에 차서 이번에야 말로 '나에게도 승산이 있다'라는 생각에 축지법을 써가며 스승인 서산대사와 도술을 겨루기 위해 가는 길이었다. 어느덧 서산대사가 수도하는 금강산 장안사(長安寺) 깊은 골짜기에 도착했다. 이곳에서는 축지법이 아닌 험준한 계곡을 소리 없이 오르고 있었다. 아무도 몰래 도착하기 위함이었다.

▲ 옛 금강산 장안사(長安寺)전경

그런데 정작 서산대사는 상좌승을 불러 "지금 저 아래 계곡에 묘향산에서 사명당이라는 스님이 오고 있으니 모셔와라" 고 분부했다. 상좌승은 영문도 모른채 "사명대사께서는 묘향산에 계시는데 이 먼 거리를 연락도 없이 오시겠습니까?" 하고 반문하며 분부대로 사명당을 마중하러 나갔다. 서산대사는 마중 나가는 상좌승에게 "이 계곡을 내려가면 사명당이 물을 거꾸로 몰고 올 테니 시냇물은 반드시 역류할 것이고 바로 근처에 사명당이 오고 있을게다" 고 말했다. 상좌승은 고개를 갸우뚱 거리며 사명당을 맞이하려고 정신없이 계곡을 내려가는데 시원한 바람과 함께 계곡물이 역류하는 바람에 물방울이 튀어 올랐다.

이때 아니나 다를까 산모퉁이를 돌자 사명당이 올라오고 있었다. 상좌승은 올라오는 스님에게 "스님이 사명대사이지요?" 라고 묻자 사명당은 내심 서산대사의 도력을 알아보고 상좌승에게 서산대사의 근황을 물었다. 그러자 상좌승은 "서산대사께서는 신출귀몰(神出鬼沒)하시기 때문에 잘 모르겠다" 고 대답을 했다.

상좌승과 사명당은 어느덧 서산대사가 머물고 있는 장안사 법당에 도달하고 서산대사는 사명당을 마중하기 위해 돌계단을 내려오고 있었다. 기회는 이 때다 하고 사명당은 날아가는 새 한 마리를 생포해서 주먹 안에 움켜쥐었다. 그리고는 서산대사에게 "대사님 제 손안에 있는 이 새가 죽었을까요? 아니면 살아 있을까요?" 라고 물었다.

이에 서산대사께서는 호탕하게 껄껄껄 웃으며 "스님, 그것은 스님의 손안에 있는 새로 그 새의 생사(生死)는 오직 스님 손에 달려있소!", "만일 내가 죽었다고 하면 그 새를 날려 보낼 것이고 내가 살았다고 하면 살생(殺生)을 할 터이니 오직 그것의 생사여탈은 스님일 테니 말이오!" 하고 말하자 사명당은 스님의 불력(佛力)에 탄복하고 새를 날려 보냈다.

이어서 서산대사는 내려왔던 돌계단을 올라가 법당에 향을 피워놓고 문턱을 넘어서면서 사명당에게 "대사, 내가 지금 한 발을 법당(法堂) 안에 또 한발은 법당 밖에 있는데 내가 나갈 것이요? 아니면 다시 들어가겠소?" 라고 물었다. 사명대사는 속으로 "내가 밖으로 나올 것이라면 안으로 들어갈 것이고, 다시 들어갈 것이라면 나올 것이다" 며 고심을 하자 서산대사는 재차 답을 독촉했다. 하지만 결론을 내지 못하고 있는 사명대사에게 스승인 서산대사는 역시 호탕하게 웃으면서 "대사, 대사가 묘향산에서 나를 만나기 위해 여기까지 왔는데 내가 당연히 손님을 맞이하러 나가야지요!" 하면서 돌계단을 내려왔다.

사명대사는 "서산대사에게 예를 갖추고 금강산까지 오게 된 것은 정식으로 도술을 겨루고 싶어서 입니다" 고 말하자 서산대사는 쾌히 승낙을 하였다. 사명당은 지고 온 바랑에서 바늘이 가득 담겨있는 그릇 두 개를 꺼내 한참을 응시하자 이것이 국수로 변했다. 사명당은 서산대사께 "사부님도 시장하실 텐데 함께 드시지요?" 라며 권하고 둘은 국수를 한 그릇씩 맛있게 비웠다. 사명당은 자신의 도술이 성공했다고 생각하며 속으로 쾌재를 불렀다. 그는 서산대사에게 "대사님, 바늘이 국수가 되었으니 속은 편안하십니까?" 라고 묻자 오히려 서산대사는 "대사님, 그럼 뱃속에 있는 국수를 다시 바늘로 변화시켜 꺼 내면 될 것 아닙니까?" 라고 반문했다. 이에 사명당은 "대사님, 어떻게 먹어버린 국수가 바늘이 되겠습니까?", "바늘이 국수는 될 수 있어도 이미 되어버린 국수가 바늘이 될 수 있겠습니까?", "이는 봄이 지나고 여름이 된 것과 같은 이치이며 엎질러진 물과 같은 것 아닙니까?" 라고 대답했다. 그러자 서산대사는 조금 전에 맛있게 먹었던 국수를 다시 바늘로 변화시켜 애초에 담겨있던 그릇에 되돌려 놓았다. 이에 사명당은 "이 시합은 소승이 졌습니다" 라고 항복을 했다. 하지만 사명당은 그 대로 물러나기가 억울해 다시 바랑에서 계란을 백여 개 꺼내 이를 일직선으로 쌓아 올렸다. 높이가 수척에 달하고 금방이라도 허물어질 것만 같았다. 그런데 서산대사는 계란을 사명당과 반대로 허공에서부터 쌓아 내려왔다. 그리고는 이를 다시 커다란 지팡이로 만들었다.

서산대사는 사명당에게 "대사, 대사의 지팡이는 낡은 것 같으니 이 새 지팡이를 가지고 다니시지요!" 라며 정중히 지팡이를 건넸다. 이후에도 사명당은 몇 차례 자신의 능력을 최대한 발휘해 서산대사에게 도전을 했지만 도저히 서산대사의 도술을 따라갈 수 없었다.

이에 그는 무릎을 꿇고 진정으로 서산대사를 스승으로 모시겠다며 간청했고 서산대사는 이를 쾌히 승낙해 사제(師弟)지간이 되었으며 정(情)은 더욱 돈독하게 되었다고 전해진다.

■ 조선 백성들의 원혼(冤魂)이 묻힌 '귀무덤(耳鼻塚)'

조총으로 무장한 일본군에게 한반도가 유린당했지만 7년 전쟁으로 전국 곳곳에서 의병들이 들고 일어나 항쟁하고 특히 바다를 지키는 이순신 장군의 놀라운 해전으로 결국 패망하고 물러났다. 이로 인해 '도요토미 히데요시'는 몰락하고 '도쿠가와 이에야스' 시대가 되었다.

그런데 조선을 침략한 왜군들은 승전 보고를 위해 병사 1명당 코 1되씩을 책임량으로 할당을 받았다. 이로 인해 조선의 남녀노소를 불문하고 왜군들은 전과(戰果)를 위해 코와 귀를 베기 시작했다.

그 중에서도 이순신 장군으로부터 패전 당한 분풀이로 호남지역 특히 남원에서만 6,000여 명의 코와 귀가 잘렸다고 하며 이들은 여름에 코와 귀가 부패하지 않게 하기위해서 소금에 절여 일본으로 보냈다고 한다. 도요토미 히데요시는 그것을 수량으로 부하들의 전공을 가늠했다니 이와 같은 천인공노(天人共怒)할 만행이 전 세계에 어디 있겠는가?

▲ 일본 교토의 풍신수길 사당 앞에 있는 귀무덤인 '이비총(耳鼻塚)'이 있다.

▲ 한국 겨레얼 살리기국민운동본부(이사장. 한양원)는 매년 이곳에서 위령제를 지내오고 있다.

▲ 일본의 왕족(나시모토 타카오)이 위령제에서 '헌관'을 하고 있는 모습

▲ 필자의 초청으로 온 日 왕족(좌측)과 필자(우측)

지금도 일본 교토의 '도요토미 히데요시'사당 앞에 12만 6천여 명의 조선 백성들의 원혼(冤魂)이 묻혀있는 '이비총(耳鼻塚)'이 있다.

日왕족, 교토 '귀무덤' 첫 참배
"임진왜란 만행 사죄드립니다"

한국 시민단체 주최 위령제 참석
나시모토 씨 "과오 잊지 않을 것"

◀ 필자의 초청으로 온 日 왕족이 위령제에 헌관 하고 있는 모습 '동아일보(2010.8.12.)' 에서 취재했다.

때문에 도요토미 히데요시는 밤마다 귀신들에 시달려 황천 행을 했다고 한다. 우리 천손의 민족을 이처럼 대 학살하는 일본인들은 후에 36년이라는 치욕의 역사를 다시 만들었다.

■ 일본 '한일합방(韓日合邦)'으로 '한민족 혼(魂)' 말살 만행 저질러

조선의 역사는 태조 이성계가 392년 7월 조선왕조를 건국한 이래 1910년 8월 29일 '한일합방(韓日合邦)'으로 일본에 강점될 때까지 519년 동안 지속돼온 우리나라 마지막 왕조였다.

우리 민족은 1910년 8월 29일 일본에 의해 강점된 한일합방(韓日合邦)으로 인해 일시적인 역사가 중단되고 일본의 식민지하에 들어갔다.

이때부터 일제는 본격적으로 '한민족'의 역사 말살 정책에 들어갔다. 당시 초등학교(國民學校)에서는 일본말을 가르치고 조선말을 전면 금지시켰다. 이뿐만이 아니라 대대로 내려오던 조상의 성(性)과 이름을 바꾸는 '창씨개명(創氏改名)'을 하는 등 인간으로는 할 수 없는 짓만 골라서 했다.

우리 민족은 이미 1670년 '동몽선습(童蒙先習)'이라는 서당(書堂) 교재가 간행되어 어린이들은 윤리(倫理)와 함께 고대사(古代史)와 국조(國祖)인 단군(檀君)과 삼국사(三國史)등을 학습하였다고 한다. 이는 천자문(千字文) 다음의 기초교과서 였다.

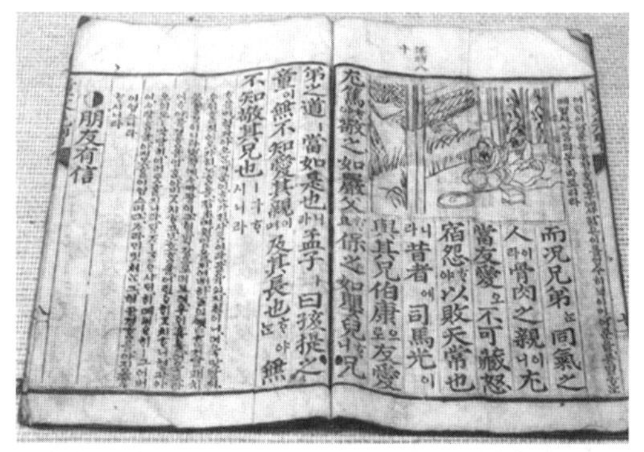

▲ 천자문 다음에배우는 박세무의동몽선습(한국학중앙연구원 소장)

이후 『국민소학독본』이라는 조선 말 대한제국 학부에서 펴낸 역사(歷史), 지리(地理)가 포함된 최초의 교과서였다. 두 번째는 1895년에 나온 '조선역사(朝鮮歷史)'이다.

日 총독 "한민족 혼(魂) 말살 위해 사서(史書) 20만 권 불 태워"

日帝 '韓民族魂 말살' 새事實 밝혀져

史書 20여만권 압수 불태웠다

檀君관련 기록 중점의탈

총독부 官報등 立証해줘

▲ 조선일보(1985.10.4.) 기사

日총독 「朝鮮人은 朝鮮史 모르게하라」

史書 강탈 소각—歷史 재편 작업

古代史 말살·「무능한 祖上」 조작

國史교과서 새로 써야한다

▲ 조선일보(1986. 8.17) 기사

일부 학계와 역사 전문가들은 "일제는 이미 조선침략 전부터 '조선사 왜곡'에 따른 새로운 '조선사 편찬' 계획을 세웠다"며 "이는 1910년 한일합방에 따른 강제 침탈 뒤 2개월도 안돼서 전국적인 사서(史書) 강탈에 나섰다"고 이유를 밝혔다.

이때 조선 총독부는 악질적인 산하기구인 취조국 지휘로 전국의 서점, 향교, 일반인들의 서고(書庫)를 뒤져 사서(史書)를 모두 강탈해 일본으로 반출할 것만 남기고 나머지는 약 20만 여 권이나 불태웠다고 한다. 실로 천인공노(天人共怒)할 족속들의 만행이 아닐 수 없다. 이러니 제대로 된 역사서가 남아있을 수 있겠는가?

당시 일본의 새로운 '조선사' 편찬은 "조선은 유구한 역사를 자랑하는 문화민족으로 억압한다고 되는 것이 아니라 오히려 '새로운 사서'를 만들어 역사를 조작하는 것이 났다고 판단해 옛 고서들을 모조리 강탈해 불태우고, 나머지 중요한 고서들은 日 왕실도서관으로 가져갔다"고 한다.

이들은 교활한 방법으로 한민족 역사를 조작했다. 조작된 한민족사는 일제가 학교 교육을 통해 교육시킴으로써 우리의 국사 교육은 단절됐다. 하지만 해방과 함께 시작된 역사 교육에는 대부분 일본 학자들이 왜곡한 한민족 고대사(古代史)를 비판 없이 답습해 우리 역사 뿌리를 제대로 이어가지 못한다는데 있다. 일제의 치밀한 역사(歷史) 말살 정책이 얼마나 무서운지 이제야 알 것 같다.

일부 학계에서는 "그동안 선배들 중 일부가 일제(日帝) 사학(史學)을 연구 자료의 사료(史料)로 수용해 현재의 혼란이 일고 있다"고 말했다. 또한 일제 시대 때 학자들에 의해 왜곡된 역사를 광복 후 40여 년이 넘도록 우리 국사 교과서에 아직도 실리는 것에 대해 "식민사관에 대한 우리 학자들의 비판이나 연구가 철저하지 못하고 그대로 답습하기 때문이다"고 밝혔다.

日帝 〈조선사 편수사업〉 "정당성 가장 위해 한국인 학자 참여시켜"

일제는 '조선사 편수사업'이 공정했다고 선전하기 위해 이병도(李丙燾. 1896~1989년) 전 서울대 교수를 한국인 학자로 참여시켰다. 문제는 식민사학이었던 그가 해방 후 한국 최고의 강단(서울대)에서 강의와 국사편찬위원, 문교부 장관 등 역사학계 '최고 선생'이었는데 일제와 함께 조작된 한민족 역사를 그대로 답습했다는 것이다.

이러한 그가 1989년 최태영 박사와 함께 '한국 상고사 입문'이라는 책을 냈는데 그전까지의 태도에서 벗어난 고대사 책이라고 한다.

이 책에는 한사군(漢四郡)이 한반도가 아닌 만주서부(요하지역)에 존재했다고 밝혔는데 이는 예전의 일제 식민사학에서 벗어난 것이다고 학계는 말했다.

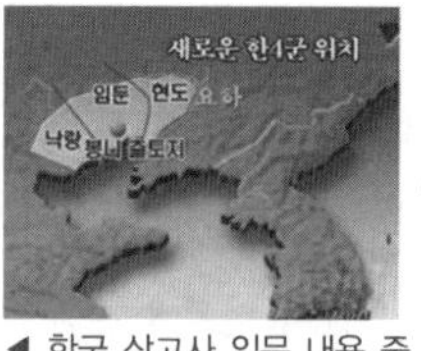

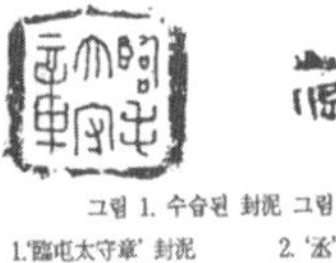

◀ 한국 상고사 입문 내용 중

지난 2002년 한사군 지역의 하나였던 '임둔군(臨屯郡)'이 요하유역이었다는 유물이 다량 발견되었다. 당시 임둔태수(臨屯太守)의 직인이 찍힌 봉니(封泥)가 다량으로 발견되면서 실제 임둔군의 위치가 한반도가 아닌 요하유역이라는 사실이 유물로 인해 드러났다.

또한 그는 고조선 말기 위만이 세운 '위만조선(衛滿朝鮮)' 역시 한반도가 아닌 요서지역이었다고 밝혔다. 이어 고조선 대부분 영역은 위만에게 합병당하지 않고 건재했다고 말했는데 이는 우리 '국통 맥'인 '북부여'를 인정하는 것으로 일제에 의해 왜곡된 역사를 바로 잡는 단초로 해석된다.

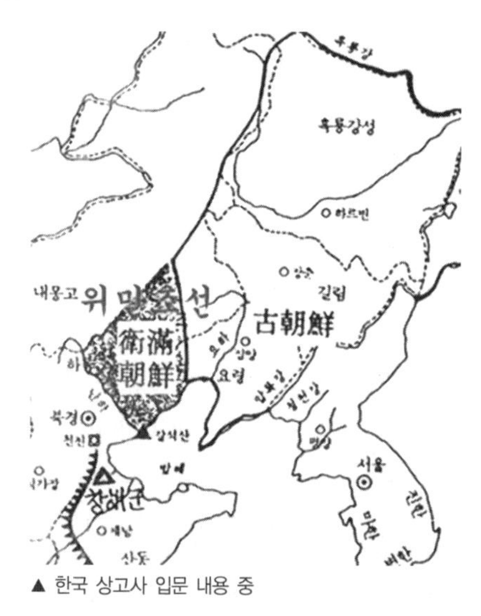

▲ 한국 상고사 입문 내용 중

결국 진실은 언젠가는 밝혀지게 되어있다. 옛말에 "손바닥으로 하늘을 가린다"는 말이있다. 이는 "눈앞에만 가릴 뿐 전체를 가릴 수 없다"는 뜻이다. 일본은 지금이라도 왕실 도서관에 있는 우리 한민족 역사서를 반환하고 사죄해야 천손의 민족인 우리 한민족을 기만하고 우롱한 댓가를 조금이라도 면할 수 있을 것이다.

⑬ 천손민족의 국통을 계승한 '대한민국'의 비상

■ 국통을 계승한 '대한민국' 정부수립

대한민국은 1948년 8월 15일 정부수립과 함께 아시아 대륙 동부 한반도에 건국한 민주공화국이다. 하지만 1945년 8월 15일 해방과 함께 외세에 의해 북위 38선을 경계로 다시 분단국가가 되었다.

1950년 6월 25일 북한은 동족상잔의 비극인 '6·25 동란'을 일으켜 파죽지세로 낙동강 전선까지 밀고 내려와 풍전등화의 위기를 맞았지만 미국을 비롯한 다국적군인 UN軍의 참전 및 '맥아더의 인천상륙작전'으로 말미암아 결국 38선을 경계로 남북이 둘로 나눠지는 비극을 맞았다.

▲ 대한민국 태극기

▲ 대한민국 국화 '무궁화'

▲ 대한민국 지도

한국을 가르키는 외국어(KOREA, COREA)는 '고구려, 고려'라는 말로 중국의 호칭인 '고려'가 유럽에 전해지며 표기되었다고 학계에서는 말했다. 또한 우리나라 국화인 '무궁화'는 동국(東國), 진국(震國), 발해, 해동(海東), 청구(青丘) 등과 함께 근화지역(槿花地域), 근역(槿域)이라고도 했다.

대한민국은 오늘날 OECD(경제협력개발기구)기준 세계 10위권의 경제대국으로 성장했다. 이는 불과 반세기 만에 '한강의 기적'을 이뤄 세계가 놀랐다.

■ 21세기 '다이나믹 코리아' 한민족 혼(魂)의 부활

대한민국 태권도는 60년 대 초부터 전 세계로 진출해 현재는 210여 개국에서 태권도 보급에 힘쓰고 있으며 종주국으로써 현재 올림픽 정식 종목이 되었다. 태권도는 우리 '한민족 혼'의 부활로 대한민국을 알리는 민간 외교사절로써도 큰 역할을 하고 있다.

그동안 대한민국은 86년 '아시안 게임', '88년 올림픽', '2002년 한·일 월드컵 개최'로 국가의 위상을 한 단계 높여왔다.

▲ 88올림픽 마스코트 '호돌이'

▲ 88올림픽 앰블런

▲ 올림픽 주경기장 성화 봉화대

▲ 올림픽 입장 모습

이제는 우리나라 '스포츠 스타'들이 각 분야에서 세계 최고의 기량을 보이고 있다. 미국 LPGA의 박세리, 박인비 등, 미 프로야구의 박찬호, 추신수, 류현진 등, 유럽 프로축구의 박지성 등, 캐나다 동계올림픽에서 피겨의 금메달 김연아, 리듬 체조계 샛별 손연재 등이 우

리나라를 스포츠 강국으로 그 위상을 높여 나가고 있다.

또한 우리나라 '한민족 문화'가 전 세계인들을 공감시키고 있다. 드라마 '대장금'은 우리 옛 전통 한민족 한식문화를 소재로 제작된 것으로 동남아를 넘어 유럽, 남미까지 선풍적인 인기를 끌고 있다.

'겨울연가' 드라마는 일본에서 탈렌트 배용준을 '욘사마'라는 애칭으로 한국을 대표하는 배우가 되기도 했다. 이뿐만이 아니라 '소녀시대'는 일본과 동남아에서 선풍적인 인기를 끌고 있으며, '원더걸스'는 미국에 진출해 아시아를 대표하는 걸 그룹으로 성장하고 있다.

▲ 대장금(大長今)은 장금의 생애를 조명한 2003년 9월 15일~2004년 3월 23일까지 방송된 문화방송의 대하드라마이다(사진은 서장금 역. 탈렌트 이영애).

▲ 《겨울연가》(冬のソナタ, Winter Sonata)는 KBS에서 2002년 제작, 방영한 텔레비전 드라마이다. 일본에 한류(韓流) 열풍을 불러일으킨 기폭제가 된 대표적인 드라마이기도 하다.

아리랑 민족 후손답게 성악가 조수미 씨를 비롯해 많은 성악가들이 세계적인 무대에서 활동하고 있으며 바이올리니스트 우연주는 미국 뉴욕 '카네기 홀'에서 춘천의 가장 한국적인 소재로 공연해 한민족 문화 우수성을 세계인들에게 각인시켰다.

특히 지난 해에는 가수 '싸이'가 '강남스타일'이라는 노래와 독특한 '말 춤' 하나로 전 세계인들을 사로잡아 우리 한민족이 천손의 기마민족임을 지구촌에 알렸다.

■ 중국의 '신 동북공정' 프로젝트

중국에서 추진하고 있는 동북공정은 동북변강사여현상계열연구공정(東北邊疆史與現狀系列硏究工程)의 줄인 말로 중국의 동북 변경지역인 만주지역의 역사와 현안에 관해 체계적인 연구과제라 할 수 있다.

중국은 동북쪽 국경 안에서 전개된 모든 역사를 자기들의 역사로 편입하려는 것으로 그들은 동북지방의 학술연구라 주장하지만 결국 동북지역인 고구려, 발해와 이후 한반도와 관련된 역사를 그들의 역사로 만들어 향후 한반도의 통일 시 일어날 영토 분쟁을 미리 방지하는 것이라고 학자들은 말한다.

1983년	사회과학원 산하 변강사지연구중심 설립
1988년 6월	지린성 통화 사범대 고구려 연구소 '고구려 학술 토론회' 개최
1998년 9월	기자조선, 위만조선, 고구려, 발해 등의 역사 귀속문제 공론화
2000년	후진타오 국가 부주석, 사회과학원의 동북공정 연구계획 승인
2002년 2월	사회과학원 변강사지연구중심과 랴오닝·지린·헤이룽장 3성 공동으로 동북공정 출범
2004년 8월	한·중 정부, 고구려사를 학술연구에 맡기기로 구두 합의
2006년 9월	변강사지연구중심, 19개 연구주제 요약문 공개로 동북공정 재쟁점화
2007년 1월	동북공정 107개 연구과제 중 56개가 한국 관련 부분으로 밝혀짐
2011년 11, 12월	관영 CCTV 6부작 다큐멘터리 '창바이산(백두산)', 발해를 당나라 군정기구이자 지방정권으로 규정
2012년 6월	중국 국가문물국, 2007년부터 진행한 고고학 조사 결과 만리장성 총길이가 2만1196.18㎞라고 발표

▲ 中 동북공정 30년사

중국은 55개의 소수민족으로 성립되어 있으며 현재 중국 국경 안에서 이루어진 모든 역사는 중국의 역사다고 주장하고 있다. 때문에 동북공정은 한국의 고대사에 대한 연구는 고조선과 고구려, 발해를 다루고 있는데 중국은 고구려를 지방정권으로 주장하고 있다.

문제는 중국의 이런 주장에도 불구하고 한국의 사학계에서는 우리 고대사의 많은 부분이 우리 정통역사로 나타나고 있음에도 불구하고 고대 이후에 제작된 것이니, 필사본이니 하면서 위서라고 주장하고 있다는 데 있다.

그동안 우리 고대사는 일제에 의해 수십 만 권이 불타 없어지고 나머지는 일왕의 도서관에 보관돼 있음에도 불구하고 역사 찾기보다는 위서 논쟁을 벌이는 이런 학자들이 과연 우리 민족의 학자들인지 묻고 싶다.

중국의 동북공정은 1983년 중국 사회과학원 산하 변강역사지리연구중심이 설립된 후

1988년 중국 지린성 통화사범대학의 고구려연구소가 '고구려 학술토론회'를 개최하면서 본격적으로 추진되었다.

2000년 동북공정 연구계획은 후진타오 국가 부주석, 사회과학원 등 중국 정부의 승인을 받았다. 2002년 2월 18일 중국 최고의 학술기관인 사회과학원 변강사지연구중심과 지린성(吉林省), 랴오닝성(遼寧省), 헤이룽장성(黑龍江省) 등 동북 3성이 연합해 공식적으로 동북공정이 시작되었다. 이후 5년 동안 약 1,500만 위안(약 23억 원)을 투입해 동북공정을 적극적으로 추진했다.

2004년 6월 동북공정 사무처가 인터넷에 연구내용을 공개하면서 한국과 중국 간 외교 문제로 비화되었다.

학자들은 동북공정이 1992년 한·중 수교로 많은 한국인들이 고구려와 발해의 유적을 답사하고 2001년 한국 국회의 재중동포의 법적지위에 관한 특별법이 상정되고, 때마침 북한이 고구려의 고분군을 유네스코에 세계문화유산으로 등록하자 이에 대한 대책으로 나온 작업이다고 말했다.

■ **중국의 '신 중화공정' 프로젝트**

중국은 요순 시대부터 자기들 역사라고 잡아도 대략 5000년 역사 밖에 안 된다. 따라서 황제 헌원. 염제 신농에 이어 사마천의 사기(史記)에 치우천황이 헌원에게 패했다는 역사도 왜곡했으며 이제는 치우천황을 다시 자기들 역사의 3황제(皇帝) 반열에 끌어 올리고 있다. 중국은 지난 2005년 10월 완공된 황허 (黃河)유역의 허나성(河南省) 퉁먼(同盟) 산 기슭에 두 거대한 두 인물상을 세웠다고 밝혔다. 이는 높이가 106m로 세계에서 가장 큰 인물상이라고 선전했다.

▲ 현존하는 세계에서 가장 큰 두 인물상 모습

황허경승지 관리위원회는 “이 조각상이 전 지구에 퍼져 있는 염 황제 자손들의 상징이 될 것이다”며 “세계의 중국인 모두가 이제는 원래 우리 조상의 모습을 알 수 있을 것이다” 고 말했다.

이 조각상은 미국의 자유여신상 보다 14m가 높고, 러시아의 ‘어머니 러시아상’보다 21m가 더 높다. 또한 코 길이가 8m이고 눈 길이는 3m로 얼굴 전체 면적이 1,000㎡라고 중국인들은 자랑스러워했다. 이제 중국은 신 동북공정에 다시 열을 올리고 있다.

▲ 미 뉴욕항 어퍼만 리버티 섬에 있는 ‘자유의 여신상’ 받침대 포함한 높이가 92m이다.

▲ 러시아 볼고그라드 언덕위에 있는 ‘러시아 국모(國母)상’ 원형제단부터 칼끝까지 높이가 85m, 칼 길이가 27m나 된다.

지난 2011년 6월에 중국은 조선족 민요와 풍습이 포함된 제3차 국가무형문화유산을 발표했다. 그런데 중국은 옌볜(延邊) 조선족자치주 ‘아리랑’을 포함시켰다. 같은 해 11월~12월 CCTV(중국 중앙방송)는 백두산(長白山/창바이산) 다큐멘터리 6부작을 방영했다.

여기에는“발해가 동북지역에 살던 말갈족이 세운 소수민족이다”며 “백두산이 만주족 등 소수민족의 영산이다”고 방영했다. 이어 “당나라 현종이 713년 ‘대조영’에게 사신을 보내 발해왕으로 책봉했다”고 왜곡 보도했다.

특히 중국은 향후 남북통일 후 국경 및 영토 문제에 대한 대비책으로 이 동북공정 연구 과정을 진행한 것으로 학계는 보고 있다.

사실이 이러한데도 한국의 사학자(史學者)들은 『환단고기』를 비롯해 『태백일사』 등 고서(古書)가 정식 역사서가 아니라며 위서(僞書)니 어쩌니 하면서 우리 고대사(古代史)를 부정하려고 드는 것은 도대체 어느 나라 민족의 역사학자들인지 묻고 싶다.

일제가 한민족 혼을 말살하려 전국에서 수집한 고서(古書)들 20만 여 권을 불태운 것은 한국판 '분서갱유(焚書坑儒)'가 아니겠는가? 진정한 역사학자라면 이것에 분노하고, 옛것을 찾고, 발전시키는 '온고지신(溫故知新)'의 정신을 가져야 할 것이다.

■ 중국의 역사관(歷史觀)의 '허실(虛失)'

중국은 처음 태호 복희씨와 염제 신농씨를 전설적인 시조(始祖) 임금이라 했는데 그들이 동이족(한민족)으로 밝혀지자 헌원을 황제로 만들어 역사를 조작했다.

그런데 조작한 황제 헌원도 동이족으로 나타났다. 고전(古典)인 초사(楚詞)에 황제는 생어백민(生於白民)이며 백속동이(白屬東夷)라 했다. 또한 갈홍이 쓴 포박자(包朴子)에 황제가 백두산에 있는 자부선인(紫府仙人)으로부터 사사를 받았다고 되어 있다.

이에 중국은 요(堯) 임금부터 역사를 가르치기 시작했으나 요(堯), 순(舜) 임금도 동이족임이 들어났다. 사마천의 사기(史記)에 보면 요(堯)가 황제의 직계 5세손이라고 기록되어 있으며 고사변(古史辨)에는 요(堯)는 황제의 5세손이고 순(舜)은 황제의 8세손이라고 했다. 맹자(孟子)도 순(舜) 임금이 동이족이라 말했다.

이에 주(周)나라부터 역사를 가르치고 있다고 한다. 사기(史記)에 따르면 황제, 전욱, 곡, 요, 순 등 오제(五帝)가 성이 모두 같았다고 했다. 그런데 이들이 한나라에 들어가서 왕이 된 것이다.

대만의 학계는 지나(漢나라)의 고대사를 놓고 "이는 조선 사람들의 상고사 이며 그 기록에 나오는 삼황오제와 진시황제(始皇帝)까지 모든 지나(한나라) 고대사가 다 동이족(고조선)임을 안다"며 "당신들의 역사를 지나 사(史)(한나라 史)라고 우기지 말고, 또한 문자를 한문(漢文)이라고 해 지나(漢나라)글 이라고 하지 말라"밝혔다.

『중국사전사화(中國史前史話)』의 저자 지나학자인 서량지(徐亮之)는 "세석기 문화부족(細石器 文化部族)이 맨 처음 시베리아 바이칼 호수 부근에서 동쪽으로 이동해 왔는데 그들이 동이족이다"고 했다.

그는 "은(殷), 주(周) 전, 후 시대에 동이족의 활동무대가 현재 산동성 전체와 하북성의 발해 연안, 하남성 동남, 강소성 서북, 안휘성 중북, 호북성 동쪽 모퉁이와 요동반도, 조선 반도에 이르는 광활한 지역 이었다"며 "동이족은 춘추 시대까지도 지나(한나라)의 하북성에서 강소성, 안휘성, 호북성 등을 모두 차지하고 있었다"고 밝혔다.

▲ 염제, 황제, 치우의 3황제(三聖) 조각상으로 10층 높이의 '텐즈호텔' 모습. 북경 천안문 광장에서 30분 거리에 위치해 있다.

『중국민족사』의 저자 대만 대학의 임혜상(林惠祥/지나 사학자)교수는 그의 책에서 "중국의 춘추 시대까지만 해도 지금의 중국인 하남성 전체를 동이족이 차지하고 살았으며 이들은 동이의 예절과 풍속을 사용하고 있었다"고 했다.

동이(東夷)의 예절과 풍속에 대해 "상투를 하는 풍습이나 '봉(鳳)'을 상서로운 동물로 생각하는 풍속은 지나(한나라)대륙에 살고 있던 동이족과 한반도에 살던 동이족에게서만 찾아볼 수 있다는 것이다"고 설명했다.

일부 학자들은 중국의 중화주의(中華主義)는 다른 민족을 오랑캐 관(觀)으로 보는데 문제가 있다고 한다. 민족사에서 그들의 주변국들을 야만이라며 동쪽의 오랑캐로 동이(東夷)라 부르고, 서쪽의 변방 이민족을 서융(西戎), 중국의 남쪽 민족을 미개한 민족인 남만(南蠻), 북쪽 민족을 북방 오랑캐로 북적(北狄)이라고 부르며 무시하고 있다.

때문에 전문가들은 "중국이 '중화(中華)'라는 악(惡)한 사상을 버리지 않는 한 그들은 언제나 패권주의를 추구할 것이다"며 "현재에도 티베트 민족을 강압적으로 지배하며 옛날 우리 민족의 영토인 만주 땅을 강점해 차지하고 있다"고 주장했다.

중국은 고대사(古代史)를 조작했지만 모든 것이 잘 되지 않자 이제는 역사를 다시 쓰고 있는 것이다. 헌원을 황제로 만들고 헌원이 동이족임이 밝혀지자 황제로 받드는 염제마저 동이족으로 나타났다. 이제는 자기들 고대사 역사에서 왜곡했던 치우천황 마져 3황제(皇帝)로 자기들 고대사에 올려 왜곡을 일삼고 있다.

또한 우리나라 영토였던 간도를 완전히 가로채기 위해 고구려 역사를 왜곡해 그들(한족)의 지방정권이라고 우기고 있다.

중화주의(中華主義)는 그들 외에 다른 민족을 전부 오랑캐라고 폄하하며 자기들만이 으뜸이라고 하는 사상은 대국(大國)으로서 할 짓이 아니며 땅만 넓다고 대국이 되는 것이 아니다. 진정한 대국은 국가적으로 이념이 커야만 대국이 될 수 있는 것이다.

■ 우리 민족의 통일 국기는 '삼태극(三太極)' 이어야 한다

▲ 천부경(天符經)의 삼원(三元)인 천지인(天地人)의 태극기(天符旗)!

이 세상 모든 빛 모든 색은 바로 이 삼태극(三太極)에서 창조된다. 우리나라 한민족은 태초 신의 자손으로 빛의 민족이며, 영원한 천손민족이다. 때문에 우리 천손민족의 태극기를 21세기 통일한국의 국기로 만들어야 한다.

현재 우리가 사용하고 있는 국기(國旗)인 태극기(太極旗)는 청나라의 입김이 작용했다고 한다. 이는 청(靑)의 사신으로 조선(朝鮮)에 와서 조선과 미국 간의 '조미수호통상조약(1882년)' 체결을 주도한 마건충이 태극기의 도안자 였다고 한다.

마건충은 1882년 4월 11일 김홍집과의 회담에서 조선의 국기를 흰바탕에 태극을 사용하고 주위에 8괘를 그려 넣는 것이 어떠하냐고 했다고 한다. 이 회담이 있은 뒤 7월에 '임오군란'이 일어났으며 이로 인해 조선에서는 '제물포 조약'에 따라 대관(大官)을 파견해 일본에 사죄할 것을 강요받았다.

이때 사신으로 '박영효'가 일본에 가게 되었는데 그는 일본 국적의 메이지 마루(明治丸)라는 배를 타고 갔다. 이배의 선장은 영국인 '제임스' 였으며 조선주재 영국 총영사 '애스턴'도 동승했다.

박영효는 애스턴과 조선 국기에 관해 협의했는데 그는 선장인 제임스가 세계 각국을 다녀 각 나라의 국기에 정통하니 그의 조언을 받는 것이 좋다고 제안했다.

이에 제임스는 박영효의 말을 듣고 마건충의 도안대로 8괘가 다 들어가면 국기가 복잡해 다른 나라 사람들이 따라 그리기가 힘들 것이다라고 박영효에게 말했다.

박영효는 이 말이 옳다 여겨 '태진손간(兌震巽艮)' 4괘를 빼고 '건곤감리(乾坤疳痢)' 4괘만 남기고 상하좌우에 있어야할 정괘를 45도 왼쪽으로 돌렸다고 한다.

이렇게 급조돼 탄생한 태극기가 처음 게양된 곳이 일본 고베의 박영효 일행의 숙소였다. 태극기는 중국인의 기본 도안에 일본에 사죄하러 가는 일본 국적의 배안에서 영국인 선장에 의해 만들어진 국기로 우리나라가 아닌 일본에서 먼저 선보인 국기이다.

전문가들은 현재의 태극기는 탄생과정에서부터 외세가 개입했다며 앞으로의 통일된 우리민족의 태극기는 '삼태극'이 되어야한다고 주장했다.

2부

녹색지구
'가이아'의 눈물

1 녹색지구가 병(病)에 걸렸다

■ **지구온난화의 '대재앙' 예고**

지구온난화란 대기 중 Co_2(이산화탄소) 메탄가스 등으로 인해 온실 가스의 농도가 증가함에 따라 지구 표면의 온도가 점차 상승하는 현상을 말한다. 이로 인한 지구의 온실효과는 엘리뇨 현상(해수면 온도가 올라가는 현상)을 가속시키며 기상이변을 낳는다.

지구의 기후가 변하면서 따뜻해지는 지구온난화 현상에 대해 기상 전문가들은 지난 50년 동안의 기후변화가 자연적인 현상이 아니라 우리 인간들의 온실가스배출 때문으로 보고 있다. 이 변화의 주범은 화석연료(석탄. 석유 등)의 사용증가로 늘어나는 이산화탄소. 메탄. 이산화질소. 수소불화탄소. 프레온 등 이다. 이들 온실가스가 대기 중으로 방출되면서 이에 따른 온실효과가 일어난다.

IPCC(유엔정부간 기후변화협의회) 제2차 보고서에 의하면 지구온난화가 현재 추세로 지속시 금세기 말 지구 평균기온이 최대 6.4도 상승하고 해수면은 최대 59cm 상승할 것으로 내다봤다. 지난 100년(1906~2005년)간 전 세계 평균기온은 0.74도 증가 했으며 해수면(1961~1993년)은 매년 1.8mm 상승한 것으로 나타났다.

▲ 지구촌의 아름다운 석양모습

지구온난화의 가장 큰 원인은 우리 인류가 좀 더 편하고 풍요로운 삶을 위해 화석연료의 과다한 사용과 이에 따른 이산화탄소 배출이다. 특히 우리가 편리하게 타고 다니던 자동차에서는 배기가스인 이산화탄소를 발생시키고, 삶의 질을 높이기 위한 각종 생산품을 만드는 산업현장에서는 굴뚝에서 발생하는 유해가스로 지구를 온실화하는 최악의 상황으로 몰아넣었다.

1950년대 1년을 썼던 석유가 오늘날에는 고작 6주밖에 사용하지 못하고 있는 실정이다. 호주 피크오일연구협회(ASPO)에 따르면 "2012년을 전후로 5년 안에 피크오일이 올 것"이라며 "피크 오일은 2008년 말 금융위기처럼 갑자기 들어 닥칠 것이다"라고 경고했다. '피크 오일'이란 석유 생산량이 정점에 오르는 시기로 생산량은 줄고 유가는 폭등하는 시점을 말한다.

■ 온실효과

온실효과(Green House Effect)란 대기 중의 수증기와 이산화탄소 등이 온실의 유리처럼 작용하여 지구표면의 온도를 높게 유지하는 효과를 말한다. 대기는 태양에서 복사되는 단파장을 거의 통과시켜 지표면까지 도달시키지만 지표면에서 방출되는 복사는 파장이 길기 때문에 대기 중의 수증기, 이산화탄소, 오존 등에 대부분 흡수되거나 다시 열로 지표면에 방출된다. 그 결과 지표면과 하층 대기는 온도가 올라간다.

'온실효과'로 한반도 기후 '아열대'로 바뀐다

온실효과가 계속되면 앞으로 50년 후 지구의 허파인 숲은 더 이상 이산화탄소를 흡수하지 못하고 오히려 이산화탄소를 방출해 온난화를 가속화하게 된다. 특히 한반도의 경우 이미 아열대에 속한 것을 인정하고 그에 맞는 대비책을 마련해야 한다고 전문가들은 말하고 있다.

우리나라는 지구온난화의 영향으로 농작물 재배지가 이미 북상했다. 충청도 이남지방이 아열대기후로 바뀌면서 온대과일인 사과의 재배지가 대구에서 강원도 영월로 넘어갔다. 복숭아도 경북 경산에서 춘천으로 주산지가 바뀌고 있다. 제주의 감귤과 한라봉은 전남 고흥과 경남 거제에서도 재배하게 되었다. 전남 보성 녹차 역시 강원도 고성으로 주산지를 빼앗길 위기에 처했다.

통계청이 2009년 3월 24일 발표한 '지구온난화에 따른 농어업생산 변화' 보고서에 따르면 지난 100년 동안 한반도의 기온은 약 1.5도 올랐다고 발표했다. 같은 기간 세계 평균 기온 상승폭(0.74도)을 웃도는 것이다.

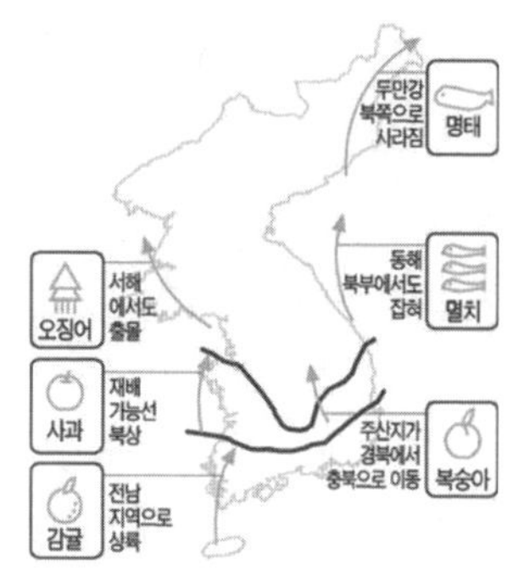

한류어종인 명태는 우리나라 동해에 많이 잡히던 것이 2008년부터는 아예 잡히지 않고 있다. 반면 난류어종인 오징어는 동해뿐 아니라 서해에서도 잡히고 있으며 2008년부터는 급증하고 있다.

태안반도에서 측정하고 있는 이산화탄소의 농도는 매년 1.2~1.4ppm씩 상승해 1998년 들어서는 세계평균(365ppm)보다 5ppm쯤 높은 370ppm을 기록하고 있다. 지금부터 100여 년전의 세계평균 이산화탄소의 농도는 280ppm수준이었다.

현재 온실가스 배출 증가추세로 억제하지 못할 경우 2040~2050년 이산화탄소 농도는 550ppm으로 증가하고 지구온도는 약 2.9도 더 오를 전망이라 한다. 지구보존 농도는 350ppm 이며 현재 농도는 385ppm(100만 m3)으로 35ppm 초과상태다.

■ **'기후변화협약' 지구를 구할 것인가?**

각국은 지구온난화 방지를 위해 '기후변화협약'이란 국제협약을 체결했다. 가입국은 온실가스 배출을 줄이기 위한 정책을 마련 시행하고 해마다 온실가스 배출량을 보고해야 한다. 이 협약은 1992년 5월 브라질 리우에서 열린 유엔환경개발회의에서 처음으로 채택하였으며, 1994년 3월 발효됐다.

기후변화협약에 따라 각 나라가 온실가스의 배출량을 줄여 재앙을 막자는 것이 목적이다. 인류가 지구에서 살아가기 위해 당연히 해야 할 일이다. 그러나 문제는 그리 간단하지만 않다. 경제와 직결된 문제이기 때문이다. 온실가스로 분류되는 물질은 산업에 꼭 필요한 것들이다. 가장 비중이 큰 이산화탄소의 경우 석탄, 석유 등 화석연료를 태울 때 나온다.

기후변화협약은 감축의무 이행을 촉진하기 위해서 국제사회는 차별화된 책임원칙(Common but differentiated responsibility)에 따라 선진국으로 하여금 구속력 있는 온실가스 감축의무를 명문화한 교토의정서(Kyoto Protocol)를 제3차 당사국총회(COP3)에서 채택하였다.

교토의정서는 지구온난화의 규제 및 방지를 위한 국제 협약인 기후변화협약의 수정안으로 이 의정서를 인준한 국가는 이산화탄소를 포함한 여섯 종류의 온실 가스의 배출량을 감축하며 배출량을 줄이지 않는 국가에 대해서는 비관세 장벽을 적용하게 된다.

1997년 12월 11일에 일본 교토의 국립교토국제회관에서 개최된 지구온난화 방지 교토회의(COP3) 제3차 당사국총회에 채택되었으며, 2005년 2월 16일 발효되었다. 정식명칭은 기후변화에 관한 국제연합 규약의 교토의정서(Kyoto Protocol to the United Nations Framework Convention on Climate Change)다.

특히 이 의정서는 온실효과를 나타내는 이산화탄소를 비롯한 모두 6종류의 감축대상 가스(온실 기체)의 법정구속력을 가진 배출감소목표를 지정하고 있다. 교토의정서 제 3조에는 2008년부터 2012년까지의 기간 중에 선진국 전체의 온실가스 배출량을 1990년 수준보다 적어도 5.2% 이하로 감축할 것을 목표로 하고 있다.

우리나라는 2002년 11월 가입하였으나 개발도상국으로 분류가 되어 이행의 의무는 없었다. 하지만 2008년부터 이행의무를 지게 되었으며, 의무 이행의 내용은 2008년~2012년까지 우리나라의 온실가스 배출총량을 1990년 대비 평균 5.2% 감축하는 것이다.

지구를 구할 2주일 '코펜하겐 기후회의'

제15차 유엔기후변화협약 당사국총회(UNFCCC)가 2009년 12월 8일 덴마크 코펜하겐에서 열린 가운데 지구온난화의 심각성을 경고하는 목소리가 잇따라 나왔다.

'지구를 구할 2주일'로 불리며 기대를 모았던 제15차 유엔기후변화협약(UNFCCC) 당사국 총회가 결국 기대와는 달리 각국의 이견차이로 합의도출에 실패하면서 무산되고 말았다.

2009년 12월 9일 영국 일간지 가디언이 공개한 '코펜하겐 합의서' 초안에 따르면 당사국이 2050년까지 전 세계 온실가스 배출량을 1990년 기준으로 50% 이상 줄인다는 목표에 동의해야한다고 제시했다.

▲ 아름다운 녹색지구를 구해야 한다.

개도국은 2050년까지 1인당 연간 이산화탄소 배출량을 1.44톤으로 줄여야하는 반면 선진국은 1.8배인 1인당 2.67톤까지 배출할 수 있다는 것이다. 이 초안은 당시 미국, 영국 등 일부 국가에 한해 비공식적으로 회람된 것으로 전해졌다. 이에 개도국들은 거세게 반발했다. 개도국 모임인 G77은 "G77이 회의 자체를 거부하지는 않겠지만 세계 인구의 80%를 차지하는 개도국들을 더 큰 고통으로 몰아넣는 합의안에는 서명하지 않겠다"고 밝혔다. 결국 코펜하겐 기후회의는 합의를 이루지 못하고 성과 없이 끝나고 막을 내렸다.

지구 상승온도를 '2도' 이내로 막아야

2009년 12월 7일 덴마크 코펜하겐 기후변화회의에서는 전체 목표를 '2100년까지 지구온도 상승을 2도 이내로 막는 것'으로 정했다.

당시 회의는 지구 기온상승을 2도 이내로 억제하고 선진국과 개도국이 이산화탄소 배출을 줄이기 위해 공동으로 대응하며 기후변화에 취약한 빈곤국들에게 2012년까지 연간 300억 달러, 2020년까지 1천억 달러를 제공하기로 하는 골자로 '코펜하겐 협약'을 상정했으나 결국 합의에 실패했다.

기후학자들은 지구온난화가 이미 상당히 진행되고 있어 당장 멈추는 것은 불가능하며 상승온도를 2도 이내로 막아도 환경피해는 어쩔 수 없는 상황이라고 말했다.

지난 2007년 IPCC(정부간 기후변화위원회)가 발간한 보고서에 따르면 지구온도가 현재에서 1도 상승 시 전 세계 67억(현재 70억 명)인구 중 4억~17억 명이 물 부족에 시달릴 것이라고 밝혔다. 또한 기온상승과 물 속 산소량이 겹쳐서 체온을 일정하게 유지하지 못하는 양서류는 멸종된다고 말했다.

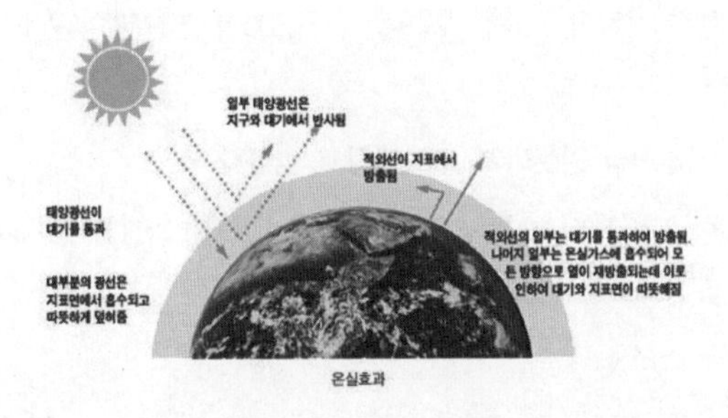

온실효과

특히 물 부족과 기온상승으로 인해 1,000만~3,000만 명이 굶어죽는 사태도 발생할 수 있으며 아시아 대륙은 전체 농지 30%가 사막으로 바뀐다고 경고했다.

2도가 높아질 경우 전 지구상 '생물 종' 20%가 사라진다. 결국 우리인류는 자연현상이 아닌 이산화탄소라는 온실가스 배출로 인해 21세기 최대 위기를 맞고 있는 것이다.

'녹색기후기금' 합의 멕시코 칸군 기후회의

제16차 유엔기후변화협약(UNFCCC) 당사국 총회가 지난 2010년 11월 29일 2주간 일정으로 멕시코 칸군에서 열렸다.

190여 개 참가국이 참여한 이 총회는 최대 현안이었던 2013년 이후의 온실가스 감축목표를 정하는 데는 실패하였지만 '녹색기후기금' 조성 등 내용을 담은 합의문을 채택하는 것으로 만족하고 12월 11일 폐막했다.

1977년 채택된 교토의정서는 2008년~2012년까지 선진국의 온실가스 감축목표만 정했었다. 특히 이번 합의에서는 지구온도 상승을 산업화 이전 대비 2도 이내로 줄이고 상승폭을 1.5도까지 낮추기 위한 연구와 산림파괴 방지, 각국의 기후변화 목표 모니터링 등에 대해 합의가 이뤄져 환경보호를 위한 노력은 진일보 했다는 국제사회의 평가를 받았다.

하지만 2012년 만료되는 교토의정서의 연장 여부 및 '포스트 교토의정서'에 대해서는 합의를 하지 못했다. 개도국들은 이번 합의한 '녹색기후기금'이 선진국들의 지원이 아니라 그동안 환경을 해친 것에 대한 '보상'이 되어야 한다고 주장했다.

이번 기후변화협약에서 구체적인 행동계획의 합의문이 나온 것은 3년 만이다. 회원들은 개도국의 기후변화에 따른 지원을 위해 '녹색기후기금'을 오는 2020년까지 매년 1,000억 달러를 조성하고 당장 지원이 필요한 부분은 우선 300억 달러를 마련해 집행하기로 했다.

'카타르 도하' 기후회의 일본마저 교토의정서 걷어차

지난 2012년 11월 27일부터 제18차 유엔기후변화협약(UNFCCC) 당사국 총회가 카타르도하에서 열렸다.

1997년 체결된 '교토의정서'에는 38개국이 온실가스 감축의무 대상국이었다. 그런데 지난 해 회의에서는 러시아(5.2%), 일본(3.8%), 캐나다, 뉴질랜드가 탈퇴했다. 이제 남은 나라는 EU(유럽연합)를 비롯해 호주, 노르웨이, 스위스, 우크라이나들로 이들은 전 세계 배출량의 14.5% 정도 밖에 안 돼 껍데기만 남았다고 국제사회는 한탄했다.

이 회담은 195개국 대표, NGO, 언론 등 1만여 명이 사막 한가운데에 있는 고급호텔, 컨벤션센타에서 2주간 시원한 에어컨을 가동하며 이산화탄소를 내뿜는 회의였다고 비아냥거리는 총회가 되었다. 때문에 기후변화협약을 오히려 망치는 결과만 가져왔다.

한 전문가는 "이산화탄소 배출량이 EU(유럽연합) 12.1%와 중국(23.8%), 미국(17.7%)로 세 나라가 53.6%를 차지해 전 세계 배출량의 절반이 넘는다"며 "한국(1.9%), 캐나다(1.8%), 호주(1.3%), 멕시코(1.4%), 인도네시아(1.4%), 브라질(1.4%) 등 6개국을 합치면 62.7%에 달해 차라리 앞으로 이들 9개국이 모여 온실가스 감축을 논의 하는게 낫다"고 주장했다.

결국 카타르 도하 총회에서는 2012년 말 끝나는 '교토의정서' 효력을 2020년까지 8년을 더 늘리는 선에서 합의하고 12월 9일 폐막했다.

우리나라는 2020년까지 개도국 지위로 감축을 하지 않아도 되지만 온실가스 감축이 미흡한 선진국을 상대로 개도국들이 향후 소송을 제기할 수 있어 국내 총 생산량(GDP) 세계 15위이며 이산화탄소 배출량 세계 7위인 우리나라도 언제 기후변화 책임을 져야할 지는 모르는 일이다. 따라서 앞으로 정부와 기업, 국민들은 다 함께 탄소배출을 줄여나가는 정책과 함께 적극 동참해야 할 것이다.

현재 194개국이 가입해 있는 유엔기후변화협약(UNFCCC) 당사국 총회는 매년 수만 명이 참가하는 대규모 환경행사로 매년 대륙별 순번에 따라 열리며 개최지는 회원국의 만장일치로 열린다. 탄소배출 억제에 관한 구속력 있는 합의를 이끌어내는 것을 목표로 하고 있다.

■ '자정능력' 상실한 지구

제임스 러브록 교수는 1978년 그의 저서에서 처음으로 '가이아 이론'을 창시 했는데 '가이아 이론'은 "하나의 생명체인 지구가 스스로 적합한 환경으로 조절하며 살아간다"는 것이다.

영국 옥스퍼드대학 제임스 러브록 교수는 최근 "지구온난화로 문명이 사라질 것"이라며 "가이아가 혼수상태에 빠져 금세기 수십 억 명의 생명을 앗아갈 것"이라고 경고했다. 결국 30년이 지난 지금 이 가이아가 혼수상태에 빠져 엄청난 대재앙이 발생하고 있는 것이다.

유엔 기후변화에 관한 정부간 협의체의 실무위원회는 2007년 5월 4일 태국 방콕에서 이 같은 내용을 담은 보고서를 채택했다. 보고서에 따르면 국제사회가 세계 GDP의 0.2% 가량을 비용으로 투자하는 경우 온실가스 농도는 590~710ppm 수준이 될 것으로 예측되며, 이 경우 전 세계의 온도는 산업혁명 이전에 비해 최대 4℃ 올라간다.

지구의 온도가 4℃ 가량 오르면 전 세계 생물의 40% 이상이 멸종위기에 처하고 전 세계 수억 명이 물 부족 상태에 직면하게 된다고 한다.

유엔 산하 기구인 UNEP(유엔환경계획)는 지난 1990년 보고서에 "지구 일부지역 환경은 이미 대책을 마련할 수 없을 정도로 악화된 상태다"라고 경고한 바 있다.

그 주요 내용을 살펴보면 그동안부적절한 정책 대응이 열대 우림 및 해양 자원의 과도한 개발을 초래했고 수만 종의 식물과 동물 그리고 산호초를 소멸시켰다고 지적했다.

이 보고서는 "지구에서 지속되고 있는 다수의 가난과 소수의 과소비는 환경 질 저하의 두 가지 주요한 일이다"며 "현재 상황은 대책을 더 이상 미룰 수 없는 긴급한 상황"이라고 경고했다. 또한 "대기 중 이산화탄소 농도가 90년대 말 지난 16년 이래 최고 수준에 달했고 대기오염 방지를 위한 '교토의정서'만으로는 대기 중 이산화탄소 농도 증가를 막을 수 없다"고 주장했다.

▲ 공장에서서시커먼 연기를 내뿜고 있다.

UNEP는 또 전 세계의 화공약품 사용증가와 함께 해마다 4억 톤 가량의 독성 폐기물이 발생해 350만~500만 건의 심각한 농약 중독 사고가 발생하고 있다고 강조했다. 농약과 다이옥신 등 유해화학물질의 증가로 2050년 대기오염 정도는 현재보다 3배나 악화될 것으로 전망했다.

또한 물 부족 사태는 현재 상황이 지속될 경우 2050년 지구 인구의 2/3가 물 문제로 고통을 받을 것으로 추정하고 자연재해도 지구 환경에 대한 충격으로 작용하고 있다고 분석한바 있다. 이 해결책으로 환경 및 인간의 삶과 관련된 환경보존 프로그램을 통합하기 위한 개인이나 단체 차원의 정책을 강화해야한다고 제시했다.

그런데 지금 21세기 작금에 와서 이것이 현실로 나타나고 있다. 지구촌은 심각한 각종 환경재앙에 시달리고 있으며 '가이아' 이론 처럼 지구는 스스로 살아갈 자정능력을 상실해 이로 인해 매년 수만 명씩 사망하는 최악의 상황에 직면해 있다.

운명의 날 시계(Doomsday clock) 늦춰야

미국 핵과학자협회는 2007년 1월 12일 핵전쟁으로 인한 인류 파멸 시간을 상징적으로 표시하는 '운명의 날 시계(Doomsday Clock)'를 자정에 2분 더 가까워지는 오후 11시 55분에 맞췄다고 밝혔다. 자정은 인류 멸망을 뜻한다. 이 협회는 1947년 이 시계를 처음 만든 이래 핵개발 확대나 테러 등 중요한 변수가 출몰할 때 마다 시계에 이를 반영해 변화된 시각을 발표하고 있다.

지구온난화가 탄자니아의 옥수수 작황에서부터 알프스의 적설량에 이르기까지 생활환경 각 영역에 어떤 영향을 미칠지 예측해 놓은 학술자료는 이미 수백 종에 달한다. 그 중에 환경저널리스트 마크마이너스가 쓴 '+6도' 의 악몽 "지구의 재앙"에는 지구미래에 대한 온도별 재앙 시나리오가 잘 나와 있다.

그렇다면 지구평균온도가 1도 상승하면 어떻게 될까? 먼저 산과 들에서 재앙이 시작되며 가뭄으로 기름진 농토 밑에 잠자던 모래층이 드러나고 만년빙하가 녹아내려 산에는 산사태가 일어난다고 책은 말하고 있다. 2도 상승하면은 지구온난화 주범인 이산화탄소가 바다에 흡수되면서 바닷물은 산성으로 변한다고 한다.

3도 상승하면은 지구촌 허파인 남미의 아마존에서도 사막화가 진행되며, 4도 상승하면, 만년설인 남극의 빙하가 완전히 붕괴돼 사라진다고 밝히고 있다. 그럼 5도가 상승하면 어떻게 될까? 5도가 넘어서면 북극의 빙하까지 붕괴되고 해수면 상승에 의한 거주가능지역으로 사람들이 몰리면서 이를 막기 위한 전쟁이 벌어진단다.

IPCC보고서의 우려처럼 지구평균기온이 최대 6도를 넘어서면 지구는 전멸한다. 지구에 사는 모든 생명체가 대멸종한다고 저자는 쓰고 있다.

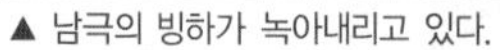
▲ 남극의 빙하가 녹아내리고 있다.

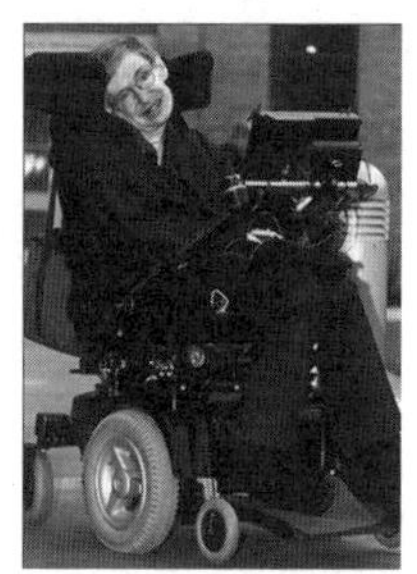
▲ 스티븐 호킹 박사

만일 3도가 상승하면 아마존의 열대우림의 흙이 따뜻해지면서 죽은 식물을 분해하는 세균의 활동이 왕성해져 자연히 이산화탄소 배출량이 늘고 곧바로 4도 상승으로 넘어 간다고 한다. 이어 시베리아의 영구 동토층이 녹아 탄소와 메탄 방출이 가속화되면서 5도가 상승하고, 결국엔 따뜻해진 바다로부터 '메탄하이드레이트' 분출이 심화돼 6도 상승이란 파국을 맞게 된다는 것이다. 또한 IPCC 보고서에 따른 대륙별로 재앙을 살펴보면 미주는 최대 1억 8천만 명이 심각한 물 부족으로 재난에 시달릴 것이며 섭씨 4~5도 상승 시 오존 농도 증가로 사망자가 5% 증가한다고 밝혔다. 아시아를 비롯한 호주는 최대 700만 명이 홍수위험에 처하고 방글라데시 경우는 사람이 거주할 수 없는 지역으로 변하며 특히 호주는 대보초 등 산호초 80%가 백화현상을 일으킨다고 전했다.

결론적으로 우리 인류는 지구의 평균온도가 3도 이상 상승하지 않도록 해야 한다는 것이다. '3도 상승'하면 온난화가 스스로 발전하는 악순환의 고리에 빠진다고 전문가들은 말한다.

세계적인 천재 물리학자 스티븐 호킹 박사는 2007년 1월 17일(현지시간) "지구온난화가 테러보다 더 심각하게 지구 안전을 위협하고 있다"고 지적했다. 지구온난화를 유발하는 온실가스 감축 목표를 구체적으로 규정한 유엔기후변화협약 교토의정서를 탈퇴한 채 '테러와의 전쟁'을 지상 최대 과제로 추구하고 있는 미국 정부에 일격을 가한 셈이다.

이어 호킹 박사는 "과학자들은 세계의 시민으로서 역시 같은 시민들이 매일 어떤 위험 속에 살고 있는지 경각심을 불러일으켜줄 의무가 있다"며 이같이 말했다. 호킹의 발언은 미국 핵과학자협회가 최근 핵 위협 등 전 세계적인 안보 불안 요소가 증대됐다고 경고한 가운데 나왔다.

향후 기후변화 완화를 위한 노력이나 적절한 지속발전 정책이 없을 경우 2030년 전 세계 온실가스 배출량이 2000년 대비 최고 90% 증가할 것이라는 전망이 나왔다. 또한 에너지 사용으로 인한 이산화탄소 배출량은 같은 기간 동안 최고 110% 늘어난다고 한다.

이제 지구촌은 에너지 사용을 최대한 억제하고 자연에너지 개발과 함께 신재생에너지 사용으로 이산화탄소 배출을 감축해 '운명의 날 시계'를 지구멸망의 시간인 12시가 되지 않도록 해야 하며, 이 이계를 현재 시점에서 멈출 수 있도록 우리 인류는 노력해야 할 것이다.

■ '빙하'가 사라지고 있다

'히말라야 빙하' 사라지면 세계 인구 40% 식량 위기 맞아

UNEP(유엔환경계획)에 따르면 히말라야는 1만 2,000㎢의 면적을 1만 5,000여 개의 빙하 덩어리가 뒤덮고 있다고 한다. 전문가들은 이대로 가면 히말라야 빙하는 50년 내 완전히 사라질 수 있다고 경고했다.

히말라야 만년설 빙하지대는 2,400㎞ 구간이 빙하로 덮여 있으며 '제3의 극지'로 불리고 있다. 특히 물줄기가 아시아 지역인 인도와 중국, 파키스탄, 네팔, 부탄 등에 걸쳐 9개 강으로 흘러가 인접국 주민들 13억 명에게 생명수를 공급하고 있다.

▲ 만년설인 히말라야 빙하가 점차 사라지고 있다.

지난 2007년 7월 17일 뉴욕타임즈(NYT)는 "지구온난화로 히말라야 산맥의 빙하가 줄어들고 있다"며 "빙하에 기대어 살아가는 주변 지역주민 13억 명의 삶이 위협받고 있다"고 보도했다.

NYT는 빙하학자의 말을 인용해 "지난 3년 동안 조사한 결과 빙하 밑 부분이 27m 뒤로 밀려 올라갔으며 해마다 8.8m씩 후퇴해 1962년과 비교하면 무려 258m나 길이가 줄었다"고 밝혔다.

빙하의 크기가 줄면서 인도와 인접국에 심각한 반향을 불러일으키고 있다. 히말라야 산맥에 산재해 있는 수천 개의 빙하는 남아시아 물 공급의 원천이다. 이 빙하는 12개의 큰 강과 13억 명 이상의 인구를 먹여 살리는 '모체'로 이 지역 식수공급은 물론 농업생산을 위협하고 있다.

히말라야에서 발원해 세계 인구의 40%를 먹여 살리는 인더스강, 갠지스강, 메콩강, 브라마푸트라강, 이라와다강, 양쯔강, 황하 등 7대 강이 최근 빙하가 줄어들어 수자원 고갈 위기를 맞고 있다.

인도 우주연구소(ISRO)는 "히말라야는 지난 1962년부터 2001년까지 40년간 지역에 따라서 최고 38%, 평균 20%의 부피가 줄어들었다"고 밝혔다. 이미 중국과 인도는 히말라야 영토를 놓고 1962년 한 차례 전쟁을 치른 바 있다. 두 나라는 높은 경제성장률을 구가하고 있지만 반면 거대한 인구도 먹여 살려야 하기 때문에 수자원 확보는 필수적이다.

인도분지와 아삼평원, 벵갈 삼각주 등 남아시아 곡창지대가 모두 이 빙하에서 발원하는 강에 의존하고 있어 빙하가 사라질 경우 이곳 사람들은 생존문제가 걸려있다. 이는 이곳 사람들뿐만 아니라 지구촌 전체의 위기가 아닐 수 없다.

남미 '안데스 빙하'가 사라지고 있다

지난 2006년 11월 29일 영국 가디언지 인터넷판은 남아메리카의 안데스 산맥을 덮고있는 빙하들이 급속히 녹고 있어 일부는 15~25년 안에 사라질 것이라고 예측했다.

전문가들은 이에 따라 주변국 대도시들의 물 공급이 끊기고 주민들이 식량난에 처할 것이라고 전망했다.

세계야생기금(WWF)과 그린피스, 국제환경개발연구소(IIED) 등 국제 환경단체들로 구성된 기후변화 및 개발에 관한 실무그룹(WGCCD)은 이날 발표한 보고서에서 "안데스 산맥의 빙하가 급속히 녹아 콜롬비아와 페루, 칠레, 베네수엘라, 에콰도르, 아르헨티나 및 볼리비아의 대도시 주민들이 물을 공급받지 못해 식량난을 겪게 될 것"이라고 경고했다.

▲ 남미 안데스 빙하가 사라질 위기에 처해 있다.

이 보고서에 따르면 "볼리비아 대도시들의 급수원인 차칼타야 빙하가 15년 안에 완전히 녹아 사라질 것으로 예상되며 페루에서 가장 유명한 우아스카란산은 30년 전에 비해 빙설량이 40% 줄어든 것으로 나타났다"고 밝혔다.

칠레의 오이긴스 빙하는 지난 100년 동안 15㎞ 줄어들었으며 아르헨티나의 웁살라 빙하는 연간 14m의 속도로 줄어들고 있다. 파타고니아 남부의 일부 빙하를 제외하고는 거의 모든 열대지방의 빙하들이 빠른 속도로 녹고 있으며 콜롬비아의 일부 빙하는 지난 1850년에 비해 지금은 20%도 남아있지 않다고 한다.

특히 IIED 보고서는 "빙하가 급속히 녹으면 농경지가 점점 더 고지대로 올라가게 된다. 이는 산림파괴로 이어지며 산림파괴는 수원지를 망가뜨려 토양 침식을 일으키는 악순환을 일으키고 안데스 문화의 생존을 위협하게 될 것"이라고 경고했다. 보고서는 또 중남미 대륙의 해안지대에 위치한 77개 대도시 가운데 60개가 앞으로 50년 안에 해수면 상승으로 큰 피해를 입게 될 것으로 전망했다.

안데스 산맥의 해발 6,867m인 '우아스카란 빙하'가 지구온난화의 영향으로 1977년 이후 해마다 20m씩 녹아내리고 있다. 해발 4,825m에 있는 '브로기 빙하'지대는 1932년만 해도 풍부한 빙하를 자랑했지만 2005년부터 눈을 찾기 힘들고 이제는 시커먼 암벽만이 흉물스럽게 모습을 드러내고 있다고 한다.

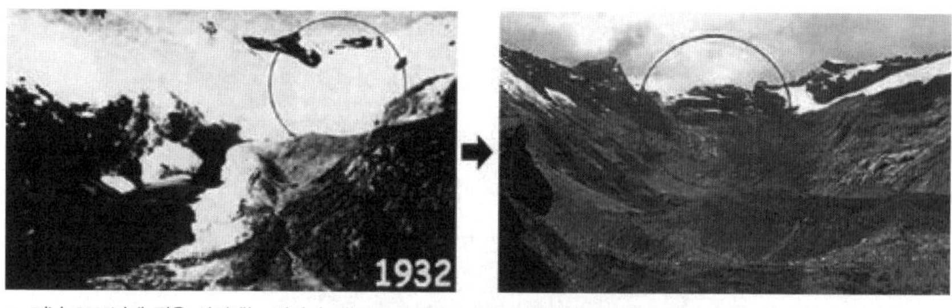

▲ 지난 2007년에 찍은 사진에는 빙하가 대부분 사라지고 시커먼 암벽만 모습을 드러내 흉물스럽다(사진:페루 빙하수자원연구단).

해발 4,890m의 '야나미레이 빙하'도 마찬가지다. 1982년까지만 해도 빙하가 호수에 까지 내려와 있었지만 1980년대 말부터 호수는 녹고 현재 바위만 드러내놓고 있는 실정이다. 전문가들은 안데스 산맥의 빙하가 사라지는 것은 잇따른 산업시설인 공장증설로 인한 온실가스 배출이 직접적인 영향으로 분석하고 있다. 안데스 산맥에서 녹아내리는 빙하는 남미 페루의 수자원과 농업에 절대적으로 필요하다. 하지만 이상기후 변화로 인해 농작물 생태계에도 큰 영향을 미치고 있다. 빙하는 사라지고 있으며 때문에 수자원이 절대적으로 부족해지고 있고 있는 것이다. 또한 병충해가 하루가 다르게 기승을 부려 농사 역시 망치고 있다. 특히 페루인구 70%가 몰려 사는 태평양 해안지역은 사막지대라 강수량이 전무해 모든 물은 산악에서 내려오고 건기(乾期)에는 빙하가 녹은 물에 의존하며 생활하고 있다.

결국 빙하가 사라지면 곧 수자원 고갈로 이어진다. 페루는 세계 온실가스 배출 중 0.1%만 차지하고 있지만 온실가스로 인한 최대 피해국 중 하나가 되고 말았다.

전문가들은 앞으로 30년 후에는 안데스 산맥에서 빙하를 더 이상 보지 못할 수 있다고 경고했다.

■ 지구 6번째 '대멸종' 위기

지난 2009년 4월 13일자 미 시사주간지 타임호는 커버스토리에서 "지구상에서 멸종위기에 처한 생물이 급증하고 있다"며 "지구생물 6번째 '대멸종' 위기를 맞고 있다"고 밝혔다.

IUCN(국제자연보존연맹)은 지구상의 포유류 25% 가량이 현재 멸종위기에 처했다고 말했다. 인도네시아, 베트남 등지에서 서식하는 자바코뿔소는 60마리 정도 밖에 남지 않았으며 북극곰도 지구온난화 등 영향으로 북극 빙하가 사라지고 있어 개체수가 급감하고 있다.

해양생물인 산호나 참치 등 일부 종들이 바닷물의 산성화와 과도한 어획물 남획으로 사라지고 있다. 과학자들에 따르면 지구에서 페름기에 속하는 약 2억 5000만 년 전과 백악기인 6500만 년 전 등에서 대규모로 생물이 멸종된 시기가 5차례 발생했다고 한다.

페름기 시대의 '대멸종'시기에는 육상생물 70%가 멸종했으며 해양생물 96%가 사라졌다. 백악기 시대에는 당시 번성했던 공룡이 멸종했다. 그런데 일부 고생물 학계에서는 당시 모든 공룡이 멸종한 것이 아니고 일부는 새로 진화해 살아남았다고 주장했다.

▲ 벨로키랍토르 복원도(출처:KBS 사이언스21)

▲ 시조새 비행모습 복원도

6번째 생물의 대멸종은 그동안 소행성 충돌과 지각변동 등 자연적인 원인으로 멸종한 과거와 달리 인류의 생태계 파괴에 의한 '환경재앙'이라는 것이다. 특히 인류 문명이 발전하면서 인구가 급격히 팽창하고 기후변화, 산림파괴 등이 극심해졌기 때문이다.

학계에서는 최악의 경우 모든 생물은 사라지고 인류만 살아남는 '고립기(Eremozoic Era)'가 올 수 있다고 경고했다.

결국 생물의 멸종은 자연과 생태계에 의존하는 우리 인류의 생존과도 직결된다. 이제 우리 인류는 생물 종들의 보호수준에서 벗어나 생물 종(種) 보존을 위한 새로운 조치가 절실히 요구되고 있다.

지구의 5번 '생물 대멸종'

첫 번째, 4억 4300만 년 전 고생대 '오르도비스기'로 삼엽충 등 86%가 멸종했으며 원인은 대규모 빙하기 때문인 것으로 나타났다.

두 번째, 3억 5900만 년 전 고생대 '데본기'로 이산화탄소 고갈로 인한 기온 하락으로 갑주어(甲冑漁) 등 75%가 멸종했다.

세 번째, 2억 5100만 년 전 고생대 '페름기'에 화산폭발과 지구온난화에 따른 바닷물 산소 고갈로 산호류, 대형 비행곤충 등 96%가 대멸종 되었다.

네 번째, 2억 년 전 중생대 '트라이아스기'에는 화산활동으로 인한 이산화탄소 증가로 조개류, 곤충류 등 80%가 멸종했다.

다섯 번째, 6500만 년 전 백악기 말기에 멕시코 유카탄 반도에 혜성 충돌로 먼지가 태양빛을 막아 빙하기로 인해 공룡을 비롯해 생물 76%가 멸종했다.

여섯 번째 대멸종은 향후 300~2200년 안에 인류의 지구온난화로 양서류 등 75% 이상이 멸종할 것으로 학계는 주장했다.

지구온난화로 세계 양서류 3분의 1 '멸종위기'

IUCN(세계자연보전연맹)은 "전 세계 양서류 6,260여 종(種) 가운데 3분의 1인 2,030여 종이 멸종위기에 처해있다"며 "이는 서식지 훼손, 환경오염 등 지구온난화가 주요원인이다"고 밝혔다.

국제학술지 『네이처』지는 지난 2011년 3월 최신호에서 "양서류, 조류, 포유류 등 지구상 모든 생물이 300년 안에 종(種) 75% 이상 사라지는 대멸종(大滅種)을 맞을 수 있다"고 경고했다.

미 UC 버클리 고생물학자 바노스키(Barnosky)교수의 연구에 따르면 "과거 대멸종에는 100만 년 동안 멸종된 포유류가 2종에 불과 했으나 최근 500년 동안에는 무려 80종의 포유류가 멸종됐다"며 "현재 멸종위기에 처한 종(種)들이 모두 멸종한다고 가정하면 제6의 대멸종이 300년에서 2200년 안에 닥칠 수 있다"고 밝혔다.

현재 태즈메이니아 호랑이, 스텔라 바다소, 캄차카 불곰 등이 지구상에서 완전히 멸종됐다. 최근 500년 동안의 포유류 멸종율과 속도가 그동안 대멸종기의 3배 이상이라고 학계는 말했다.

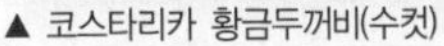
▲ 코스타리카 황금두꺼비(수컷)

▲ 코스타리카 황금두꺼비(암컷 무리)

코스타리카 황금두꺼비는 고산지대에 사는 양서류로 1966년에 처음 발견됐다. 수컷만 금빛이고 암컷은 검정과 노랑, 빨간색이 섞여 있으며 건기가 끝나면 이들은 짝짓기 위해 숲의 습지로 몰려든다. 이들 황금두꺼비도 1980년대 후반 지구온난화에 따른 최초의 멸종동물이 됐다.

이외에도 북극곰, 자바코뿔소, 대만 표범 등은 지구온난화에 따른 서식지의 파괴로 인해 멸종 직전에 처해있다.

앞으로의 대멸종은 과거와 달리 인간이 산업화 이후 대기 중 이산화탄소가 늘면서 발생한 지구온난화로 인해 질병확산, 서식지 파괴와 외래종 유입 등 인간에 의한 것이다라고 한다. 과거 대멸종은 빙하기나 화산폭발, 운석충돌 등 자연적인 현상 때문이었다.

2 녹색지구 혼수상태에 빠지다

■ **환경재앙 시작 '지구 기후변화'**

기후변화를 일으키는 주범은 '이산화탄소'로 온실가스의 55%를 차지한다. 하지만 이외에도 논과 원유, 시추장소, 석탄광산, 동물의 배변, 쓰레기 매립지 등에서도 다량의 '메탄가스'가 발생한다. 재미있는 것은 소와 같은 되새김 동물의 '트림'에서도 많은 양의 온실가스인 메탄가스가 발생한다는 것이다.

◀ 지구가 심각한 위기에 직면해 있다.

지금 지구촌은 산림의 파괴, 도시의 급격한 팽창 등으로 지표의 태양 복사열 수지(흡수, 반사, 방열 등)를 바꿔 기상이변 현상의 발생과 소멸에 영향을 주고 기후 환경을 바꿔 놓았다. 북극의 빙하와 높은 산의 만년설이 녹아 해수면 높이가 올라가고 이로 인한 해양환경 및 생태계가 심각한 문제를 야기하고 있다.

또한 기후환경 변화로 장마의 형태는 물론 강수량의 불균형을 초래하고 국지적으로 소나기와 폭우 및 폭설을 만들고 어떤 지역에서는 사막화를 진행시키고 있다.

우리나라도 예외는 아니다. 전문가들은 "한반도 기후도 이미 아열대에 속했다"며 "그에 맞는 재난대비책을 준비해야 한다"고 주장했다. 국가위기관리 전문가는 "앞으로 한반도를 위협하는 최대 재난은 폭염과 가뭄이 될 것"이라고 말했다.

농업진흥청이 지난 1973년부터 지금까지 34년간 도시지역 25개소와 농촌지역 24개소를 대상으로 평균기온 변화를 분석한 결과, 평균기온은 0.95℃가 상승했는데 세계 평균기온은 0.74℃로 매우 빠른 상승속도를 보였다. 또한 연평균 강우량은 283㎜ 증가한 데

반해 일조량은 연간 378시간이나 줄어 농작물 재배조건도 점점 나빠지고 있는 것으로 나타났다.

현재 21세기는 자연환경의 파괴로 세계 곳곳에서 폭우와 폭설, 태풍, 허리케인, 지진과 쓰나미, 해일, 대형 산불, 산성비, 독성 대기오염 및 수질오염이 인류와 대자연 그리고 우리의 재산과 생명을 담보로 각종 재앙을 일으키고 있다. 지금의 지구온난화와 기후환경의 변화는 지구 전체의 문제로 바로 우리 눈앞에서 벌어지고 있는 것이다.

■ '소 트림과 온실가스'

'소 트림'도 온난화 주범

'소 트림과 온실가스'는 소가 트림할 때 나오는 '메탄가스'로 소가 먹는 풀의 '셀룰로이드 성분'이 분해되면서 나오는 것으로 이산화탄소보다 21배나 강한 온실효과를 낸다고 한다. 농업진흥청 국립축산과학원에 따르면 국내 한우가 1년동안 배출하는 메탄가스양은 47kg이라고 한다. 2008년 말 국내 한우는 226만 9,333마리며 이는 약 10만 6,658톤의 메탄가스를 배출하고 이를 이산화탄소로 환산하면 223만 9,818톤의 이산화탄소를 배출하는 것이 된다.

▲ 목장에서 한우들이 한가롭게 풀을 먹고 있다.

그럼 전 세계 가축에서 내뿜는 메탄가스는 얼마나 될까? 지구상의 가축이 내뿜는 메탄가스는 약 1억여 톤으로 이산화탄소 21억 톤에 해당한다. 우리나라 2006년 말 전체 이산화탄소 배출량 약 5억 9,950만여 톤의 3.5배의 규모다. 그럼 전 세계 70억 명의 인류가 내뿜는 '방귀'는 과연 얼마일까? 새삼 궁금하다.

독일의 재생가능에너지 산업연구소(IWR)가 65개국을 대상으로 조사한 결과, 이산화탄소를 가장 많이 배출한 국가는 중국(68억 970만 톤)이 1위, 2위 미국(63억 6,980만 톤), 3위 러시아(16억 8,760만 톤), 4위 인도(14억 850만 톤), 5위 일본(13억 9150만 톤), 6위 독일(8억5,730만 톤), 7위 한국(6억 6,350만 톤), 8위 캐나다(5억 2,341만 톤), 9위 영국(4억 1,023만 톤), 10위 이란(4억 2,843만 톤) 순으로 나타났다.

한국의 이산화탄소 배출량은 1990년 2억 5,700만t에서 2008년 6억 6,350만t으로 증가했다. 조사 대상국 가운데 이산화탄소를 가장 적게 배출한 국가는 340만t을 기록한 아이슬란드다.

우리가 기후변화문제를 보다 심각하게 받아 들여야 하는 가장 큰 이유는 국가경제와 경쟁력에 미치는 영향이 막대하기 때문이다. 이미 유럽 등 선진국들은 2005년 2월 발효된 교토의정서에 따라 자동차 등 이산화탄소 배출량 기준을 강화하고 있다. 이제 온실가스 규제가 새로운 무역장벽으로 등장하고 있다. 또한 기후변화 협약에 따른 감축압력으로 수출 산업과 에너지 다소비의 제조업 비중이 높은 우리나라는 수출 산업에 큰 부담으로 작용되고 있다.

한국의 온실가스 배출량은 세계 7위이며 2008년 말 기준 6억 6,350만 톤으로 1990년 기준 4억 650만 톤이나 증가했다. 우리와 경쟁관계에 있는 선진국들은 '녹색 산업'을 새로운 성장 엔진으로 활용하면서 기후변화 위기를 자국의 경제성장과 실업문제 해결 수단으로 활용하고 있다. 때문에 우리는 지금의 기후변화 위기를 새로운 국가발전의 기회로 만들어야 한다.

■ '황사의 공습'

'황사의 공습' 한반도 초토화

황사(黃砂)는 중국 북부와 몽골의 사막 또는 황토 지대의 작은 모래·황토·먼지 등이 모래폭풍에 의해 고공으로 올라가 부유하거나, 상층의 편서풍을 타고 멀리까지 날아가 떨어지는 현상으로 한국에서는 1954년부터 이 용어를 사용하기 시작하였다.

중국에서는 모래폭풍(sand storm), 일본에서는 코사(kosa: 상층먼지), 세계적으로는 아시아먼지(Asian dust)로 부르며, 세계 각지의 사막에서도 이와 비슷한 현상들이 나타난다. 특히 아프리카 북부의 사하라사막에서 발원하는 것은 사하라먼지라 하여 아시아에서 발생하는 황사와 구별한다.

그러나 일반적으로 황사라 하면 중국 북부 신장웨이우얼[新疆維吾爾]의 타클라마칸사막과 몽골고원의 고비사막, 황허강[黃河江] 상류의 알리산사막, 몽골과 중국의 경계에 걸친 넓은 건조지대 등에서 발생해 중국은 물론 한반도와 일본, 멀리는 하와이와 미국 본토에까지 영향을 미치는 누런 먼지를 가리킨다.

▲ 서울의 황사모습

주성분은 미세한 먼지로, 마그네슘 · 규소 · 알루미늄 · 철 · 칼륨 · 칼슘 같은 산화물이 포함되어 있다. 한국이나 일본 등에서 관측되는 황사의 크기는 보통 1~10㎛이며, 3㎛ 내외의 입자가 가장 많다. 모래의 크기인 1~1,000㎛보다 훨씬 작기 때문에 모래를 뜻하는 '황사'라 하지 않고 황진(黃塵)으로 부르기도 한다. 이러한 황사가 21세기 최대의 관심사가 되고 있는 것은 중국의 경제발전으로 특히 중국의 급속한 경제발전에 따른 세계 공장화에 있다. 그 동안은 단순한 모래바람에 불과하였지만 중국 연해주의 공장들에서 내뿜는 각종 대기오염물질이 이들 황사에 섞어 우리나라로 몰려오고 있으며 우리나라를 거쳐 일본 미국북부의 캐나다까지 날라 간다는 사실이다.

옛 말에 "토우가 내리면 소나무가 무성해진다"라는 속담이 있다. 황사현상이 자주 있게 되면 소나무에 피해를 주는 송충이에 황사의 입자가 붙어 송충이가 죽게 되므로 소나무가 무성해지게 된다는 이야기다. 우리나라에는 매년 어김없이 봄철의 불청객 황사가 찾아온다.

왜 황사현상은 봄철에 발생할까? 우리나라에 찾아오는 황사는 중국 북서부의 고비사막이나 타클라마칸 사막, 황하강 상류 등지의 황토지대에서 발생한다. 봄철이 되어 공기가 따듯해지면 이 지역에서 저기압이 발생하게 되는데, 이 저기압에 의해 생기는 상승기류를 타고 1~10㎛(마이크로미터=백만분의 1미터) 크기 정도의 미세 먼지들이 상공으로 올라가 편서풍을 타고 우리나라 지역으로 이동해 오는 것이다.

특히 봄철에는 겨우내 얼어있던 건조한 토양이 녹으면서 잘 부서져서 미세 먼지가 많이 발생한다. 여름에서 가을까지는 비가 내리기도 하고 식물이 자라기 때문에 황사 현상이 심하게 발생하지 않아 우리나라에 영향을 주지 못한다. 황사 발원지인 중국 북서부의 토양은 미세 먼지로 풍화되기 쉬운 장석이 다량 함유하고 있고, 탄산칼슘 등이 비교적 많아 알카리성을 띠는 토양이라고 전문가들은 말한다.

따라서 황사의 성분은 발원지의 토양 성분과 함께 이동 중에 중국 동부의 공업지역에서 발생한 대기오염 물질들을 많이 함유하게 된다. 더 문제는 여기에 있다. 옛날의 단순한 모래 바람이 아닌 이 오염 덩어리들이 황사와 함께 우리나라를 초토화 시키고 있는 것이다.

황사현상이 나타나면 시정거리가 매우 짧아져서 자동차나 항공기의 운항에 장해가 될 뿐만 아니라 전자정밀기계에도 나쁜 영향을 준다고 한다. 또한 호흡기 질환을 일으키기도 하고 눈에 들어가 각막을 상하게 하여 세균에 쉽게 감염되는 원인이 된다. 또 일조량이 줄어들고, 황토먼지가 식물의 기공을 막아서 농작물의 생육에 지장을 주기도 한다. 황사가 토양의 산성화를 막아준다는 설도 있지만 우리에겐 별로 반갑지 않는 손님이다.

황사의 주범 '사막화'

몽골 사막화의 주범은 양(洋)들로 이들은 식물의 뿌리까지 뽑아먹기 때문에 남아나는 것이 없다. 특히 몽골 사막화의 근본적인 원인은 기후변화지만 가장 직접적인 것은 최근 급격히 늘어난 '양떼' 때문이다.

몽골에서 이처럼 많은 '양(洋)'을 기르는 것은 양의 연한 털로 만든 캐시미어 제품이 미국. 일본 등 선진국에서 옷 재료로 인기를 얻으면서 '양'을 기르는 유목민들이 급격히 늘어나고 있는 것이다.

전체 4천여 만 마리로 추산되는 몽골지역의 방목 동물 중 '양'의 비율이 과거 20%에서 40%로 늘었다고 한다. 특히 이들 양들은 식물의 뿌리까지 닥치는 대로 먹어치워 그렇지 않아도 확대되고 있는 초원지대의 사막화를 가속화시키고 있다.

전문가들은 지구온난화에 따른 기후변화가 몽골 사막화의 큰 원인이지만 이보다 직접적인 이유는 방목 동물의 증가와 그 중에서도 양을 기르는 유목민들이 많이 증가한 것이 주된 원인이라고 말했다.

▲ 몽골 초원지대의 방목 중인 '양(洋)떼'들

특히 이곳 지역은 비가 많이 내리지 않아 사막화를 더욱 가속화 하고 있다. 최근 20년간 몽골의 최고 강수량은 70~80㎜ 였지만 오는 2029년까지 최고 강수량은 40~50㎜로 감소할 것으로 분석됐다. 때문에 앞으로 몽골지역의 사막화는 더욱 빠르게 확대될 전망이다.

사막화의 확대는 황사 발생으로 이어진다. 지금보다 더 강해지고 많은 황사가 우리나라를 포함한 동아시아 지역에 영향을 줄 것이란 예측도 이런 이유에서 나온다.

중국의 사막화는 벌목을 통한 경작지 전환, 초지(草地)의 개간, 건조지역에서 저수시설 및 지하수 개발 등 사막을 옥토로 바꾸는 시도 때문인 것으로 나타났다. 때문에 물을 충분히 확보한 곳은 조림사업이 효과적이지만 이미 지하수위가 하강한 곳이나 강수량이 확보되지 않는 곳에 나무를 심는 일은 지하수의 수위를 더욱 낮춰 사막화를 촉진할 위험마저 있다고 전문가들은 말했다.

조림(造林)으로 '황사(黃砂)'를 막아라

몽골 황사발원지 사막에 황사예방을 위해 우리 정부가 국가차원에서는 처음으로 2007년부터 오는 2016년까지 10년 동안 약 95억 원의 예산을 투입해 3천ha에 이르는 몽골지역 사막에 나무를 심는 「몽골 그린벨트 조림사업」을 시작했다.

'몽골 그린벨트 조림사업'은 2006년 5월 한국과 몽골이 정부차원의 체계적이고 장기적인 사막화 방지 조림사업을 지원하기로 합의한 것에 따른 것이다. 우리나라는 지난 2008년부터 2011년까지 4년 동안 본격적인 사막화 방지 조림사업을 실시하고 있다. 현재도 많은 시민단체와 기업체들이 매년 몽골에서 나무를 심고 있다.

▲ 몽골 정부의 그린벨트 조성 계획

'몽골 그린벨트 조림사업'은 우리의 산림이 황폐했던 시절 산림녹화를 위해 국제사회로부터 받았던 많은 도움을 이제 몽골의 사막에 돌려줌으로써 과거 국제사회의 도움에 보답하는 것이며 아울러 우리나라의 입장에서 보면 매년 반복되고 있는 황사피해를 예방하기 위한 것이다.

▲ 한국의 ngo 단체들이 몽골사막에 나무를 심은 모습

매년 6월 17일은 UN이 정한 사막화 방지의 날(World Day to Combat Desertification and Drought)로 몽골 그린벨트 조림사업을 통해 세계 산림의 사막화 방지로 지구환경보전에 국제사회의 관심과 동참을 이끌어내는 중요한 전환점이 될 것으로 기대를 모으고 있다.

반면 중국은 사막화 방지를 위해 네이멍구(內蒙古) 커얼친 사막에 심은 나무들이 30년 동안 잘 자라다 급격히 사라지고 있다며 이와 관련해 학계에서는 정부가 민간을 통해 지원하고 있는 중국 내 조림사업에 대한 타당성을 재검토해야 한다는 신중론이 제기되고 있다.

학자들은 "중국 정부가 커얼친 사막의 5,000ha 면적에 심은 '장자송 숲'을 조사한 결과 최근 나무들이 급격히 고사하고 있는 사실을 발견했다"고 밝혔다.

한편 전문가들은 "황사의 원인인 사막화를 방지하기 위해 조림(造林)사업만이 능사가 아니라고 주장"하며 "건조한 지역에 인공적으로 만든 경지(耕地), 댐, 지하수를 폐쇄하고 사막화 발생지역 주변의 인구를 다른 곳으로 이주시켜야 하며 자연적으로 회복되기를 기다린 후 토지이용계획을 수립해야 한다"고 말했다.

■ 쓰나미와 허리케인

'쓰나미'

'쓰나미'는 일본어로 '해안의 파도'라 하며 현재 지진해일의 세계 공용어로 불리고 있다. 이 쓰나미는 약 80%가 태평양지역에 집중적으로 발행하며 파고는 바다 중심에서 1m에 불과하지만 육지 쪽으로 가까워지면서 급격하게 높아진다.

최대 30m 이상인 것도 있으며 10m 정도는 흔하다고 한다. 속도는 최대 시속 800km며 길이는 100km에 달한다. 우리나라 재난영화 '해운대'가 1,000만 관객을 동원하며 돌풍을 일으켰다. 해운대 앞 바다가 엄청난 파도로 해변가를 덮쳐 다리가 부서지고 빌딩이 무너지는 모습을 아마도 많은 분들이 보았을 것이다.

2004년 12월 인도네시아를 강타한 '쓰나미'

지난 2004년 12월 인도네시아를 휩쓸은 '쓰나미'로 인해 20만여 명의 생명을 앗아간 대참사가 발생했다. 인근 13개국이 피해를 보았으며 23만여 명이 죽거나 실종됐다.

▲ 쓰나미 피해를 항공촬영 한 사진

일본 기상청은 "지진에너지 규모가 1995년 일본 고베 대지진의 약 1,600배에 달한다"고 밝혔다. 당시 인도네시아 쓰나미는 높이가 20m, 시속 600㎞ 였던 것으로 나타났다.

특히 최대 피해를 본 인도네시아 해역은 '산호초' 파괴와 '망그로브 숲' 파괴에 따른 것으로 밝혀졌다. 망글로브 숲은 바다와 육지 사이에서 방풍림 역할을 한다. 또한 '산호초'는 태풍과 해일로 육지를 보호하는 역할을 해준다.

최근 산호초는 해수면 상승과 해양오염으로 80% 이상이 백화현상을 보이고 있다. 인도네시아 참사지역 대부분은 산호초가 40% 이상 파괴된 것으로 나타났다. 하지만 지진 진앙지에서 가까운 '몰디브'는 피해를 입지 않았다. 바다의 산호초를 잘 관리해 이 산호초가 쓰나미를 분산시켰기 때문인 것으로 나타났다.

2011년 3월 일본 동북부 '쓰나미'로 초토화

지난 2011년 3월 11일 일본 동북부를 강타한 리히터 규모 9.0의 사상 최악의 대지진 여파로 센다이시, 미야기현, 이와테현 등 해안가를 밀어닥친 거대한 '쓰나미'로 인해 대형 쓰레기 바다가 되었다.

인구 1만 7,300명의 해안 마을은 3월 11일 높이 10m의 쓰나미가 덮쳐 주민 1만여 명이 행방불명됐다. NHK 등 방송은 "미야기(宮城). 이와테(巖手). 후쿠시마현 등에서 사망. 실종자가 4만 명이 넘는다"고 전했다.

간나오토(菅直人) 총리는 13일 밤 기자회견에서 "전후 65년에 걸쳐 최대 위기이다"며 "이 위기를 극복할지 모든 국민들이 시험을 받고 있다"고 말했다.

미야기현 동북부 해안 모토요시구에 속한 미나미산리쿠초에는 인구 1만 7,300명 가운데 1만여 명의 주민이 행방불명되었다고 언론은 보도했다. 목격자들은 강도 7.0 정도의 지진여파에 따라 집채만 한 쓰나미가 해변으로부터 약 3㎞ 나 떨어 진 시내 중심부 건물 3층 높이까지 대피할 시간도 없이 밀려들었다고 전했다.

일부지역의 쓰나미는 10m보다 높은 파고가 덮쳤으며 지진 지원지의 너비가 500㎞, 폭 200㎞에 달하는 것으로 나타났다.

▲ 쓰나미가 방풍림을 넘어 마을을 덮치고 있다.

▲ 쓰나미가 휩쓸어 초토화된 마을

▲ 쓰나미가 밀려들어 오는 모습

▲ 초토화된 도시모습

하지만 재난 중에도 어느 곳에는 행운이 있기 마련이다. 이와테(巖手)현에선 8,000여 명의 사망자와 수많은 행방불명자가 발생했지만 북부 후다이(普代) 마을에선 단 한 명의 사망자도 없었다.

요미우리 신문은 "산리쿠(三陸)해안가의 이 마을은 3월 11일 약 14m 규모의 쓰나미가 덮쳤지만 높이 15.5m가 넘는 방조제와 수문 덕분에 마을 사람 전부가 무사히 살아남을 수 있었다"고 밝혔다.

이 마을 와무라 촌장은 방조제와 수문 건설당시 대부분 주민들이 '너무 높다'며 이는 예산낭비라고 비난 했지만 결국 관철시켰다고 한다. 1967년 방조제는 5,800만 엔(약 7억 5,000만 원), 수문은 1984년 35억 엔(약 453억 원)을 들여 완공했다.

지난 1896년 당시 이 마을은 쓰나미를 겪었으며 선조들은 마을 입구에 "해발 60m 아래에 집을 짓지 말라"고 비석을 세워놔 후손들은 고지대에 집을 짓고 살았으며 특히 해안가 마을도 방조제와 수문덕분에 피해를 입지 않았다고 한다.

해안림 '망그로브 숲(Mangrove forests)'을 복원해야

학자들에 따르면 망그로브 원산지는 인도·말레이시아 지역이라고 한다. 이 나무들의 씨앗이 수 천년의 세월 동안 서인도제도, 아프리카 동부, 그리고 아메리카 대륙의 동부를 거쳐 남아메리카로 이동했다고 한다.

▲ 망그로브 숲 모습

▲ 우리나라 산림청이 2006년 5월부터 2년 6개 월간 인도네시아 망그로브 숲 550ha 복원 완료했다(여의도 면적의 2배).

망그로브 숲은 주로 강어귀의 해수와 담수가 섞이는 곳으로 조수간만의 차가 심한 곳의 뻘 밭에 가장 잘 발달해 숲을 이룬다. 만조 때 어린 나무는 몸통 전체가 바닷물에 잠겨 있어도 잘 견디며, 반면 홍수 때에는 담수에 밀려 낮은 농도의 바닷물 속에서도 생리적 기능을 잘 발휘하고 있는 것이다.

망그로브 숲은 생태적으로 매우 중요한 위치에 놓여 있다. 육지와 바다의 중간적 위치에서 일차대사 산물인 탄수화물을 생산하는 바다 속 식물로서 매우 중요한 의미를 갖는다.

망그로브 숲에는 무척추동물로부터 악어에 이르기까지 다양한 생물 종이 살고 있어 생물학적 종다양성이 풍부한 숲을 이루고 있는 매우 중요한 곳으로 인정되어 각 국이 보존에 힘쓰고 있다.

망그로브 숲은 생태적 중요성뿐만 아니라 바닷물의 거친 파도에 의한 해안토양의 유실을 막아주는 탁월한 역할을 한다. 망그로브 숲이 조성된 곳은 태풍의 피해를 받기 쉬운 곳에 많은 숲을 이루고 있다.

이 나무들의 구조적 특성은 굳건하게 해안의 붕괴를 막아주는 것은 물론 해안 가까이 재배되고 있는 농작물들을 해풍이나 조수에 의한 피해로부터 막아주며 경감 시켜주는 매우 중요한 역할을 해 주고 있다.

하지만 이처럼 망으로브 숲은 많은 장점들이 있는데도 불구하고 사람들은 해안에 리조트 단지를 조성하고 환금성이 빠른 새우양식장 등을 만들기 위한 난개발에 의해 숲이 급속히 사라져 가고 있다. 망그로브 숲은 지구적 차원에서 보호되어야 한다고 전문가들은 말한다.

특히 인도네시아를 비롯한 태국 등 동남아시아 해변은 바닷물에 뿌리를 내리는 '망그로브숲'으로 이루어져있다. 이 망그로브 숲은 바닷물에 뿌리를 내리고 바다와 육지의 경계를 이루는 해안 방풍림 역할을 톡톡히 해왔다.

지난번 참사를 겪은 인도네시아 해변은 최대 새우양식장과 해양리조트 개발로 이 숲이 80~90%가 사라진 것으로 나타났다. 하지만 우리는 소중한 교훈도 얻었다. 인구 38만 5천명의 작은 섬 '몰디브'는 해수면과 불과 1m정도 밖에 되지 않아 쓰나미 당시 최대피해를 예상했으나 인근 해역의 '산호초' 군락을 잘 보호한 결과 쓰나미 당시 완충역할을 해줘 피해가 거의 없었다.

결론적으로 무분별한 환경파괴가 환경재앙을 일으키게 된다는 것을 우리는 깊이 명심해야할 것이다.

‘허리케인’

허리케인은 서인도제도·멕시코만에서 발생하여 북아메리카 방면으로 엄습하는 열대성 폭풍우나 태풍을 말한다. 주로 미국 남부·멕시코·서인도제도에 피해를 끼친다. 풍력계급이 12(33m/s 이상)인 바람에 대한 호칭으로 쓰이기도 한다.

어원은 에스파냐어의 우라칸(huracán)인데, 이것은 카리브해 연안에 사는 민족의 폭풍의 신(神) 우라칸에서 온 말이다. 연평균 태풍급으로 발달하는 열대저기압은 북대서양에서 10개, 북태평양 동부에서 14개이지만 이 가운데서 허리케인은 각각 6개와 7개이다.

허리케인은 8~10월 사이에 북반구에서 많이 발생하며, 7월에 발생하는 것은 서쪽으로 진행하여 가는 것이 많고, 가을에 발생하는 것은 진로를 서쪽에서 차츰차츰 북동쪽으로 방향을 바꾸어서 플로리다반도로 향하는 것이 많다. 미국에서는 1953년부터 알파벳 순서로 여성 이름만 붙이다가 1979년부터는 여성 이름과 남성 이름을 번갈아 붙이고 있다.

미국은 매년 강해지는 ‘헤리케인’으로 동남부가 초토화되고 있다. 중부와 북부지역은 극심한 가뭄과 폭설, LA 등 서부지역은 가뭄과 산불 등으로 재앙에 휩싸이고 있다. 지난 2005년 8월 루지애나주의 재즈발생지인 뉴올리언스시는 50년 만의 최대 강풍을 동반한 허리케인 ‘카트리나’로 인해 시 전체 80%가 침수하는 최대의 재앙을 맞았다. 이 일대는 미국의 주요 정유시설 및 가스시설 밀집지역으로 석유 30%, 천연가스 24%가 생산되는 지역이다.

▲ 뉴올리언스시가 ‘카트리나’로 인해 시 전체 80%가 물에 잠겨있는 모습

US투데이에 따르면 "1,339명의 인명피해와 1천억 달러 이상의 재산피해가 발생했다"고 보도했다. 미 연방의회는 복구비로 1천 200억 달러를 승인했다. 미국 허리케인센터 소장인 맥스메이피드는 지난 2006년 8월 22일 카트리나 1주년을 맞아 로이터통신과의 인터뷰에서 "사람들은 '카트리나'가 최악의 허리케인이라고 말하고 있지만 아직 대재앙은 오지 않았다"며 "우리가 지금처럼 해안을 개발하는 한 올해가 될지 다음해가 될지 모르지만 '그날'은 오고 말 것이다"고 경고했다.

▲ 헤리케인 '카트리나'로 인해 자동차가 휩쓸 려 내려가고 있다.

지난 2008년 5월 2일 밤 미얀마 남서부 이라와디 지역에 싸이클론 '리르기스'가 덮쳐 사망 8만 4,537명, 실종 5만 3,836명, 이재민 240만여 명, 재산피해 40억 달러에 이르는 것으로 미얀마 정부는 발표했다.

특히 싸이클론 '리르기스'는 비바람이 거세지는 가운데 잠자던 주민들을 덮쳐 갑자기 밀고 들어온 바닷물로 인해 14만 여 명의 생명을 앗아가고 마을은 폐허로 변했다.

AP통신에 따르면 "이 참사로 인해 동남아 최대 곡창지대 중 하나로 손꼽히던 이라와디 삼각주 지역이 '리르기스'로 인해 논밭이 바닷물에 잠겼다. 이 염분으로 인해 '소금사막'으로 변했다"고 전했다.

이곳 농민들은 앞으로 농작물 재배를 할 수 없으며 해안지역의 염전이 황폐화되고 어민들은 어선, 어구를 잃어 고기잡이를 할 수 없게 되었다.

■ 인류 문명 도시화로 '지진피해' 대형화

2010년 들어서만 아이티에 이어 칠레, 일본, 터키, 대만, 인도네시아까지 리히터 규모 6.0 이상의 강진이 지구촌을 덮쳐 엄청난 인명피해와 재산피해를 내고 있다.

미 지질조사국(USGS)의 1900년 이래 통계에 따르면 규모 6.0~6.9의 '강진'은 연평균 134회 꼴로 일어나며 규모 7.0~7.9의 '대형(major)지진'이 연 17건, 8.0 이상의 '초대형(Great)지진'도 1건 정도 일어날 것으로 예측했다.

2010년 들어 6.0~6.9 규모의 강진이 40건을 기록했다. 이처럼 빈발하는 지진에 대해 전문가들은 1900년 이래 대형지진 발생 횟수도 대체로 안정적이고 그동안 16회를 넘어간 적이 없으며, 2009년 16회가 최고였다고 말했다.

때문에 지진은 특정 시기에 집중적으로 발생하는 경향이 있어 '착시현상'을 일으킬 수 있다고 한다. 그럼에도 불구하고 문제는 지진으로 피해규모가 크다는 것이다. 과학전문지 『네이처지』는 "지난 10년간 지진으로 인한 사망자수가 그 전보다 4배 많았다"고 밝혔다.

WHO(세계보건기구)도 지난 2000년부터 2009년까지 지진으로 인한 사망자가 45만 3000여 명으로 집계 했다고 밝혔다.

▌인도네시아 '지진, 쓰나미, 화산폭발' 3중 재난 닥쳐

인도네시아는 일명 '불의 고리'(ring of fire)로 불리는 환태평양 단층대 위에 자리 잡고 있어 지진이 자주 발생하고 활화산이 129개나 될 정도로 화산 활동이 활발한 국가이다.

2010년 10월 25일 오후 9시 42분께 인도네시아 수마트라 해안 인근에서 규모 7.7의 지진이 발생해 최소 1명이 사망하고 150여 채의 집이 파괴됐다.

인도네시아 당국은 "진앙지는 수마트라 멘타위섬 서남쪽에서 78㎞ 떨어진 깊이 10㎞지점"이라고 밝혔다. 2009년에도 수마트라에서는 7.6규모의 지진으로 최소 700여 명이 사망하고 20여 개의 건물이 파괴됐다.

이어 약 10시간이 지난 후 지진의 여파로 쓰나미가 발생해 최소 154명이 사망하고 400명 이상이 실종됐다. 파가이섬의 나무로 만들어진 집 수백 채가 쓰나미로 떠내려 갔으며 농작물과 도로 곳곳이 침수됐다. 또 실라부섬 한 마을의 가옥 80%가 심하게 파손됐다.

인도네시아는 이틀사이 한꺼번에 덮친 지진, 쓰나미, 화산폭발 등 3중 자연재해로 600여 명 이상의 사상자가 발생해 국가재난 상태에 빠졌다. 몇 시간 간격으로 세 가지 재앙이 덮친 인도네시아 국민들은 극심한 공포에 빠져들었다.

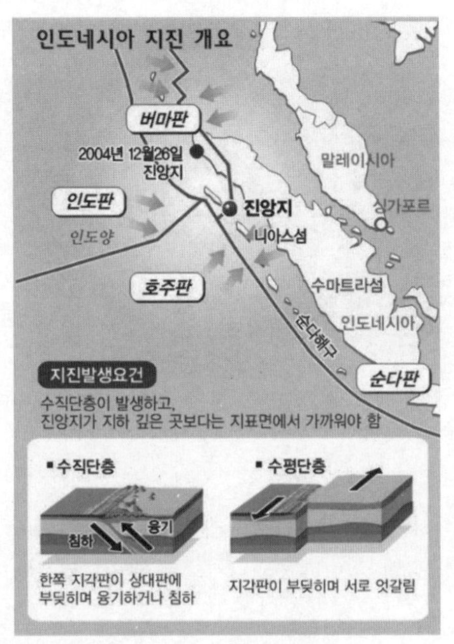

▲ 지난 2004년 12월 26일 발생한 지진 개요

올해 인도네시아 국가 재난 방지청은 "지난 7월 3일 인도네시아 수마트라섬 아체주에서 발생한 규모 6.1 지진으로 지금까지 최소 22명이 숨지고 수백 명이 다쳤다"고 밝혔다.

이어 "중부 아체 지역 두 곳에서 건물 천 5백여 채가 부서지고 산사태가 잇따라 발생하면서 수백 명이 10여 곳에 마련된 임시 거처에서 생활하고 있다"고 설명했다. 인도네시아 정부는 "이번 지진은 3일 오후 2시 37분 아체주 주도 반다아체에서 동쪽으로 320㎞ 떨어진 산악지대의 지하 10㎞ 지점에서 발생했다"고 말했다.

아이티 '대지진' 국가재건 불능상태 돼

지난 2010년 1월 12일 미 대륙 서인도제도의 세계 최빈국 중 하나인 아이티에 규모 7.0

의 강진이 발생해 약 30여 만 명이 사망하고 무너진 도시는 재건 불능상태에 빠졌다.

지진에 이어 11월 11일(현지시간) 엎친데 덮친 격으로 콜레라까지 발생해 최악의 상황으로 치닫고 있다.

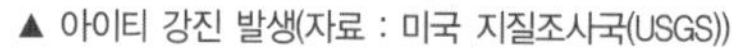
▲ 아이티 강진 발생(자료 : 미국 지질조사국(USGS))

아이티 보건당국은 "11일까지 콜레라로 사망자가 800명을 넘어서고 있으며 공식 집계된 감염자도 1만 1,125명이다"며 "앞으로 사망자는 더욱 늘어날 것"이라고 전망했다. 결국 세계 최빈국 아이티는 지진으로 인해 21세기 최악의 자연재해를 맞고 있다.

2010년 2월 27일(현지시간) 남미의 칠레 남부를 강타한 규모 8.8의 강진으로 약 700명이 사망한 것으로 나타났다.

하지만 칠레의 지진규모가 아이티의 1,000배나 더 큰 강도임에도 불구하고 피해가 적은 것은 그동안 칠레는 잦은 지진을 겪어와 대비를 잘한 것이라고 전문가들은 밝혔다.

이렇게 지진피해가 대형화 되는데 대해 전문가들은 이유를 인간들의 문명적 요인들이 복합적으로 작용했다는 시각이다. 대표적으로 급속한 도시화로 지진 단층이 지나는 곳까지 사람들이 모여 들었기 때문이라고 한다. AP통신은 "인구 밀집이 작은 사건을 큰 것으로 만든다"며 "이 지역 건물들은 내진 설계를 갖춘 경우가 많지 않아 큰 피해를 입는다"고 전했다.

일본 '도카이(東海) 대지진' 공포

도카이(東海) 대지진은 지구를 구성하는 지각의 일부인 필리핀판 북단에 위치한 시즈오카현 스루가 만 일대를 진원으로 발생하는 규모 8.0 이상의 대지진을 말한다.

도카이 대지진은 리히터 규모 8.0 이상의 지진으로 가까운 장래에 도쿄 동쪽 태평양 연안에서 발생할 것으로 예상되는 것으로 일본인들이 가장 두려워하는 것이다.

일본 방재시스템연구소에 따르면 "일본 열도의 남쪽과 이즈(伊豆)반도 아래에 있는 필리핀판이 북서쪽 일본 열도 아래에 있는 유라시아판 아래쪽으로 연간 몇 ㎝씩 가라앉고 있다"며 "이로 인해 양쪽 판의 경계인 '스루가 만' 아래의 판에 스트레스가 쌓여 그 에너지가 한꺼번에 방출되는 것이 '도카이 대지진'이다"라고 말했다. 연구소에 따르면 "일본 '도카이'와 그 일대에서 지진이 발생할 시 최악의 경우 2만 4,700여 명이 사망할 것"으로 추정되고 이것이 현실화될 경우 자연재해로는 사상 최대 인명피해가 발행할 것으로 예측하고 있다. 진도 7.0 이상의 강진에 따른 지반붕괴와 10m가 넘는 해일로 96만여 채의 가옥이 파괴되고 이에 따른 직간접인 경제 피해액이 81조 엔(약 1,000조 원)에 달할 것이라는 전망이다.

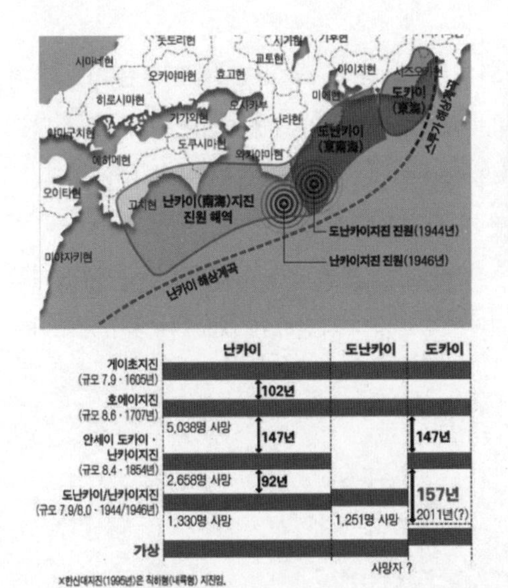

▲ 사진은 영화 '일본 침몰'의 한장면

◀ 일본 해구형 지진 유형

지난 2009년 8월 11일 오전 5시경 도쿄 서쪽 시즈오카현에서 리히터 규모 6.5의 강진이 발생해 111명의 중경상자가 발생했다. 관내 21개시에서는 가옥 3,340채가 전파 또는 반파되는 재산피해가 났다. 또한 이 지진으로 9,500여 가구가 일시 정전되고 4만 가구 이상이 단수 등으로 고통을 겪었다. 그런데 일본 정부나 언론은 이번 지진이 100~150년 주기로 발행하는 '도카이(東海)' 대지진과 연관성이 있는지 촉각을 곤두세웠다. 이날 발생한 지진이 남쪽 필리핀판과 북쪽 아메리카판이 만나는 시즈오카현 스루가(駿河)만의 해저로 '도카이 대지진'이 예상되는 곳과 같기 때문이다.

도카이 대지진은 1854년 이래 158년 동안 한 번도 발생하지 않았지만 전문가들이 예견한 주기가 돌아온 만큼 언제든 돌발적으로 발생할 수 있다는 지적이다.

일본은 그동안1923년 '간토 대지진'으로 14만여 명이 사망했고 1995년 '고베 대지진'으로 6,000여 명이 사망했으며 1,000억 달러의 재산피해를 낸 바 있다.

일본 '3·11 동북부 대지진'으로 패닉에 빠졌다

사상 최악의 대지진이 2011년 3월 11일 일본 동북부에서 발생했다. 일본 기상청은 "이번 대 지진이 정밀분석결과 규모가 당초 8.8이 아닌 9.0이다"라고 수정 발표했다.

리히터 규모 9.0의 대지진이 일본 열도를 강타하자 글로벌 경제 전문가들은 이번 대 지진으로 일본 산업계가 최소 100억 달러, 최대 150억 달러의 피해를 입을 것이라는 전망과 함께 일본 국내총생산(GDP)이 1% 감소할 것으로 예측했다.

미 지질조사국(USGS)에 따르면 "이번 지진은 역대 4번째 규모"라고 밝혔다. 이어 "이 지진의 여파로 일본 본토가 2.4㎝ 정도 움직인 것같다"고 밝혔다. 이탈리아 국립지구물리학화산연구소(INGV)도 일본 동북부 대지진으로 지구의 자전축이 10㎝(약 4인치)정도 이동했을 것이라고 전했다.

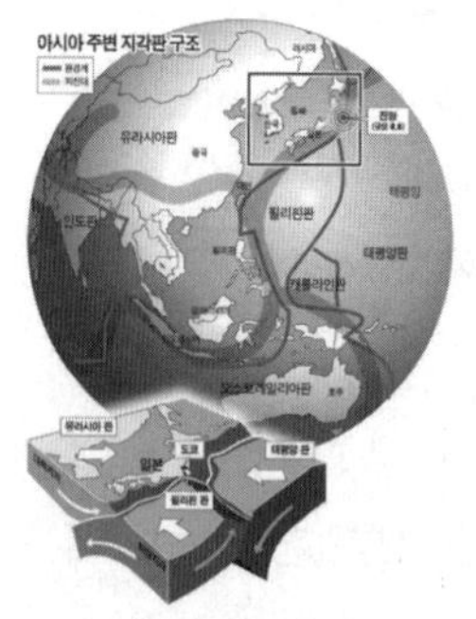

▲ 2011년 3월 11일 동북부 대지진 진앙지

일본 동북부 대지진으로 인해 한반도가 동쪽으로 최대 5㎝ 이동된 것으로 나타났다. 한국천문연구원은 "3월 16일 국내 위성위치확인시스템(GPS) 관측망 자료 분석결과 지진 발생 직후 한반도 지각변동이 일어났다"며 "최대 5㎝ 정도가 동쪽으로 이동한 것으로 나타났다"고 밝혔다.

지진여파로 우리나라가 한 번에 5㎝ 가량 이동한 것은 GPS 관측을 시작한 2000년 이래 처음 있는 일이다.

▲ 대지진 여파로 쓰나미가 공항을 덮쳤다.

▲ 해안가 마을로 쓰나미가 몰려오고 있다.

일본은 태평양판, 유라시아판, 필리핀판, 북미판의 교차점인 환태평양 지진대에 위치하고 있어 지진 빈도가 높은 나라이다. 전문가들은 "거대 지진과 여진으로 일본 동해, 동남해, 남해 등 3개 연근해에서 동시 다발적으로 '쓰나미(지진해일)'가 발생한다면 일본 절반이 해수면 아래로 가라 앉을 수 있다"고 한다.

일본 열도는 '도카이 대지진'인 규모 8.4의 안세이 지진(1854년 12월 23일)이 발생한지 158년이 지났기 때문에 '150년 주기설'에 촉각을 곤두세우고 있다. 전문가들은 "향후 30년 안에 이 지역에서 강진이 발생할 확률이 80%가 넘는다"며 거대 지진 발생을 경고해 왔다.

일본은 특히 '도카이 대지진'의 발생으로 3개 연근해의 동시다발적 쓰나미로 인해 일본 절반이 해수면 아래로 가라 앉는다는 '열도 침몰설' 등으로 극도의 공포감을 느끼고 있다.

■ '화산폭발'은 인류 문명을 바꿨다

폼베이를 멸망시킨 '베수비오 화산폭발', 일본 신석기 문명인 조몬 문명을 멸망시킨 기카이 칼데라 분화(噴火), 아이슬란드 '라키 화산폭발'은 기근으로 인해 프랑스 대혁명을 일으키는 결과를 낳았다고 한다.

2010년 4월 14일 아이슬란드 에이야팔라퀼 화산이 대폭발을 일으켜 화산재가 유럽 상공을 뒤 덮었다. 화산 폭발 후 5일 동안 유럽의 313개 공항이 폐쇄되고 8만 2,000여 편의 항공기가 운행이 중단되는 사태를 빚었다.

이번 아이슬란드 화산은 폭발지수(VEI:Volcanic Explosivity Index)가 4.0이고 분출물은 0.11㎦ 로 경제에 악영향을 끼쳤고 유럽 항공망을 마비시켰다.

▲ 아이슬랜드 화산폭발 모습

▲ 화산재 분출 모습

2010년 10월 28일 러시아 캄차카반도 시벨루치 화산과 클류체프스코이 화산이 분출해 두 화산에서 뿜어져 나온 화산재 구름이 10㎞ 상공까지 치솟아 이 지역 상공을 운항하는 항공기 운항 차질은 물론 주변지역을 연결하는 도로도 차단됐다.

특히 클류체프스코이 화산에서 130㎞ 떨어진 우스티칸차트스크의 시계(視界)는 불과 몇 m 수준으로 화산재가 민간인 거주 지역을 뒤덮어 큰 불편을 겪었다.

인도네시아는 '화산폭발' 재앙(災殃) 지속돼

지난 2010년 10월 26일 인도네시아의 해발 2,968m '메라피 화산'이 폭발해 30여 명이 사망하고 14명이 화상을 입었으며 자바섬 경사 지역에 거주하는 1만 4,000여 명의 주민들이 대피했다. 그동안 과학자들은 인도네시아의 메라피 화산 용암 돔 아래 압력이 증가하면서 최근 수년 안에 가장 강력한 분출이 일어날 것이라고 경고해왔다.

화산학자 게드 스와티카는 "확신하기엔 이르지만 여전히 화산은 폭발 가능성이 있다"며 "당분간 분출이 지속된다면 우리는 길고 느린 화산폭발을 지켜봐야 한다"고 말했다.

2010년 11월 5일 또다시 '메라피 화산'이 대폭발을 일으켜 최소 78명이 사망하고 130여 명이 부상을 당했다. 10월 26일부터 시작된 메라피화산 분출로 총 사망자가 120여 명을 넘어서고 있는 것으로 나타났다.

AP통신은 "메라피 화산의 초기 분출의 6배 이상의 규모로 폭발해 80년 이래 최대 규모"라고 전했다. 이어 "이번 폭발은 화산 아래에 마그마가 생성되는 등 최악의 단계에 접어들었다"며 "마을을 덮친 섭씨 750도의 화산재가 5㎝ 정도 쌓이고 화산재를 피해 대피하는 주민들의 이불과 매트리스까지 뚫어 피해가 더 컸다"고 말했다.

인도네시아는 지난 2006년에도 메라피화산 폭발로 2명이 목숨을 잃었고 1994년에는 60여 명이 사망했으며 1930년에는 1,300여 명이 숨졌다.

2013년 8월 10일(현지시간)오전 인도네시아 동부 동누사텡가리주의 팔루에섬에 있는 '로카텐다 화산(875m)'이 폭발했다. 이로 인해 용암과 함께 짙은 화산재가 인근 3개 마을을 덮쳐 주택들이 파손되고 최소 주민 6명이 사망한 것으로 나타났다.

재난당국은 "사망한 이들은 해변가 집에서 자다가 밀려든 용암에 의해서 변을 당했다"며 "화산재 등 분출물이 상공 2,000m까지 치솟아 인근 주변 3㎞ 이내 주민들 300여 명을 대피시켰다"고 밝혔다.

팔루에섬은 인도네시아 동부 플로레스 해에 있는 면적 41㎢로 주민 1만여 명 규모의 작은 섬이다. 이 섬의 '로카텐다 화산'은 수년간 소규모 용암, 화산재 분출이 계속된 활화산이다.

▲ 1994년 인도네시아 '메라피 화산' 폭발모습

일본 '후지산(富士山)' 3·11 대지진 이어 폭발할 것인가?

후지산(해발 3,776m)은 일본 시즈오카현 북동부와 야마나시현 남동부에 위치해 있다. 도쿄와는 불과 100㎞이다. 따라서 후지산이 폭발하면 도쿄 인근 수도권 기능이 마비될 수 있다는 우려가 제기되고 있다.

지난 2013년 8월 18일 오후 4시 30분경 일본 가고시마현의 '사쿠라지마 화산(해발 1,117m)'이 폭발했다. 이 화산폭발로 인해 화산재가 5,000m 상공까지 치솟고 분화구 주변에는 용암도 흘러내렸다.

▲ 일본 '사쿠라지마 화산' 폭발모습

당시 남동쪽에서 불어오는 바람으로 인해 가고시마 시내 중심에 엄청난 양의 화산재가 떨어져 시민들은 우산을 쓰고, 자동차는 라이트를 켜야 했으며 교통이 통제되기도 했다.

그런데 휴화산(休火山)인 후지산의 화산폭발 가능성이 제기돼 일본인들을 더욱 놀라게 하고 있다. 8월 19일 일본 언론들은 "후지산과 30㎞ 가량 떨어진 도쿄 인근의 관광지 하코네에서 하루 150회 이상 미세한 지진이 발행하고 있다"고 보도했다.

특히 후지산 근처의 가와구치 호수의 수위가 3m 이상 낮아지고 사람이 걸어서 호수 가운데로 이동할 수 있을 정도라고 밝혔다. 전문가들은 "이런 현상을 종합해 봤을 때 후지산의 마그마 활동이 활발하다는 뜻이라며 분화조짐으로 해석"했다.

일본 방재당국은 "후지산이 폭발할 경우 인근 가옥과 건물이 파괴되고 사상자가 발생하며 정전과 단수피해도 잇따를 것으로 예상된다"며 "약 13만 6,000여 명이 피해를 입을 것"으로 추산했다. 또한 화산폭발 시 화산재로 인해 후지산 인근을 통과하는 도메이(東明), 주오(中央) 등 고속도로 통행이 중단되고 공항 활주로에 화산재가 쌓이면 공항 6곳이 마비돼 하루 500편 이상의 비행기 운항이 중단될 수 있다고 말했다.

이 화산재가 도쿄 인근 수도권에 2㎝ 이상 쌓이고 논밭에 0.5mm 정도 쌓이면 식물을 재배할 수 없어 먹거리에 비상이 걸린다고 한다. 화산재에는 산성비의 원인인 이산화황과 질소산화물이 들어있기 때문이다. 지표면에 30㎝ 이상 쌓이면 목조건물은 부식된다.

일본 재난당국은 "후지산 폭발시 1,250만 명이 눈과 코, 기관지 이상 등 건강상 피해를 입을 수 있다"고 분석했다.

전문가들은 "후지산 폭발 시 한국에 미치는 영향은 미미할 것"이라고 내다봤다. 편서풍 지대인 동북아시아의 위치상 후지산의 화산재가 우리나라로 날아올 가능성은 희박하다고 예상했다.

후지산이 마지막으로 폭발한 것은 1707년으로 지금으로부터 306년 전이다.

북한 핵실험, 백두산(白頭山) 폭발 앞당긴다

현재 휴화산(休火山)인 백두산이 4~5년 후 폭발한다고 일부 학자들이 밝혀 논란이 되고 있다. 학자들은 10세기 중반 백두산이 폭발했을 때 분출량은 100㎦ 이며 VEI(폭발지수)가 7.4나 된다고 추정했다. 기원 후 화산폭발 가운데 최대 규모이다.

전문가들에 따르면 작금의 문제는 백두산과 인접해 있는 북한의 '핵 실험'이라고 한다. 핵 실험 시 지하의 지층을 건드려 가뜩이나 불안정한 상태인 화산 지층이 화산폭발을 앞당길 수 있다는 것이다.

▲ 일본 아사히 TV뉴스(북한 풍계리 핵실험)

학자들은 백두산 아래로 4개의 마그마 층이 흐르고 있으며 이 마그마는 함경북도 방향으로 넓게 퍼져 있어 제3차 핵실험과 무관하지 않다는 것이다. 이는 핵실험 장소가 백두산과 연결된 마그마 층에 있으며 1층 마그마(지하 10㎞ 지점), 2층 마그마(지하 20㎞ 지점)는 핵실험 장소와 불과 8㎞ 거리 밖에 안돼 이 마그마 층을 자극했을 가능성이 매우 높다.

중국학자들은 "백두산 인근 지역에 이미 이산화황(화산가스)이 분출하고 있다"며 "2014~2015년에 폭발할 수 있다"고 주장했다.

이와 관련해 국내의 부산대 지구과학교육과 윤성효 교수는 "백두산에 분화 전조현상이 나타났다"며 이에 대해"지난 2002년부터 2005년까지 규모 3.7이상 지진이 월 최대 270회 일어났다"고 밝혔다.

특히 그는 "지난 2004년 여름 나무들이 원인 모르게 고사했는데 이것은 상층부의 마그마 방에서 틈새를 통해 방출된 유독화산가스 때문"이라고 말했다.

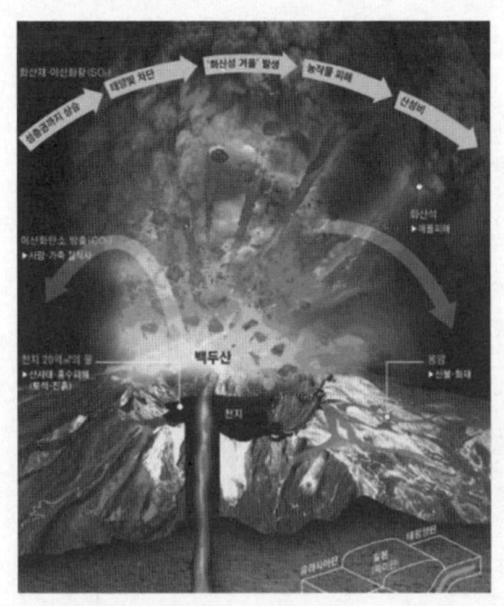

▲ 백두산 화산폭발 시 피해 예상도

전문가들은 "겨울에 백두산이 폭발을 일으키면 화산재가 동남쪽 편서풍을 따라 이동해 8시간 정도면 울릉도, 12시간이면 일본에 도달해 동북아 항공기 운항이 마비된다"고 밝혔다.

또한 백두산의 천지에 있는 물이 한꺼번에 쏟아져 북한의 압록강, 두만강 일대가 대홍수로 철도, 도로, 전기, 수도 등 사회기반 시설이 사라지는 대 참사를 겪게 될 것으로 예측했다.

백두산이 마지막으로 분출한 것은 1925년 이며 통상 100년에 2~3차례 분화했다고 한다. 학자들은 1천 년 전인 10세기에 인류 역사상 최대의 화산폭발이 있었으며 이때 폭발지수(VEI)가 7.4 정도 였을 것으로 추정했다.

전문가들은 "백두산 화산폭발 시 아이슬랜드 '에이야프얄라요클'처럼 항공대란이 일어나고 주변국가의 경제, 산업, 사회에 심각한 영향을 줄 것으로 내다봤다. 또한 화산재 분화량으로 인해 성층권을 뒤덮어 태양 복사열을 차단해 냉해, 기근 등으로 지구적 재앙을 초래할 가능성이 있다"고 주장했다.

지난 아이슬랜드 화산 폭발은 당시 백두산 분출물의 1,000분의 1에 불과해도 지구촌에 먹구름을 드리웠는데 만일 아이슬랜드 화산폭발의 1,000배나 더 강력한 백두산이 21세기에 다시 폭발하면 지구촌은 아마도 대혼란을 야기할 것이다.

제발 북한은 마지막 벼랑 끝 전술로 핵실험을 강행하고 있지만 이로 인해 우리민족의 영산(靈山)인 백두산을 노(怒)하게 만들어 화를 자초하지 말아야 할 것이다.

■ '폭염'은 소리 없는 살인마

폭염은 소리 없는 살인자라고 한다. 전문가들에 따르면 지구온난화의 영향으로 여름에 기온이 지속적으로 치솟아 우리나라 서울에서만 폭염으로 사망자가 2030년에는 300~400명 이상이 될 것으로 전망하고 있다.

폭염은 천식환자에게는 호흡곤란을 일으키고 농부들은 들에서 농사를 짓다가 두통과 마비 증세를 보인다. 특히 건설현장 인부들은 탈수증, 어지러움증, 마비 등을 일으킨다.

폭염은 도시외각보다는 도시 내에서 많이 발생한다. 이유는 간단하다. 도시의 빼곡이 들어차 있는 빌딩 숲에서 냉방기인 에어컨 가동으로 인한 실외기에서 내뿜는 열과 자동차의 배기가스, 아스팔트, 대형건물의 유리로 된 외벽에서 반사되는 열등이 빠져나가지 못해 '열섬현상'을 일으키기 때문이다.

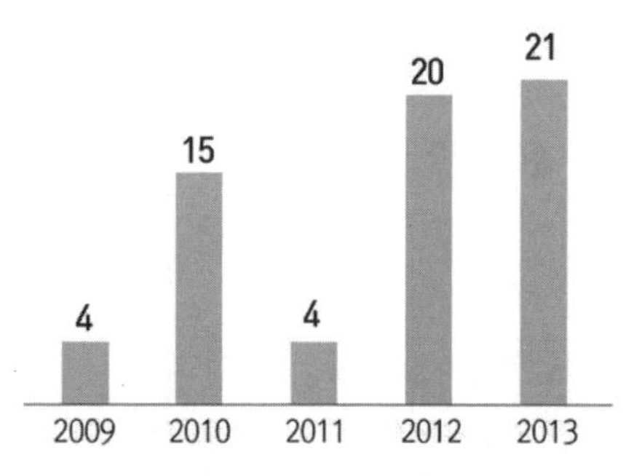

▲ 연도별 서울 열대야 횟수(자료:기상청)

때문에 도시외곽보다 2~3도가 더 높다. 저녁에는 달궈진 시멘트로 된 아파트, 건물, 아스팔트에서 열을 내뿜어 잠 못 이루는 '열대야 현상'을 일으킨다. 열대야는 하루 최저기온이 25도 이상인 경우를 말한다.

2010년 6월 지구촌 평균기온이 1880년 관측 이래 131년 중 가장 더웠던 것으로 나타났다. 때문에 지구촌 곳곳에서 농작물이 타들어가고 인명피해가 속출했다.

미 국립해양대기청(NOAA)은 "2010년 6월 지구촌 육지와 해양표면의 평균온도가 16.2도로 나타나 20세기 이후 나타난 평균 15.5도 보다 0.7도가 더 높았다"고 밝혔다. 지구촌에 섭씨 40도에 가까운 폭염이 불어 닥치자 여름 평균기온이 20도에 불과한 러시아 모스크바는 연일 35도가 넘는 폭염으로 곳곳에서 산불과 가뭄, 인명피해가 발생했다.

CNN은 모스크바에서 이번에 숨 막히는 더위를 피해 물놀이를 즐기다 1,000명 이상이 익사했으며 이들은 대부분 보드카 등 술을 마시고 물놀이를 하다 익사한 것이라고 보도했다. 특히 130년 만의 기록적인 폭염으로 농민들은 내년 농사를 장담할 수 없게 되었다며 허탈해 했다.

▲ 폭염으로 러시아 밀림에 산불이나 타들어가고 있다.

미국 시카고는 버스정류장에 40도 가까운 폭염으로 150여 명이 열사병으로 쓰러졌고 6명은 목숨을 잃었다. 독일은 열차의 냉방장치 고장으로 실내온도가 50도까지 올라가 승객들이 긴급히 대피하는 소동이 일어났다. 프랑스와 스페인에서도 원인을 알 수 없는 산불이 그치지 않고 일어났다.

중국과 인도에서도 사망자가 속출했다. 일본은 이번 폭염으로 사망자가 210명이 넘었다고 밝혔다. 이처럼 사망자가 많은 이유는 여름에 선풍기를 켜 놓아 방이 사우나처럼 뜨거워져 이 열로 대부분 노인들의 사망이 잇따랐기 때문인 것으로 나타났다.

환경정책평가원 보고서에 따르면 1994년부터 2003년까지 폭염으로 인한 일사병, 열사병 등으로 서울 등 4개 대도시에서 2,100여 명이 사망한 것으로 나타났다. 지난 2003년 유럽을 덮친 폭염은 3만 5,000여 명의 생명을 앗아가기도 했다.

국립기상연구소는 1994년 낮 최고기온이 서울의 경우 40도 가까이 올라갔던 사례도 있다고 밝혔다. 전문가들은 폭염피해를 최소화하기 위해서는 '재난관리시스템'을 마련하고 건설현장, 도심지역, 농촌지역 등 다양한 상황에 대한 폭염예보가 필요하다고 말했다.

올해 중국은 연일 40℃가 넘는 사상 최악의 폭염에 시달리고 있다. 중국 기상대에 따르면 "저장성 평화(奉化)는 43.5℃, 충칭시 장진(江津)은 43.1℃ 등으로 43℃를 넘어섰다"며 "쓰촨성(四川省), 허장성(合江省), 사오싱성(紹興省)도 42℃를 웃돌았다"고 밝혔다.

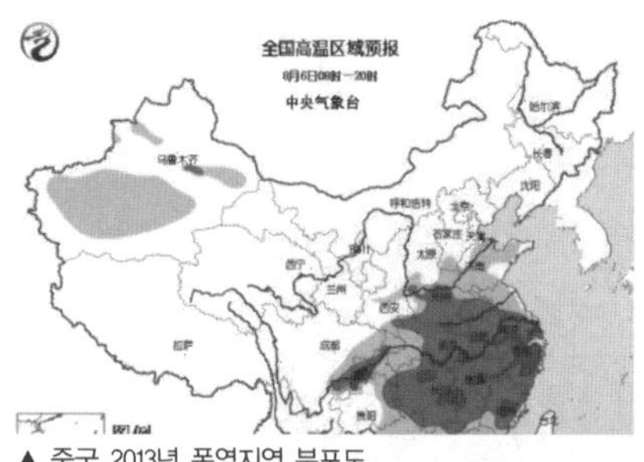

▲ 중국 2013년 폭염지역 분포도

▲ 도로 맨홀뚜껑에 계란 후라이를

신장(新疆) 허텐(和田) 지역은 지난 7월 27일부터 연속 10일 동안 40℃를 넘어 사상 최강 폭염을 기록했다. 기록적인 폭염에 양식장 바닥은 쩍쩍 갈라져 양식 어패류가 산을 이루고 달궈진 모래 열기에 달걀이 구워지고 전복된 트럭에 쏟아진 활어가 아스팔트에 생선구이로 변했다고 현지인들은 전했다.

■ '폭설, 한파'는 지구의 생존본능

'가이아 이론'은 영국 과학자 제임스 러브룩 교수가 지구를 생물, 대기, 대륙, 바다로 이루어진 하나의 살아있는 생명체로 보고 이를 '가이아'라 했다. '가이아'의 명칭은 그리스 신화에 나오는 대지의 여신을 말한다.

2010년 1월 겨울은 폭설과 한파가 한반도를 강타했다. 1월 4일 서울 폭설은 1937년부터 기상관측 이래 가장 많은 25.8㎝ 였다. 기상청은 이 한파에 대해 북극지방에 원인을 알 수 없는 이상고온 현상이 나타나면서 북극의 한기를 가둬놓은 공기의 흐름이 약해져 북극의 한기가 한반도로 내려왔기 때문이라고 밝혔다.

2011년 2월 11일~12일 이틀간 1m가 넘는 폭설로 강원도 강릉시, 동해시, 삼척시 등은 도시 기능이 마비되었다. 지역 주민들은 100년 만의 기록적인 눈 폭탄으로 망연자실했다. 차량이 폭설에 갇히자 도보로 출근을 해야 했고 장거리 출, 퇴근자는 아예 출근을 포기했다.

▲ 강원도가 1m가 넘는 '눈 폭탄'으로 도시 기능이 마비되었다.

영동지역에서는 민간주택 13채가 파손되고 비닐하우스, 축산시설붕괴 사고와 가축 폐사가 잇따르면서 이날까지 접수된 피해액만 80억 원에 달했다. 경남 울진도 평균 85.2㎝가 내린 폭설로 주택 2채가 파손되고 어선 3척이 침몰하는 등 24억 2,000여 만 원 상당의 재산 피해가 발생했다.

눈을 거의 볼 수 없는 부산에도 대설주의보가 내려졌다. 27개 도로가 통제되고 김해공항에는 항공기 80여 편이 결항됐다. 경남에서는 양산과 밀양의 모든 초. 중학교, 김해시 면단위 초·중학교, 창녕, 의령의 일부 초등학교 등 모두 93개 학교가 휴교했다.

울산도 올 초 50㎝의 기록적인 폭설에 이어 이날 40㎝가 넘는 적설량을 보였다.

기상청은 "11~12일에 이어 14일 다시 동해안에 20~30의 '눈 폭탄'이 내린 것은 북고남저형의 기압배치와 태백산맥이라는 지형 효과가 함께 빚어낸 현상이다"며 "이는 두레박처럼 북동기류가 동해의 물을 퍼 올려 분무기처럼 태백산맥을 타고 넘으며 뿌려댄 효과"라고 말했다.

또한 '눈 폭탄'이 강원 영동지방에 이어 영남까지 내린 것은 눈을 만들어 내는 수증기가 남쪽으로 이동했기 때문이라고 기상청은 밝혔다.

▲ 폭설은 지구 스스로 평형을 유지하기 위한 방법

기상학자들은 "최근 한반도, 중국, 유럽을 강타한 폭설과 한파는 지구가 스스로 온도를 낮추기 위해 일으킨 현상"이라고 말했다. 즉 지구온난화를 막기 위한 지구 스스로 평형을 유지하는 것이라 한다. 눈은 온난화를 막는 지구의 평형유지 장치 중 하나로 지표면이 눈에 덮이면 흰색으로 인해 햇빛을 반사하게 된다. 따라서 대지가 흡수하는 태양에너지가 줄어들어 낮에도 지표 근처의 공기가 더워지지 않는다.

북아시아는 바다에서 멀리 떨어져 있어 눈으로 변한 수증기가 많이 유입되지 않기 때문에 온난화가 없다면 이처럼 폭설이 일어나기 힘들다고 한다. 즉 폭설은 지구가 스스로 조절하는 온난화 방지책이라는 것이다.

앞으로 북위 40도 북쪽지역인 백두산 부근이 빙하로 덮이는 빙하기가 된다고 학자들은 말했다. 특히 적도 부근은 지금보다 더 뜨거워지며 여름철에도 극지방이 겨울 기온으로 유지되고 빙하지역은 늘어나 결국 지구의 평균기온은 내려간다고 주장했다.

■ 가뭄의 재앙

가뭄의 재앙으로 인류멸망

전문가들에 따르면 가뭄발생주기는 124년, 38년, 6년 주기로 온다고 한다. 124년 주기는 2050년 중심으로 2012년부터 2015년 사이로 예측하고 있고 38년 주기는 2015년부터 2020년이 중심으로 이 역시 2010부터 2015년 사이로 예측하고 있다.

6년 주기는 2015년이 중심이며 2012부터 2015년 사이로 예측을 한다. 따라서 이 모든 주기가 2010부터 2015년에 겹쳐 일어날 가능성이 있다는 것이다.

큰 가뭄은 한 개만 와도 견디기 힘든 대재앙인데 21세기에는 이 세 개가 모두 겹쳐올 가능성이 있어 그 어느 때 보다도 힘들 것이라고 말하고 있다. 문헌에 보면 중국의 한나라나 당나라, 명나라, 발해가 가뭄으로 멸망했으며 마야 문명, 앙코르와트 문명 역시 대가뭄으로 멸망했다 한다.

우리나라도 17세기엔 전국을 뒤흔드는 대기근이 발생해 100만 명이 사망했다는 기록도 있다. 516만 명이었던 당시 인구의 20%에 달하는 수준이다.

지난 2009년 3월 우리나라는 극심한 봄 가뭄으로 고통을 받았다. 2008년 남부지방을 중심으로 심화돼 중·서부 일원 및 강원 남부지역으로 확대돼 왔다.

강원도 태백지역은 2008년부터 2009년까지 수십 년 만에 찾아온 최악의 가뭄으로 먹는 물조차도 외부에서 조달하는 등 재난을 겪었다. 주민들은 제한 급수로 고통을 받았으며 각종 농작물은 고사 직전이 되었다.

강원도는 비상체제를 가동해 물 관리에 들어갔지만 사실상 응급조치 수준일 뿐이었다. 급변하는 기후변화에 따라 발생하는 가뭄으로 주민들은 고통을 받지만 정작 해결할 뾰쪽한 방법은 없고 단지 하늘이 비를 내려주기를 바랄뿐이었다.

▲ 강원도 태백지역이 가뭄으로 강의 물이 말랐다.

중국은 2009년 1월 사상 최악의 겨울 가뭄으로 농작물 생산에 비상이 걸렸다. 중국 국가가뭄대책 총 지휘부는 허난성과 안후이성 등 밀 주산지 8개성에 대해 1급 가뭄경보를 내렸다. 신화통신은 신 중국 설립 이후 1급 가뭄경보가 발령된 것은 처음이라고 밝혔다.

중국 농업부는 가뭄 피해 면적이 1억ha를 넘어섰다고 밝히고, 378만 명이 식수난을 겪고 있으며 가축 195만두도 가뭄으로 인해 심각한 위기에 처했다고 밝혔다. 특히 중국의 최대 밀 산지인 허난성에는 100여 일째 대부분 지역에 비가 내리지 않았고 허베이와 베이징 산시 안후이 등 대부분 지역도 지난 2008년 11월 이후 강수량이 평년의 20% 정도에 그쳤다고 기상청은 밝혔다.

특히 밀 재배지역이 대부분 심각한 가뭄 피해에 시달리면서 생산량이 크게 줄어들 것으로 우려되고 있다. 중국은 세계 2위의 밀 수출국으로 전 세계 밀의 16%를 생산하고 있다. 세계 2위의 밀 수출국인 중국은 전 세계 밀의 16%를 생산하고 있는데 가뭄으로 70% 이상의 밀이 말라죽고 있다. 이는 중국의 문제뿐만이 아니라 전 세계의 식량에도 큰 파장을 몰고 왔다.

가뭄에 대응하기 위해서는 물그릇을 더 키워야 한다는 목소리가 높다. 게다가 앞으론 물 부족 문제가 더욱 심해질 전망이다.

가뭄은 물을 다스려야 극복

가뭄은 물과 불가분의 관계에 있다. 특정 지역에 비가 내리지 않으면 가뭄이 발생하고 반대로 너무 많은 비가 내리면 홍수로 인한 물난리를 겪는다. 따라서 가뭄은 자연현상으로 인위적으로 조절이 거의 불가능하다. 비상 시를 대비한 수자원의 안정적인 공급 능력이 절대적으로 필요하다.

과거 100년간 우리나라 연 강수량 추이를 보면 1939년에는 754㎜가 내렸지만 2003년도에는 1,792㎜가 내리는 등 최저치와 최고치간 강수량 차는 2.4배 수준이었다. 지난 해만 하더라도 비가 많았던 2007년보다 대폭 감소했다.

우리나라도 물 부족에서 예외는 아니다. 한국수자원공사에 따르면 우리나라의 평균 강수량은 1,245㎜로 세계 평균(880㎜)보다 많고, 2000년 이후 강수량도 평균 1,400㎜를 기록해 평균 강수량으로 보면 물 걱정이 없는 나라다.

▲ 지난 2012년 사방댐이 조성된 붉은오름자연휴양림

그러나 지난 해 경우처럼 강수량 평균치가 무색할 정도로 해마다 들쭉날쭉해 물 관리에 어려움이 많다. 때문에 가뭄에 대응하기 위해서는 물그릇을 더 키워야 한다는 목소리가 높다. 게다가 앞으론 물 부족 문제가 더욱 심해질 전망이다.

우리나라는 계절별 강수량 차이가 큰 것도 물 관리가 어려운 이유 중 하나다. 여름철인 6~9월에 전체 강수량의 70%가 집중적으로 쏟아진다. 다목적 댐 등 '물그릇'에 담아 저장하고 있지만 초과량은 고스란히 사라진다.

국토의 65%가 산악지형으로 하천경사가 급해 유출량은 대부분 바다로 흘러간다. 그 양이 연중 강수량의 31%인 386억㎥에 달한다. 우리나라에서 1년간 이용하는 전체 물의 양 337㎥보다 많은 양이다.

정부는 2016년 약 16억㎥의 물이 부족할 것으로 예상하고 있다. 만약 물그릇을 키워 바다로 흘려보내는 물 336억㎥ 중 10%만 활용한다면 우리나라의 물 부족 걱정은 완전히 사라지게 된다고 밝혔다.

■ 물의 재앙

21세기 '물 부족'에 따른 '분쟁 시대' 맞을 것

지구촌은 경제 사회 발전과 함께 물 수요가 급속하게 증가하고 있다. 21세기 세계는 '물 부족'에 따른 '분쟁 시대'를 맞을 것이라고 한다. 석유 시추와 거래로 떼돈을 번 투자자 분 피킨스는 비즈니스 위크지와 회견에서 "화석 연료 시대는 끝나고 물의 시대가 올 것"이라고 경고했다.

OECD는 "제2의 원유로 떠오르는 물" 이라며 "2008년 6월 세계 물 시장이 4,000억 불을 돌파했다"고 밝혔다.

물이 부족해지면 다양한 상품을 지금처럼 풍족하게 구할 수 없게 될 가능성이 높기 때문에 물건을 생산하는 데 반드시 물이 필요하기 때문이다. 예를 들어 청바지 한 장을 생산하는데 필요한 물의 양은 대략 1만 850 *l* 라 한다. 청바지 한 장을 수입하면 1 *l* 짜리 생수병 1만 850개를 들여오는 것과 마찬가지인 것이다.

영국의 비영리단체 '워터와이즈'는 '숨겨진 물'이라는 보고서에서 이를 '내재된 물(embedded water)'라는 개념으로 설명하고 있다. 이에 따르면 맥주 1잔엔 170 *l* 의 물이 숨어있다. 우유 한 잔엔 200 *l* , 150g짜리 햄버거 하나엔 2,400 *l* 의 물이 있다고 한다. 이는 공산품도 마찬가지다. 마이크로칩 하나엔 32 *l* , 자동차 한 대엔 38만 *l* 의 물이 숨어있다고 밝혔다.

상품명	리터	상품명	리터	상품명	리터
맥주(568ml)	170	커피(125ml)	140	오렌지 쥬스(200ml)	170
우유(200ml)	200	인스턴트 커피(125ml)	80	사과 쥬스(200ml)	190
차(250ml)	35	와인(125ml)	120	오렌지(100g)	50
빵 한 조각(30g)	40	빵과 치즈(30g+10g)	90	감자칩(200g)	185
계란(40g)	135	토마토(70g)	13	햄버거(150g)	2400
감자(100g)	25	사과(100g)	70	소가죽 구두(1켤레)	8000
	10		4100		32

▲ 상품별 물 함유(출처:워터와이즈)

만약 물이 줄어들면 이 같은 상품의 생산이 줄어들거나 가격이 크게 올라갈 수밖에 없다. 이는 기후변화를 줄이기 위해 이산화탄소 처리 비용을 상품 가격에 포함하면 가격이 뛰는 것과 같다. 면화를 많이 생산하는 이집트가 물이 부족한 상황에 처하면 간접적으로 우리나라도 영향을 받게 된다.

"21세기에 물은 20세기에 석유가 차지했던 위상을 갖게 될 것이다" 세계미래회의는 '아웃룩 2008' 보고서에서 이같이 전망했다. 물 부족 때문에 물값이 치솟고, 물 전쟁까지 발발할 가능성이 있다는 것이다. 이는 인구가 늘면서 물 소비가 늘고 있는 가운데 기후변화로 물 부족을 호소하는 지역이 늘고 있기 때문이다.

현재 전 세계 인구는 70억 명을 돌파했다. 금세기 말 지구 기온과 수량 변화 등을 예측한 일본 기상학자들은 "20세기가 '석유쟁탈 분쟁 시대'라면 21세기는 '물 쟁탈 분쟁의 시대'가 될 것이다"라고 경고했다. 이제는 석유보다 물의 중요성이 점점 확대되어 가고 있고 국가간 지역 간 물 분쟁은 피할 수 없는 사실이 되고 있다.

세계 인구 3분의 1이 '물 부족'에 시달려

바닷물이나 빙하 등을 제외하고 사람이 쓸 수 있는 물 전부를 지구상의 모든 사람들에게 공평하게 분배할 경우 1인당 연간 약 8,000여 톤까지 공급할 수 있다 한다.

인디펜던트지에 따르면 "지구온난화와 인구의 급증, 도시화 등으로 세계 인구의 3분의 1이 물 부족에 시달리고 있다"며 "11억 명은 식수마저 제대로 공급받지 못하고 24억 명은 물 부족으로 불결한 환경과 질병의 위협 속에서 살아간다"고 밝혔다.

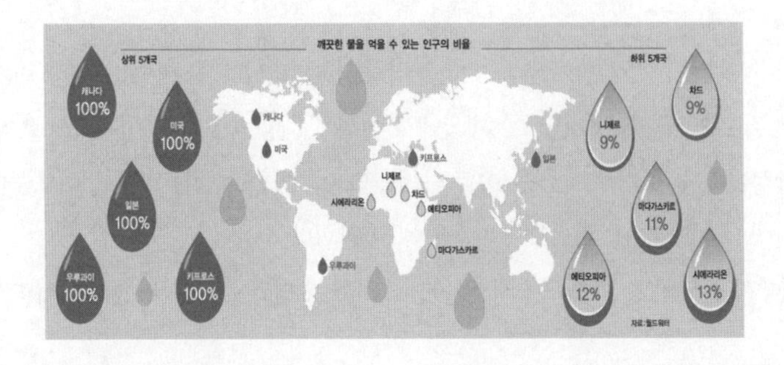

유엔총회는 2010년 깨끗한 식수와 화장실을 사용할 권리를 인간의 기본권으로 선언했다. 이 기준에 따르면 ▲ 사람은 하루에 1인당 물을 50~100리터 확보할 수 있어야 하며 ▲ 이 물은 깨끗하고 안전해야 한다. ▲ 물 사는데 드는 비용이 가구 소득의 3%가 넘으면 안 된다. ▲ 수원은 집에서 1㎞ 이내에 있어야 하며 물을 길러오는데 30분을 초과해서는 안 된다. UN은 물 사용 환경이 이 기준에 못 미치면 질병과 죽음에 노출될 수 밖에 없다고 한다.

하지만 실상은 전 세계 약 8억 4,000여 명은 아직도 흙탕물을 마시거나 분뇨로 오염된 수도관을 통해 물을 마신다고 전문가들은 말한다.

아프리카 사하라 이남 33개 국가는 최저 개발국가로 주민 10%가 강, 호수, 연못 등 정수되지 않은 물을 마시며, 25%는 벽, 지붕이 없는 화장실을 사용하고 있다. 하지만 이곳에서도 빈부 격차에 따라서 상황은 달라진다고 한다.

유엔이 지난 2004~2009년 조사한 물 사용 실태조사 중 아프리카 35개국의 도시지역 소득상위 20% 주민가운데 90% 이상이 깨끗한 화장실을 이용하고 있는 것으로 나타났다. 주택이나 토지로 상수도를 연결해 쓰는 비율은 오히려 세계 평균보다 높은 60%였다.

▲ 여자아이가 힘겹게 물통에 물을 나르고 있다.

WHO(세계보건기구)와 유니세프(유엔아동기금)가 2012년 공동으로 발표한 보고서에 따르면 "아프리카 사하라 이남 25개국에서 여성이 물을 떠오는 책임이 62%로 나타났다. 이어 남성이 23%, 소녀 9%, 소년 6%로 나타났다"며 "이들 여성들이 물을 떠오는데 소비하는 시간이 1,600만 시간 이상으로 추산된다"고 밝혔다.

세계에서 설사병으로 숨지는 사람들 중 88%가 오염된 물과 비위생적인 화장실 때문이며 면역력이 약한 5세 이하의 유아의 경우 에이즈, 말라리아, 홍역 등으로 죽는 영·유아보다 설사병으로 죽는 영·유아가 더 많다고 한다.

세계는 지금 물과 전쟁 중

세계에 2개국 이상에 걸쳐 있는 국제 하천은 50개국 241개국이며 세계 인구의 40%가 인접국의 물에 의존해 살아간다. 때문에 물 부족에 따른 유량 통제를 둘러 싼 국가 간 물 분쟁이 심화되고 있다.

중동과 북 아프리카에선 물이 석유보다 훨씬 귀중한 자원이자 '분쟁요소'가 됐다. 중동 지역은 세계 인구의 5%를 차지하지만 전 세계 수자원의 1%에 의지하고 있다.

대표적인 분쟁지역으로 꼽히는 이스라엘과 팔레스타인 문제도 실제로 물 문제와 깊이 얽혀 있다고 한다. 지난 1967년 제3차 중동 전쟁도 수자원을 둘러싼 이스라엘과 아랍권의 갈등이 주요한 원인이다.

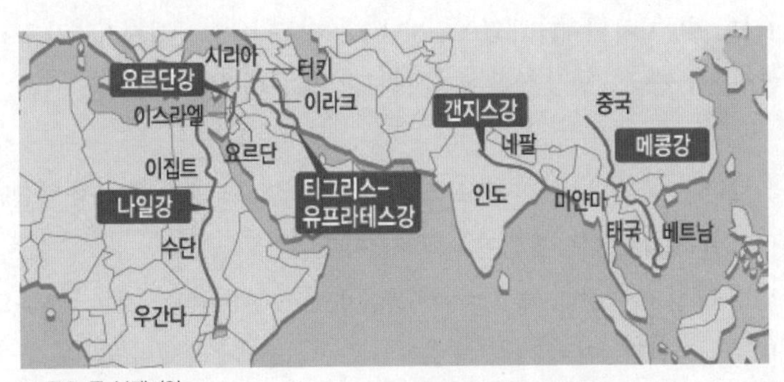

▲ 주요 물 분쟁지역

당시 이스라엘은 팔레스타인 서안 지구를 점령해 요르단 강 수자원을 독점하고 있었다. 현재 서안의 유대인 정착촌에는 물이 풍부하게 공급 되지만 팔레스타인 지역은 이스라엘의 제한 급수로 극심한 어려움을 겪고 있다.

터키는 유프라테스강에 수십 개의 댐과 발전소를 세우는 계획을 추진해 왔다. 시리아는 이를 비난하며 1998년 전쟁 직전까지 갔다. 또한 아시아의 최대 강국으로 떠오르는 중국과 인도도 국경지대의 브라마푸트라강 문제로 갈등을 빚고 있다.

'물 불평등'도 심각하다. 1인당 하루 최소 50ℓ의 물이 필요하지만 아프리카 잠비아에선 4.5ℓ, 말리에선 8ℓ, 소말리아 8.9ℓ에 불과하며 미국은 500ℓ, 영국은 200ℓ로 풍요국가다.

2009년 3월 20일 UNEP(유엔환경계획)는 "수십 억 지구인의 물 수요를 충족시키려면 국제사회가 매년 150억 달러의 자금을 물 시장에 투자해야 한다"고 밝혔다. UNEP는 이날 세계물의 날(매년 3월 22일)을 앞두고 발표한 보고서를 통해 "국제사회가 매년 상하수도 시설개선에 150억 달러를 투자하면 10억 명에 달하는 지구촌 물 부족 인구를 오는 2015년 안에 절반으로 줄일 수 있다"고 강조했다.

또 세계 물시장의 가치를 2천5백억 달러 규모로 평가하면서 오는 2020년 안에 물시장이 6천 600억 달러 규모로 성장할 것으로 예상했다. 특히 반기문 사무총장은 "물은 가장 귀중한 천연자원이다"며 "기후변화로 인해 수자원이 점점 부족해지고 있다"고 밝히고 물 부족 문제해결을 위한 국제사회의 협력을 촉구했다.

우리나라 '물 분쟁'

우리나라도 지방자치 단체가 대립으로 지난 1999년부터 2008년까지 10년간 52건의 '물 분쟁'이 발생했다. 경남의 '남강 댐'은 부산시 와 경남도가 대립하고 있다.

서부경남지역은 낙동강 물을 식수로 쓰던 부산이 오염된 낙동강 물 대신 남강댐 물을 식수원으로 쓰려고 하는 바람에 일어난 물 분쟁이다.

지난 2009년 3월 18일 경남도는 "남강댐 물을 부산시에 공급하는 것을 원칙적으로 찬성 한다"며 "단, 댐 안전성이 확인되고 수량이 확보된다는 전제"라고 밝혔다.

용담댐은 전라북도와 충청남도, 대전시가 첨예하게 대립하고 있는 실정이다. 우리나라는 인구 밀도가 상대적으로 높기 때문에 '물 부족'국가지만 매년 충분한 강수량이 내리고 있다.

하지만 이를 30% 미만 밖에 활용하지 못하고 있다. 우리는 산악지역이 많기 때문에 사방댐인 저수지를 많이 막아 활용하면 '물 부족' 문제 및 갈수기 가뭄에도 많은 도움이 될 것이다.

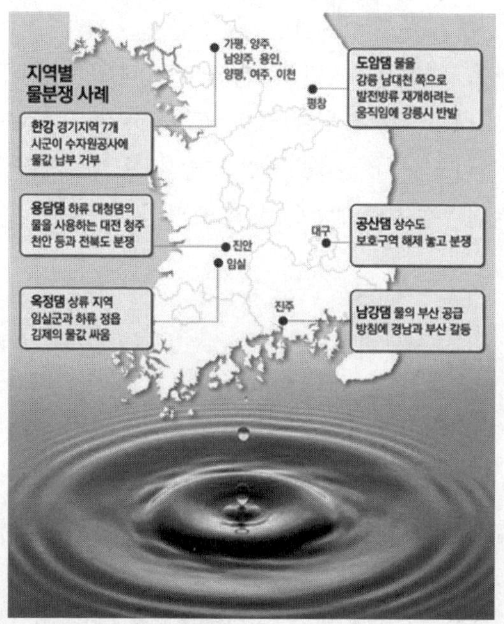

▲ 우리나라 지역별 물 분쟁현황

■ 태풍과 홍수의 재앙

매년 반복되는 '태풍, 홍수' 재난시스템 구축해야

21세기 들어 기후변화에 따라 우리나라에는 여름태풍에서 가을태풍으로 변화를 보이고 있다. 중앙재해 대책본부에 따르면 1950년 후반부터 한반도를 강타한 초대형 태풍은 총 9개라고 밝혔다.

이중 경제적인 피해가 가장 큰 태풍은 지난 2002년 8월 31일 전남 고흥반도에 상륙한 '태풍 루사'로 사망이 246명, 피해가 5조 1,500억 원에 달했다.

2000년 들어 우리나의 경우 2002년에 태풍 '루사' 2003년에 태풍 '매미'라고 하는 초대형 태풍으로 자연재해 앞에 수많은 재산피해와 인명피해가 발생했다. 특히 그동안 태풍은 7~8월 여름에 집중적으로 발생해 왔으나 몇 해 전 부터는 가을 태풍 재난 앞에 속수무책으로 당하고 있다.

2003년 여름 초강력 '태풍 매미'로 인명피해 130여 명, 재산피해 4조 7,000억 원 이었으며, 1999년 '태풍 올가'는 1조 855억 원의 재산피해를 낸 것으로 나타났다. 인명피해가 가장 큰 태풍은 지난 1959년 추석 전날 새벽 한반도를 강타한 '태풍 사라'였다. 태풍 사라는 우리나라 최대 명절인 추석 전날 새벽에 강타해 849명이 사망 또는 실종되는 아픔을 남겼다.

▲ 부산지역의 사라호 태풍 피해 현장. 최악의 태풍 '사라'가 지나간 자리는 완전히 폐허로 변했다.(자료사진)

2010년 제7호 태풍 '곤파스'가 8월 29일에 일본 남쪽부근에서 발생한 이후 서해안을 따라 올라와 9월2일 아침 수도권에 상륙했다. 이 태풍으로 인한 강풍에 곳곳에서 가로수가 뽑히고 전신주가 넘어져 도로를 막아 출근길 교통대란을 일으키고 전철이 멈춰서 출근길 시민들에게 엄청난 혼란을 초래했다. 또한 전국적으로 무려 156만여 가구에 정전 사태가 벌어지는 피해가 발생하고 인명피해와 함께 수많은 농가가 경제적 손실을 입었다.

2010년 9월 21일 서울을 비롯한 수도권과 강원도 일부에 시간당 100mm가 넘는 '물 폭탄'으로 서울 심장부 광화문을 비롯한 저지대에 침수가 발생해 엄청난 피해와 함께 이재민이 발생했다. 주요도로가 잠기고 지하철의 전기가 끊겨 지하철 일부가 멈춰 섰다. 추석 전날이라 많은 시민들이 고향을 찾은 시간이라 피해가 더 컸으며 특히 서민들의 삶의 터전인 지하상가와 지하 주택의 피해가 컸다.

이날 지역별로 하루 최고 293mm(강남, 강서구 일대)라는 기습 폭우로 수도권 일대가 물난리를 겪었다, 서울 한 복판 광화문 일대를 비롯해 강서구 저지대가 물바다가 되었다. 이번 기습폭우는 9월 하순 강우량으로는 1908년 서울에서 기상관측이 시작된 이래 102년 만의 일이다.

특히 이처럼 좁은 지역에 집중적으로 퍼붓는 기습폭우는 '국지성 집중호우'의 전형으로 21일 쏟아진 강우량은 서울 강서, 강남구에 293mm라는 폭우가 집중적으로 쏟아졌으며 하루 총 강우량의 85% 정도가 오후 1시부터 5시까지 약 4시간 동안 집중적으로 쏟아져 피해가 더 컸으며 이 일대가 물바다로 변해버렸다.

중앙재난안전대책본부에 따르면 "수도권의 피해가 서울시에 9,319가구, 인천시 3,024가구, 경기도 3,095가구 등 총 1만 5,477가구가 물에 잠기고 1만 2,000명의 이재민이 발생했다"고 밝혔다.

하지만 무엇보다 재해가 생길 때마다 '기상이변으로 인한 불가항력'이라는 말만 되풀이하는 기상청의 무책임에 국민들은 분노했다.

특히 갈수록 예측 불가능한 기후변화 환경에 맞는 새로운 시스템을 구축하는 게 급하다. 또한 정부는 매년 되풀이되는 이 빗물을 활용할 발상의 전환이 필요하다. 재난의 위기를 기회로 활용하는 빗물 저장방법을 국가적으로 검토할 때다.

세계의 재난(災難) '태풍, 홍수' 피해

우리나라 뿐만 아니라 지구촌 곳곳에서 매년 갈수록 '태풍과 홍수'로 엄청난 피해를 야기하고 있다. 2010년 10월 초에는 두 개의 초강력 사이클론이 동시에 피지와 솔로몬 제도 등 남태평양 지역을 강타해 수많은 가옥이 쓰러지고 마을들이 물에 잠기는 피해가 발생했다.

피지를 강타한 4급 사이클론 '토머스'는 한때 최고 시속 270km의 바람을 동반해 나무와 집들을 쓰러지고 8m 높이의 파도가 해안가를 덮쳤다. 피지는 국가 재난사태가 선포됐고 주민 수천 명이 안전지대로 대피했다.

또 솔로몬 제도에도 5급 사이클론 '울루이'가 최고 시속 260km의 바람을 동반해 남부 지역에 큰 피해를 내기도 했다.

최근 호주 빅토리아주에 계속된 폭우로 뉴사우스 웨일스주까지 침수 피해를 입었고, 이 곳에 있던 수백 마리의 양들도 꼼짝없이 고립됐다. 폭우가 계속된 호주에서 양떼 구출 작전이 벌어졌으며 양떼를 구하기 위해 헬기까지 동원됐다.

미국은 올해 초 날씨가 풀리면서 지난 겨울에 내린 눈이 녹아 강물이 빠르게 불어나고 있어 도시 전체에 비상이 걸렸다. 미 국립해양대기국은 이번 겨울, 평년보다 최대 4배나 많은 눈이 내려 중서부지역에 사상 초유의 홍수가 발생할 가능성이 높다고 예보했다.

프랑스, 스페인, 포르투갈 등 서유럽을 강타한 강력한 폭풍우 '신시아' 때문에 프랑스 47명 등 53명이 숨진 것으로 집계됐습니다. 이번 폭풍우는 국지성 집중호우와 함께 시속 150㎞가 넘는 강풍이 몰아쳐 피해가 더 컸다.

2010년 10월 초 관광지로 유명한 중국 하이난다오에 49년 만에 기록적 폭우가 내리면서 133만 명이 피해를 입었다. 9월 30일 밤부터 내리기 시작한 폭우가 일주일째 계속되면서 하이난다오의 곳곳이 물에 잠겼다. 강우량은 평균 494.3㎜로 10월 기록으로는 1961년 이래 가장 많았으며, 비가 가장 많이 내린 충하이에는 1,230㎜가 퍼부었다.

이 때문에 도시와 농경지가 물에 잠기고 도로가 곳곳에서 끊어지면서 강변과 저지대 주민 13만 2,000여 명이 대피했으며 완닝 317곳을 포함해 700여 개 마을이 물에 잠기고 도로 80여 곳이 유실되거나 훼손됐다.

2010년 9월에는 세계에서 가장 아름다운 건축물로 꼽히는 타지마할 주변이 누런 황톳물에 잠겼다. 유네스코 세계문화유산으로 지정된 인도의 타지마할이 홍수로 강물이 넘치면서 담장과 가로수들도 허리까지 물이 차올라 위험에 처하기도 했다.

지난 해 인도 북서부는 37년 만에 강수량이 가장 적었지만 올해 우기에는 폭우가 계속돼 타지마할 근처를 흐르는 자무나 강이 범람하면서 주변 15개 마을도 홍수 피해를 입었다.

2013년 10월 26일 중국 신화통신 인터넷판은 "지난 7월 말부터 시작된 홍수로 인해 중국 동북부와 러시아 극동지역의 국경을 이루는 헤이룽(黑龍江)에 100년 만의 대홍수가 발생해 제방붕괴, 유실에 따른 대규모 피해가 발생할 우려가 되고 있다"고 보도했다.

▲ 중국 헤이룽장성의 대홍수로 일부 제방이 붕괴됐다.

앞서 8월 29일 헤이룽장성(黑龍江省) 페트로차이나 다칭(大慶)유전의 1,200개가 넘는 유정들이 헤이룽장성을 휩쓴 대홍수로 폐쇄됐다고 다칭유전측이 밝혔다.

다칭유전은 "유전 가운데 일부는 완전히 물에 잠겨 폐쇄됐으며 나머지는 물에 잠길 것을 우려해 예방차원에서 폐쇄했다"고 말했다. 헤이룽장성은 1984년 이후 가장 심각한 수해로 이미 500만 명이 넘는 이재민이 발생하고 직접적인 경제피해액이 150억 위안(2조 7,000억 원)을 넘어선 것으로 추정되고 있다.

대자연의 분노 '홍수 재앙' 태국 덮쳐

2011년 7월 25일부터 10월 말까지 50년 만의 기록적인 폭우에 따른 대홍수로 태국의 수도 방콕이 도심 전체 침수라는 최악의 상황을 맞았다.

3개월 동안 내린 폭우는 '대홍수'를 낳았다. 이로 인해 태국의 7,000만 인구 중 800만 명이 넘는 주민들이 홍수 피해를 입었으며 공장 밀집지역의 침수로 인해 60만 여 명이 넘는 노동자들이 실직되는 사태가 발생 했다. 침수된 면적만도 한반도의 1.5배에 달한다.

태국 정부는 홍수가 시작된 7월 말부터 8월 말까지 총 377명이 숨졌으며 220만 여 채의 주택이 침수 피해를 입었다고 밝혔다.

태국 정부는 10월 28일 "이번 주말 방콕을 가로지르는 차오프라야 강이 범람위기에 직면할 수 있다"고 경고했다. 이에 수 만 명의 방콕 시민들이 탈출에 나섰다. 이날 방콕을 가로지르는 차오프라야 강의 수위는 2.47m를 넘어 2.5m의 홍수 방지벽을 위협했다. 하지만 다행히 최악의 상황은 일어나지 않았다.

칭나왓 총리는 "태국만으로 물이 빠지게 하기 위해 방콕 동부 일부 도로에 수로를 파는 것을 고려하고 있다"고 말했다. 이어 "우리가 지금 하고 있는 것은 자연의 힘에 저항하는 것이다"며 "상류지역에서 방콕으로 유입되는 물을 통제할 수 없을 것 같다"고 밝혔다. 하지만 다행히 이 계획은 실행되지 않았다.

태국 정부는 방콕의 상징인 왕궁 등 주요시설을 보호하기 위해 군 병력 5만여 명을 투입하고 홍수피해를 줄이기 위해 모래주머니를 쌓아두었다.

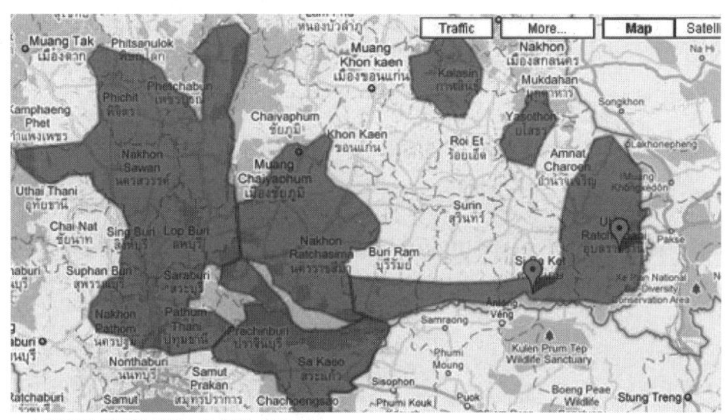

▲ 보라색이 태국의 대홍수로 인한 침수지역

▲ 홍수로 인해 도로가 침수된 아유타야

▲ 양통의 침수 피해를 입은 사원 Luang-Pu-Thuad

전문가들은 이번 최악의 대홍수 원인은 "기록적인 강수량과 벼농사를 위해 댐에 물을 채워둔 것이다"고 말했다. 태국은 통상 7월~10월까지가 우기(雨期)인데 평년 대비 2배 가까운 비가 집중적으로 내렸다. 때문에 수량통제에 실패했다.

또한 태풍 역시 대홍수의 원인 중 하나라고 한다. 태풍의 직, 간접 영향으로 인해 집중호우 현상이 이 지역 우기와 맞물려 최악의 대홍수가 났다고 밝혔다.

이에 따라 잉낙 친나왓 태국 총리는 "복구와 치수사업에 32조 원을 투입해 홍수 재발을 막겠다"고 밝혔다. 이는 한국의 4대강 사업비의 1.5배나 되는 돈을 치수사업에 쓰겠다고 하는 것이다. 미리 대비하는 치수사업이야말로 다음의 재앙을 막는 길임을 터득한 것이다.

이번 홍수는 태국뿐만 아니라 이웃 캄보디아, 라오스, 베트남에도 영향을 미쳐 총 350여 명이 사망한 것으로 집계됐다. 세계 최대 쌀 수출국인 태국을 비롯한 동남아시아의 홍수 대재앙에 따라 국제 쌀값도 보름동안 10% 상승했다.

미 중부 덮친 홍수 미시시피 강 범람 '악마의 선택'

지난 2011년 5월 12일 미국 중부일대에 내린 기록적인 폭우로 미 당국은 대규모 인명피해와 경제의 치명타를 줄이기 위해 고육지책으로 소도시와 농경지를 희생양으로 삼는 '악마의 선택'을 했다고 미 언론들은 전했다.

USA 투데이는 "미시시피 강 범람으로 인한 경제적 손실이 40억 달러(약 4조 3,400억 원)에 이를 것"이라고 전망했다.

▲ '모자간 여수로 수문개방

▲ 미 육군 공병단의 제방 폭파

루지애나주(州) 정부는 "미시시피강 수위가 급격히 불어나자 14일 주도 배턴루즈와 최대도시 뉴올리언스의 수몰을 막기 위해 소도시와 농경지를 침수시키기로 결정했다"고 밝혔다.

미 육군 공병대는 이날 배턴루즈 북쪽 70㎞에 위치한 미시시피강 '모자간 방수로'수문 125개 가운데 1개를 열었으며 이는 1973년 이후 38년 만이라고 전했다.

배턴루즈와 뉴올리언스에는 200만 명 이상이 거주하고 있으며 미 정유시설 12%가 밀집해 있는 지역이다. 이번 조치는 범람하는 미시시피강 물길을 서쪽으로 돌려 하류 동부에 위치한 배턴루즈와 뉴올리어스르 구하기 위한 고육지책이었다.

▲ 대홍수로 인해 침수된 주택들 모습

미 기상당국과 재난 전문가들은 "이번 홍수는 100년 만의 대홍수라며 이로 인해 미시시피강 상류인 일리노이주 카이로부터 하류의 멕시코만에 이르기 까지 약 1,022㎞에 있는 63개 카운티 400만 명의 주민들에게 피해를 직, 간접 입힐 것으로 전망"했다.

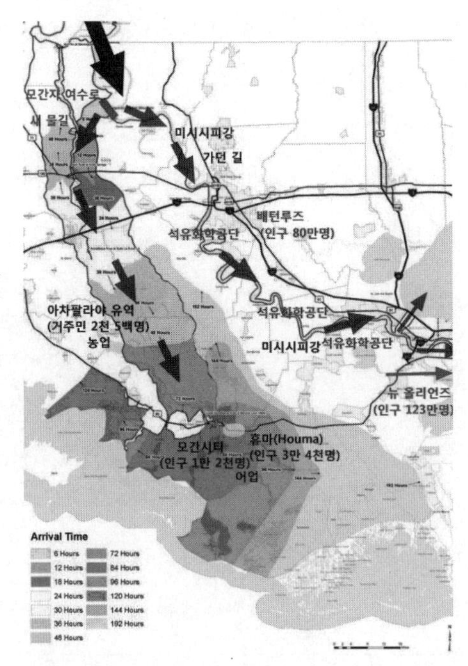

▲ Morganza Floodway Travel Times

뉴올리언스는 지난 2005년에도 헤리케인 카트리나로 인해 도시의 80%가 물에 잠기는 대 참사를 겪은 바 있다. 미시시피강 하류인 델타지역에는 지난 1927년 대홍수로 이재민 60만 명과 엄청난 재산피해를 겪은 바 있다.

우리 인류는 대자연 앞에 나약한 존재일 뿐이다. 우리는 지구의 자연과 함께 공존하는 법을 배우고 찾아야 할 것이다. 우리의 탐욕으로 파괴되는 자연은 부메랑이 되어 다시 우리 인류에게 돌아옴을 명심해야 한다.

사상 4번째 최악의 초강력 슈퍼 태풍 '하이옌(haiyan)' 필리핀 중부 강타

지난 2013년 11월 8일 초강력 슈퍼태풍 '하이옌'이 필리핀 중부를 강타하면서 최소 1만여 명의 사망자가 발생하고 실종자도 2,500여 명이 넘는 것으로 전해졌다. '하이옌'은 중국말로 '바다제비'란 의미이다.

지난 8일 필리핀 중남부 지역 동부 해안에 상륙한 초강력 슈퍼 태풍 '하이옌'으로 필리핀 루손섬 남동부 알바이와 소로소곤 주 및 중부 지역 레이테 주 등 필리핀 내 36개 주에 심각한 피해가 발생했다. 현재 추정되는 사망자만 1만여 명에 달하며 36개 주, 950만 명이 직간접적으로 피해를 입었다. 이재민은 61만 명에 달하는 것으로 추측됐다.

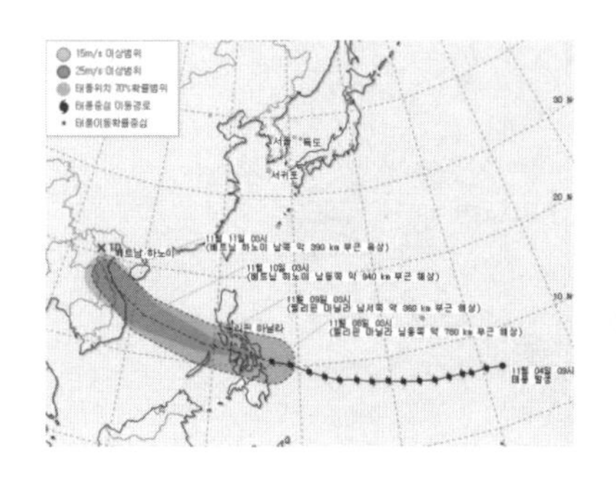

현지 언론에 따르면 이번 '하이옌'은 최대 순간 풍속은 시속 275㎞이고 시간당 최대 30mm의 폭우가 쏟아지면서 침수와 홍수피해는 물론 상당한 건물이 무너지고 지붕이 날아가는 피해를 입은 것으로 나타났다.

11월 14일 현재 '하이옌'이 휩쓸고 간 태풍으로 인해 약 950만여 명이 피해를 입은 것으로 나타났다. 유니세프에 따르면 "이 중 400만여 명이 어린아이이다"고 밝혔다.

피해지역은 교통이 마비되고 정전이 계속돼 정확한 피해조차 파악이 안 되고 있는 실정이다. 특히 이 지역은 치안이 마비돼 일부 주민들이 정부 식량창고를 습격해 약탈하고 있으며 각국의 구호물품까지 탈취하는 등 심각한 재앙이 발생하고 있다.

현지 언론들은 길 옆에 미처 치우지 못한 시체가 널려있고 태풍이 휩쓸고 간 곳에는 도로가 마비돼 차량운행이 안 되며 식수가 없어 주민들이 고통을 받고 있다고 전했다.

월드비전 긴급 구호팀은 "이 태풍은 그 피해 규모를 정말 파악하기 어려울 정도로 심각하다"며 "현재 가장 큰 문제는 잿더미가 된 도로를 치우고 전기를 복구하는 것과 여기저기 흩어진 채 고통을 당하고 있는 사람들에게 식수를 제공하는 일이다"고 말했다.

필리핀에는 한해 약 25개의 태풍이 지나가지만 이번처럼 거센 태풍은 처음 있는 일이라고 현지인들을 말했다. 심지어 도로 표지판 등을 붙들고 서 있지 않으면 거센 바람에 날려갈 정도였다고 한다.

이번 초강력 슈퍼태풍의 피해지역은 필리핀 레이터 주(州)를 비롯해 동 사마르(samar), 파나이 섬, 세부, 보홀(Bohol)지역이 직격탄을 맞았다.

필리핀의 태풍 피해로 세계 각국에서도 발 빠른 구호 지원에 적극 나서고 있다. 미국은 90여 명으로 구성된 제2해병 원정여단 선발대와 보건. 생수. 위생지원을 위해 10만 달러를 지원할 예정이다.

유럽연합도 필리핀에 긴급 구호팀을 파견하고 구호 기금으로 300만 유로(약 42억 8천만 원)를 지원하기로 결정했다.

우리나라 정부도 이미 500만 달러(약 53억 원)를 필리핀에 지원했으며 국내 최대 기업인 삼성도 100만 달러를 지원했다.

한편 이자스민 새누리당 의원은 14일 '필리핀 공화국 태풍 피해 희생자 추모 및 복구 지원 촉구 결의안'을 국회에 제출했다. 이자스민 의원은 결의문에서 "태풍으로 막대한 피해를 본 필리핀에 긴급구호와 피해복구 지원을 신속하게 추진할 것을 촉구한다"며 이 같이 제안했다.

이자스민 의원이 내놓은 결의안의 내용에는 ▲ 필리핀 공화국 국민들 위로 ▲ 정부가 긴급구호 및 피해 복구 지원을 추진할 것 ▲ 정부가 국제적 위상에 부합하는 인도적 지원과 긴급구호 활동을 전개할 수 있도록 예산 증대 및 제도 개선 위한 국회에서 노력 등 3가지 내용을 담았다.

이자스민 의원의 이 같은 결의안 촉구에 대해 온라인 여론은 찬반양론으로 팽팽히 맞서고 있는 상황이다. 일부 네티즌들은 '인도적 조치'라고 공감하는 반면, 또다른 네티즌들은 '필리핀 의원인가'라며 부정적인 견해를 보였다.

이자스민 의원은 필리핀 마닐라 출신으로 19대 총선에서 비례대표 국회의원에 당선된 1호 다문화 의원이다. 이 의원은 1995년 한국인 남성과 결혼해 1998년 대한민국 국적을 취득하면서 필리핀 국적을 포기했다.

필리핀은 '국가비상사태'를 선포하고 태풍 피해를 입은 레이테 섬에서 현재까지 집계된 사망·실종자만 1만 2,500명, 이재민은 전체 인구의 10%인 970만 명에 달하는 것으로 나타났다. 또한 섬 안 건물의 70%가 무너졌고, 재산피해는 140억 달러(약 15조 원)로 추산되고 있다.

필리핀 아키노 대통령은 11일 오후(현지시간) TV 중계를 통해 "국가재난 비상사태를 선포하고 피해지역 주민들의 구호 활동에 박차를 가하겠다"고 밝혔다. 필리핀 정부는 이번 태풍 참사와 관련해 외부의 추측과 달리 1,774명이 사망하고 최소한 82명이 실종된 것으로 공식 집계했다고 발표했다.

■ 북극의 위기

북극의 빙하가 붕괴되기 시작했다

2007년 여름 북극의 최고 기온이 22도까지 올라갔으며 평균 5도 안팎이던 북극 여름 평균 기온이 10~15도 가량 되어 65만 년이래 가장 높은 온도를 기록했다고 학자들은 말했다. 북극 내 많은 지역에서 2m 정도이던 빙하두께도 반 정도로 얇아졌으며 빙하 유실속도는 1~2 노트에서 6노트 정도로 빨라졌다고 한다.

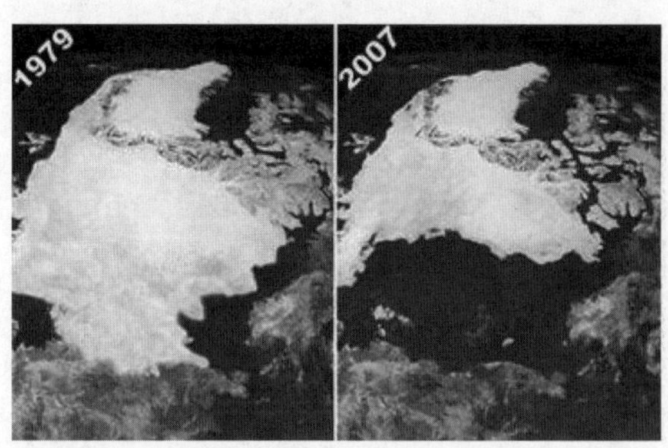

▲ 북극의 빙하의 온난화로 사라진 모습

북극의 빙하는 10년을 주기로 9%씩 녹아 사라지며 이 같은 추세가 지속될 시 21세기 말에는 북알래스카나 러시아지역 북극곰은 거의 사라질 전망이며 캐나다 섬 북부지역과 그린란드 서쪽 해안에 서식하고 있는 북극곰만 살아남을 가능성이 있다고 전문가들은 전망했다.

북극은 더운 날 아이스크림처럼 지구 꼭대기에 해당하는 북극지방부터 먼저 녹아내릴 것이라고 한다. 북극권을 둘러싼 미국, 캐나다, 덴마크, 핀란드, 아이슬란드, 노르웨이, 러시아, 스웨덴 등 8개국 과학자 250여 명이 참가해 만든 보고서 '북극기후영향평가(ACIA)' 보고서를 만들었다.

이에 따르면 "북극은 급격하고 심각한 기후변화를 겪고 있다"며 "온실가스가 집중되는 북극지대의 온난화 현상이 여타 지역에 비해 2배나 빨리 진행돼 오는 2100년 쯤에는 북극지대의 여름철에는 얼음이 거의 사라질 전망"이라고 밝혔다.

특히 알래스카와 캐나다 서부, 러시아 동부는 이미 지난 반세기 동안 3~4도 정도 상승했으며 향후 100년 이내에 4~7도 가량 더 올라갈 것으로 예측됐다.

이어 북극의 빙하의 얼음이 대폭 감소하고 영구동토층이 해빙되면 북극곰과 바다표범이 멸종할 것이며 이를 주식으로 하는 인간 등 생태계 전반이 위협받을 것이라고 진단했다.

▲ 북극해빙으로 바닷길이 열리고 있다.

한편 이처럼 북극 빙하가 빠르게 녹아내리면서 2020년에는 북대서양에서 배를 타고 북극을 거쳐 태평양으로 건너가는 북서항로 바닷길이 열릴 전망이라고 전문가들은 말한다.

북서항로는 북대서양에서 캐나다 북극해 제도를 빠져 나와 태평양으로 향하는 항로로 이 항로를 이용하면 현재 수에즈 운하 이용시 2만 1,000천km, 파나마 운하 이용시 2만 3,000km인 런던 · 도쿄 항해거리를 1만 6,000km로 크게 단축할 수 있다고 하니 좋아야 할지 울어야 할지 모르겠다.

지금 북극이 겪고 있는 이 같은 현상이 향후 지구촌 전체의 문제가 될 것이라는 게 보고서의 결론이다.

북극곰을 보호해라

전 세계 북극곰은 2만에서 2만 5,000마리로 추산되고 있으나 지구온난화가 현재 속도로 진행 되면 2050년 까지 북극곰 1만 6,000마리가 사라질 것으로 예상되며 2100년경에는 거의 멸종할 것으로 전문가들은 추산하고 있다.

북극곰은 얼음 위에서 물개 등 먹이를 사냥하며 해빙은 얼음 위에 서식하는 북극곰의 생존과 직결되는 문제이다. 따라서 해빙과 더불어 향후 북극권이 관광, 교통의 요지로 대두되고 본격적인 자원개발은 북극곰의 생존 전망을 어둡게 하고 있다. 게다가 북극곰은 얼음이 녹기 시작하면 먹이를 찾아 육지로 올라오게 되는데 주택가 부근으로 내려오는 북극곰이 많아지자 모피를 노린 밀렵도 성행하고 있다고 한다.

캐나다에서는 빙하가 녹아들어 북극곰들이 먹이인 바다표범을 잡지 못해 죽어가고 있으며 알래스카 고래잡이들은 해마다 포경선을 유빙으로 착각해 오르려고 안간힘을 쓰는 바다표범들의 모습을 자주 목격한다고 한다.

북극해의 석유 및 천연가스층은 북극해 오염이라는 환경재앙 가능성을 낳을 수도 있다. 전 세계의 4분의 1의 석유와 천연가스가 이곳에 매장돼 있어 해마다 북극해를 이용한 석유수송이 늘고 있다. 그만큼 사고에 의한 환경오염 우려 가능성이 있는 것이다.

▲ 이 북극곰은 무슨 생각을 하고 있을까?

▲ 먹이를 찾아 헤매고 있는 북극곰 가족

이러한 상황의 심각성을 인식하여 미국 행정부는 북극곰을 멸종위기 동물로 등록하는 방안을 추진했다. 미국은 온실가스가 지구온난화에 미치는 영향을 부인하여 왔고 지구온난화가 생물 멸종위기와 관련되어 있다는 사실도 인정하지 않았음을 고려할 때 미국 행정부의 북극곰 보호 제안은 이례적인 것으로 받아들여졌다.

과거 구소련 당시 무분별한 사냥으로 북극곰이 멸종위기에 처하자 1956년 츄코트카 지역 등 시베리아 원주민에 허용된 쿼터를 제외하고 북극곰 사냥을 금지하여 왔으나, 곰 피해로 인한 민원이 증가하자 사냥 규제 해제를 심각히 검토하고 있다.

21세기 기후변화는 북극곰 뿐 아니라 츄코트카 지역 원주민에게도 삶의 터전을 위협하고 있다. 이는 빙하를 이동할 때 요긴한 교통수단 이었던 개썰매는 무용지물이 되었고 바다표범 사냥, 얼음낚시도 현저하게 줄어들었기 때문이다.

이를 위해 미국과 러시아는 2007년부터 공동으로 베링해에 거주하고 있는 원주민들의 북극곰 사냥 쿼터를 책정하고, 북극곰의 생태 공동연구 등 개체보전을 위해 노력해 오고 있다.

미래자원의 보고(寶庫) '북극'과 생태 위기

북극은 남극과 함께 지하자원, 어장 등 천연자원의 보고로서 북극해저에는 세계 석유 가스 매장량의 4분의 1인 100억 톤이 묻혀 있을 것으로 추정되고 있다.

지구온난화로 북극 빙하가 해빙(解氷)되자 각국은 천연자원의 마지막 보고(寶庫)를 놓고 치열한 경쟁을 하고 있다.

▲ 북극 일룰리사트 빙하가 해빙되고 있다.

월스트리트저널(WST)은 올 8월 20일(현지시간) "중국이 지난 8일 북극해를 통해 유럽으로 운행하는 배를 띄웠다"고 전했다. 이어 뉴욕타임즈(NYT)는 "미국, 러시아, 유럽 등 북극해 인접국가 뿐만 아니라 중국이 북극 자원과 항로에 관심을 보이며 본격적인 세계 각 나라의 경쟁이 되고 있다"고 보도했다. 이미 러시아 국영기업 가스프롬은 북극해 바렌츠해에 2조 9,000억 큐빅미터가 매장(우리나라에서 83년 동안 사용할 수 있는 양)되어 있는 Shtokman 가스 유전개발을 추진하고 있다.

해저 300m에 매장되어 있는 가스를 발굴하는 300억 불 상당의 이 프로젝트도 지구온난화로 북극 빙하가 녹지 않았으면 시도 자체가 불가능한 사업이었다. 가스프롬은 이 부근 가스 발굴 사업에 위협이 되는 100km 길이의 유빙에 대해 폭격기를 동원하여 폭파하는 방안도 고려하고 있는 실정이다.

1903년부터 1906년까지 아문센이 북서항로를 탐험한 이후 100년 동안 이 항로를 항해하는데 성공한 선박은 110척에 불과했다고 한다. 빙하가 선박 운행의 커다란 장애물이었을 뿐 아니라 생명까지 위협했기 때문이다.

최근 빙하가 빠르게 녹기 시작하면서 레저용 요트 등이 잇달아 북서항로를 항해하고 있다. 위성사진 관측결과 1979년 이후 매년 북극 빙하 9만 9,000km가 녹고 있으며 이 같은 추세라면 2020년에는 북서항로가 상업용 항로 구실을 할 수 있을 것으로 전망하고 있다.

▲ 우리나라 쇄빙선 '아라온 호' 모습

한국은 올해 5월에 북극권 개발을 논의하는 국제협의체인 '북극 이사회'에 옵저버 국가로 승격됐다. 우리나라도 수에즈운하, 파나마운하 경로를 대체해 북극항로를 이용하면 거리상 7,000km, 10일 이상을 단축해 막대한 경제적 이익을 창출할 것으로 기대된다.

삼성경제연구원은 북극지역은 아직까지 발견하지 못한 석유, 가스 자원량의 22%에 해당하는 4,120억 배럴이 매장돼 있을 것으로 추산했다.

또한 석탄층 메탄가스(CBM), 가스 하이드레이트(Gas Hydrate), 셰일오일 등 자원과 철광석, 구리, 니켈 등 및 금, 다이아몬드, 아연, 우라늄 등 고부가가치 광물도 풍부하다고 말했다.

하지만 지구온난화로 인한 북극권 개발은 생태계의 위협을 가중시키고 있다. 지구온난화로 인한 변화를 직접 목격하기 위해 극지를 찾는 방문객이 늘어나면서 기후관광이라는 새로운 틈새시장이 생기고 있다.

지난 1990년대 초 100만 명에 불과했던 북극 방문자 수가 최근에는 지구온난화로 북극해 항해가 가능해질 정도로 빙하가 줄어들면서 150만 명으로 증가하였다. 방문자 수가 증가하면서 지구온난화를 걱정하는 관광객이 오히려 지구온난화와 북극 생태계의 위기를 심화시키고 있는 것이다.

특히 북극을 방문하기 위해 이용하는 항공기와 철도, 크루즈 선박들이 배출하는 이산화탄소가 지구온난화를 심화시키는 아이러니한 상황이 펼쳐지고 있다.

이제까지 사람의 발길이 많지 않았던 북극지방에 관광객이 늘어나면서 북극섬에 자생하는 희귀한 식물들이 사라지고 있으며 빙하가 녹으면서 북극곰의 서식지까지 접근하는 크루즈 선박으로 인해 생태계까지 위협을 받고 있다.

'북극 빙하' 위기와 그린란드 희망

세계 최대의 섬인 그린란드는 동서 길이가 1,200㎞에 달하며 현재 덴마크의 자치령에 속해 있으며 주민은 대부분 '에스키모인'이다. 수도는 고트호브이며 인구 5만 7,000명은 대부분 기후가 좋은 섬 남부지역에 집단을 이루며 살고 있다. 면적은 2,175,600㎢ 이다.

그린란드 사람들은 대부분 인종적으로 북미 원주민과 가까운 이누이트족이다. 섬의 85%가 동토(凍土)의 땅으로 이루어져 있으며 불과 2% 남짓만이 경작할 수 있는 땅으로 주로 어업으로 생활하는 가난한 나라다.

한때 그린란드는 스웨덴과 덴마크가 영유권을 놓고 싸웠으나 1993년 국제사법재판소가 덴마크의 손을 들어줘 덴마크령이 되었다.

그린란드는 1979년 자치권을 얻었으며 2009년 6월 21일 사실상 독립을 선언했으나 현재에도 덴마크가 국방의 책임을 지고 있으며 외교권을 행사하고 있다.

▲ 지구온난화로 해빙된 그린란드 해안가

지구온난화로 북극해는 지난 5년 동안 알래스카 크기인 150만㎢ 넓이의 빙하가 사라진 것으로 나타났다. 전체의 21%가 사라진 것이다. 최근 영국 일간지 인디펜던트는 "남극과 그린란드 지역에서만 매년 빙하가 3천억 톤씩 줄어드는 것으로 나타났다"고 보도했다.

국제기후 프로젝트인 '중력보존과 기후실험'(Grace) 최근 보고서는 "두 지역 빙하가 이같이 유실돼 지구 중력장에 영향을 주고 있으며 지난 10년간 그 속도가 빨라진 것으로 드러났다"고 밝혔다.

북극 빙하가 녹으면 금세기 중에는 바다 수위가 90㎝~1m 정도는 올라갈 것이라고 기후학자들은 전망하고 있다. 이렇게 되면 인류의 주거지와 경작지가 대규모로 바닷물에 잠겨 그야말로 엄청난 환경재앙이 우려된다. 지구온난화화 해수면 상승은 예측할 수 없는 기상이변과 생태계 교란을 초래할 수 있다.

하지만 최근 북극 빙하가 녹으면서 세계 자원과 경제. 과학 등 측면에서 새로운 개척지로 주목하고 있다. 전문가들은 2020년에는 세계어획량의 37%를 북극에서 차지할 것으로 예측하고 아직 개발되지 않은 원유의 24%가 북극 대륙붕에 매장되어 있는 것으로 추측하고 있다.

그린란드 빙하는 최근 10년 사이에 절반이나 녹아내린 것으로 위성사진 판독결과 나타났으며 유럽의 빙하는 150년 전에 비해 현재는 절반 정도밖에 남지 않았다고 한다.

북극 빙하가 녹으면서 최대의 수혜자는 아마도 그린란드일 것이다. 1721년부터 덴마크 식민지가 된 세계 최대의 섬 북극의 그린란드는 지구온난화로 인해 독립국으로 갈수 있을지 세계가 주목하고 있다.

전 국토의 85%가 얼음으로 덮여 있는 동토(凍土)의 나라 그린란드가 최근 북극의 빙하가 해빙되면서 엄청난 석유와 가스로 돈방석에 앉게 되었다고 서계 언론들은 밝혔다.

2008년 11월 주민투표에서 자치권 확대 안을 통과시켜 북극의 천연자원에 대한 권리를 행사할 수 있게 되었기 때문이다.

2010년 8월 27일 파이낸셜타임즈(FT)는 "로열더피셜과 스타토일, 엑손모빌, 세브론 등 대형 석유회사들이 그린란드 정부가 내놓을 서부연안에서의 석유시추 허가권을 따내기 위해 각축을 벌이기 시작했다"며 "석유개발은 그린란드의 완전한 독립을 달성시킬 수 있는 핵심적인 경제적 요소가 될 것"이라고 보도했다.

에너지 컨설팅업체인 우드맥킨지에 따르면 그린란드에는 세계 전체 원유의 13%와 천연가스 30% 매장된 것으로 추정된다고 밝혔다. 이는 전 세계에서 아직 발견되지 않은 원유와 천연가스량의 4분의 1에 달하는 것으로 미국 지질 조사국은 보고 있다.

중국은 올해 그린란드에 23억 달러 규모의 철광석 광산 개발 프로젝트를 추진한다고 밝혔다. 이 프로젝트를 추진하기 위해 중국인 2,000여 명을 근로자로 투입할 예정인데 이는 그린란드 전체인구의 4%를 차지한다. EU(유럽연합)관계자는 "중국이 그린란드 자원을 독점하려한다"고 지적했다.

그린란드는 현재 덴마크로부터 연간 34억 크로네(약 6억 3700만 달러)의 보조금을 받아 국가재정 3분의 1을 충당하고 있다. 이 때문에 파이낸셜타임즈는 "그린란드 정부는 석유개발을 통해 정부수입 증대 및 일자리 창출 등을 기대하고 있다"며 "덴마크의 경제적 지원에서 벗어나 완전한 독립을 이루는 데 석유개발이 필요하다고 여긴다"고 전했다.

하지만 그린란드가 석유개발을 하기에는 쉽지만은 않을 전망이다. 얼마전 영국 BP사의 멕시코만 원유 유출사고로 환경단체들의 반대가 만만치 않기 때문이다.

▲ 동토의 나라 북극의 그린란드가 해빙되면서 지구촌 위기와 함께 그린란드의 희망이 되고 있다.

그린란드 대학의 버거 포펠 사회과학부 교수는 "우리가 영향력을 갖추지 못한 상태에서 석유개발은 단순히 의존의 대상을 덴마크에서 대형 석유업체들로 바꾸는 결과만 낳을 수 있다"고 지적했다.

■ 남극의 위기

남극은 북극과 달리 대륙인 육지로 이루어져 있으며 전체 면적은 약 1,440만㎢ 로 98%가 얼음으로 덮여 있으며 덮여있지 않은 면적은 28만㎢ 정도로 지구상의 빙하 전체 면적의 86%를 남극이 차지하고 있다.

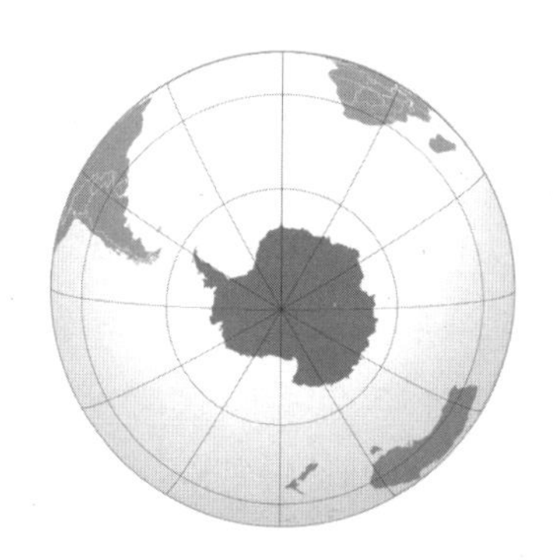

▲ 남극 빙산의 모습

남극이 사라지고 있다

과학자들은 만약 남극의 빙하가 모두 녹아내릴 경우 전 세계 해수면은 90m 정도나 높아지고, 그린란드 빙하가 모두 녹으면 해수면은 7m 정도 올라간다고 한다.

남극은 빙붕을 포함한 얼음 두께는 평균 1.6㎞ 이며 아시아, 아프리카, 북아메리카, 남아메리카에 이어 다섯 번째로 큰 대륙이다. 또한 북극과 같은 극지(極地)인데도 북극에 비해 더 추우며 이는 남극의 얼음이 덮인 고지(高地)대의 대륙이기 때문이라고 학자들은 말한다.

또한 겨울의 암흑기(暗黑期)에는 대륙의 표면이 일방적으로 열을 방출해 추워지고 낮이 긴 여름에는 흰 설빙(雪氷)으로 인해 햇빛의 대부분을 반사하기 때문이라고 한다.

서식동물로는 펭귄과 고래류, 바다표범, 물개 등이 살고 있으며 조류로는 스노피전, 바다제비류, 갈매기류 등 10여 종류가 살고 있는 것으로 나타났다.

남극의 빙하는 물이 얼어서 생긴 것이 아니라 눈이 수천만 년 동안 쌓여 생겨났기 때문에 얼음 속에는 눈이 쌓일 당시의 공기가 그대로 보존돼 있어 이 공기를 분석하면 그 당시의 기후를 알 수 있다고 한다.

이 때문에 남극 빙하를 '얼어붙은 타임캡슐'이라고 불리며 과거의 대기성분과 기후에 관한 연구를 하는데 귀중한 자료가 되고 있다.

▲ 남극 빙산이 지구온난화로 인해 해빙되고 있다.

남극은 빙하 2,500m 아래에 대륙이 있으며 우주에서 날아드는 치명적인 우주입자로부터 지구 생명체를 보호해 주는 '밴앨런대(帶)'의 존재가 있는 것으로 과학자들에 의해 밝혀졌다.

하지만 이런 남극이 지구온난화의 영향으로 빠른 속도로 녹아내리고 있다. 지난 2009년 과학자들에 따르면 남극의 빙하가 예상보다 훨씬 빠른 속도로 넓은 범위에 걸쳐 녹고 있어 이 속도면 현재의 해수면이 1m 이상 상승할 수도 있다고 한다.

국제 극지 연구학자들은 "지난 2년간 잠수함과 위성 등을 동원해 빙하와 바다의 상태를 조사한 결과 이 같은 결론을 얻었다"며 "더욱 심각한 것은 빙하를 떠 받치고 있는 얼음층들도 약해지고 있다"고 말했다.

특히 남극 중에서도 서쪽 지역에 위치한 빙하가 더 빨리 녹는 것으로 나타났으며 지난 1992년보다 두 배 가까이 녹아내리고 있다고 한다.

서쪽지역 빙하의 경우 해마다 1,000억 톤 이상씩 무게가 줄고 있는데 이는 녹는 빙하의 양이 새로 내리는 눈보다 많기 때문에 빚어진 현상인 것으로 나타났다.

물론 시간적으로는 아직 인류에게 대처 방법은 가능할 수도 있지만 금세기 중에는 바다 수위가 90cm 정도는 올라갈 것이라는 전망이다. 이렇게 되면 인류의 주거지와 경작지가 대규모로 바닷물에 잠겨 그야말로 엄청난 환경재앙이 우려된다. 지구온난

화와 해수면 상승은 예측할 수 없는 기상이변과 생태계 교란을 초래할 수도 있다.

남극 '펭귄'을 보호해라

우리나라가 운영하고 있는 남극 세종기지는 부근 펭귄마을을 한국 첫 남극 특별보호구역으로 지정하기 위한 현지 생태계 조사를 2007년 1~2월 실시한 바 있다. 정부는 인류 공동의 유산인 남극의 환경보호를 위해 남극특별보호구역(ASPA, Antarctic Specially Protected Area)을 지정, 관리계획을 수립해 2008년 5월 제31차 남극조약당사국회의에서 승인받았다.

▲ 남극의 펭귄들

남극의 펭귄은 날 수 없는 새들 중 하나로 주로 물속에서 생활하며 날개 지느러미를 이용해 빠른 속도로 바다 속을 헤엄치며 물고기를 잡는다. 보통 겨울 바다에서 살지만 9~10월에 남극 봄이 되면 알을 낳기 위해 육지로 올라와 얼음 위가 아닌 발위에 알을 낳고 아랫배 피부로 감싸서 알을 품는다.

남극지방의 혹한은 상상을 초월해 한겨울의 기온은 영하 60~70도까지 내려간다. 지난 1968년 8월에는 영하 88도까지 내려간 적도 있으며 절기가 한반도와 정반대이기 때문에 8월이 가장 춥고 겨울철 몇 달 동안은 해가 뜨지 않는 암야기(暗夜期)와 함께 강풍까지 불어온다고 한다.

우리나라 펭귄마을은 남극 세종기지에서 남동쪽으로 약 2㎞ 떨어져 있는 해안가 언덕으로 젠투펭귄 등 펭귄 3종류가 군집생활을 하고 있으며, 남극 도둑갈매기, 현화식물, 선태식물, 지의류 등의 다양한 육상식물이 서식하는 등 환경적 보호가치가 높은 것으로 확인됐다.

◀ 남극의 펭귄들

정부는 2009년 4월 19일 최근 미국 메릴랜드 주 볼티모어에서 열린 제32차 남극조약 협의당사국 회의에서 우리나라가 제출한 남극 '펭귄마을' 특별보호구역 지정신청서가 최종 승인됐다고 밝혔다. 특별보호구역이란 환경 과학 역사 자연적 가치 등 특별히 보호할 만한 가치가 존재하는 지역. 보호구역으로 지정되면 관리자는 생태계 모니터링, 방문자 교육 및 출입허가증 발급 등의 활동을 하게 된다. 환경부는 "이번 특별보호구역은 환경보호 차원에서 지정되는 것"이라며 "영토개념과는 무관하다"고 말했다.

우리나라는 이번 지정으로 남극 환경연구는 물론 우리 환경보호 운동이 국내를 넘어 남극 지역의 생태계 보호까지 지평을 넓힐 수 있는 계기가 될 것으로 보고 있다. 현재 남극에는 71곳의 특별보호구역이 지정돼 있으며 우리나라는 미국 영국에 이어 15번째로 특별보호구역 지정국가가 됐다.

남극은 '남극조약'에 따라 영유권 선언이 금지되어 있다. 노르웨이, 뉴질랜드, 아르헨티나, 영국, 오스트레일리아, 칠레, 프랑스 등은 남극의 일부를 자국의 영토라고 주장하고 있다.

하지만 남극에는 어떤 국가의 주도권도 미치지 않으며 아르헨티나 부에노스아리에스에 있는 '남극조약사무국' 에서 관리하고 있다.

3부

21세기 지구촌 3대 위기

① '식량'의 위기

■ **식량 위기 불감증**

21세기 들어 기후 변화에 따른 자연재해 및 개발에 따른 농지 감소 등으로 심각한 식량 위기를 맞고 있다. 특히 대도시의 증가에 따른 개발로 농지가 감소하고 농민들은 상업을 위해 도시로 몰리면서 농촌이 공동화 현상이 되었다. 일부에서는 아시아와 EU 등 국가들이 채택한 자급 자족식 농업정책, 식량 안보가 오히려 식량 가격을 상승시켰고, 한편으로는 이상기변에 따른 세계적인 대규모 기근이 주범이라고 말하는 학자들도 있다.

전문가들은 오늘날의 식량 부족 원인으로 ▲ 2005년 이후 유럽의 흉작과 호주의 가뭄과 홍수 ▲ 고유가로 인한 바이오연료 수요 폭증에 따라 식량생산이 바이오연료 재료 생산 쪽으로 옮겨간 것 ▲ 중국과 인도의 경제발전에 따른 식량소비 증가 ▲ 기후 온난화 및 전 세계적인 농업투자 감소 등을 꼽고 있다고 뉴스위크는 지적했다.

이뿐 아니라 현재 임박한 식량 위기가 일종의 신용위기라면서 곡물이 남아도는 국가의 정부는 식량비축량에 대한 통제를 강화하고 식량수입국들은 안정적인 공급망을 확보하기 위해 비상대처하고 있기 때문이라고 이 잡지는 전했다.

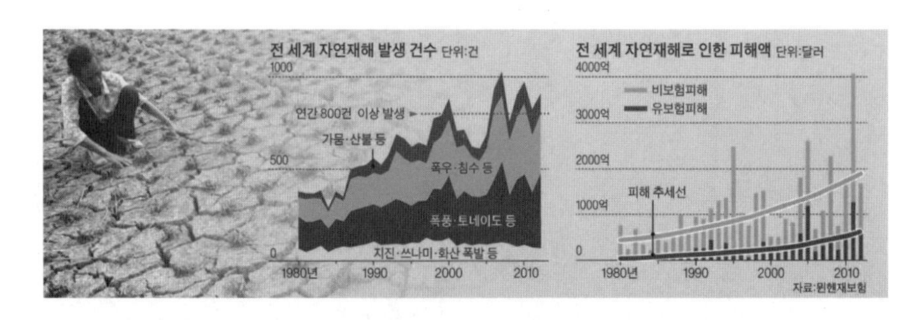

현재 지구촌에서는 2000년대 중반 이후 2008년을 제외하고 매년 800건 이상의 대형 기상이변 현상이 발행하고 있다. 폭우, 태풍, 토네이도 등은 1980년대의 두 배 이상이 증가했다.

사이언스 데일리의 최근 보도에 따르면 "향후 100년간 일어날 기후변화 속도가 6500만 년간 일어난 시기보다 10배 이상 빠를 것이다"고 밝혔다.

지난 2000년대 중반 이후에 러시아, 미국 등지의 가뭄으로 인해 세 차례의 글로벌 식량 위기가 발생했다. 이로 인해 곡물 가격상승이 사료·육류·식품 등으로 순차적 상승시키는 애그플레이션을 유발시켰다.

기후변화에 따른 경제적 피해규모만 봐도 1990년대 6천억 원 정도에서, 2000년 이후에는 2조 7천억 원대로 4.5배 늘었다. 이런 기상재해는 곡물생산 위축으로 이어져 식량 위기의 가능성을 증폭시킨다. 특히 엘니뇨현상과 관련된 산림 및 자연식물에 대한 최대 위협은 식량안보에 큰 충격을 주고 있다.

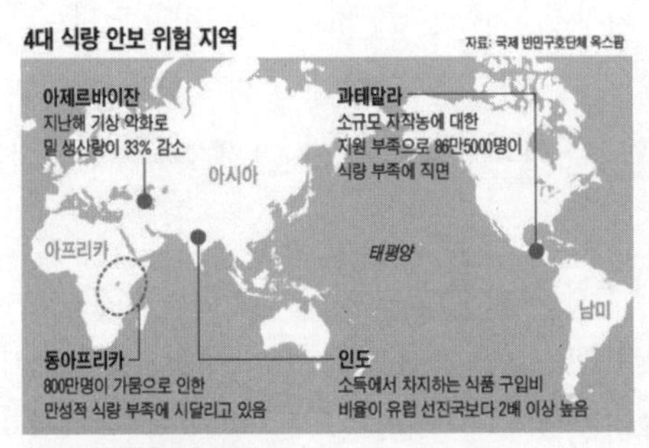

▲ 자료:농림축산식품부

최대 식량 수출국인 미국은 밀 등 곡물류 생산이 감소하고 있고 동남아시아는 쌀 생산량이 감소하고 있다. 중국은 밀 생산량이 지난 2008년 30%나 감소하였으며 인도네시아는 2050년까지 쌀 생산량이 평균 25%나 감소가 예상되고 있다.

뉴스위크 인터넷판은 2008년 4월 14일자에서 최근 몇 달간 쌀, 보리, 옥수수 등 곡물상품 값이 50% 이상 뛰어 소매가격이 30년 이래 최고 수준으로 인상됐고 곡물 수출국들이 국내 인플레를 막기 위해 곡물교역을 줄이고 있다면서 이처럼 전했다.

한편 이코노미스트포스트지는 1970년대 초반 이후 30여 년 만에 다시 찾아온 21세기 식량 위기를 '조용한 쓰나미(Silent tsunami)'라고 말했다. 이 같은 30여 년 만에 곡물 가격이 폭등하는 이유에 대해 전문가들은 최근 수년간 가뭄이 잇따르면서 식량 생산에 차질을 빚은 데다 원유 값이 배럴당 120달러에 육박할 정도로 치솟는 가운데 생겨난 '바이오 디젤' 열풍이 식량용 곡물 생산을 줄어들게 했다고 말하고 있다.

심각해지는 전 세계 식량 위기에 대처하기 위해 40여 개국 정상들을 비롯해 151개국 고위급 대표단이 참석한 '유엔 식량안보 정상회의'가 2008년 6월 3일부터 사흘간 이탈리아 로마에서 열렸다. 이 회의는 '기후변화와 바이오에너지의 도전'이라는 주제로 진행되어 전 세계적인 식량 위기에 대처하기 위한 새로운 전략이 나올 것으로 기대를 모았다. 때문에 이번 유엔 식량안보 정상회의는 식량 위기로 전 세계가 들끓는 시점에 열려 주목을 받았다.

하지만 식량 위기의 원인으로 지목받고 있는 기후변화, 바이오연료 생산으로 식량생산을 위한 농작물 재배의 전환, 국제 선물시장에서의 식량에 대한 투기에 대해서는 어떠한 근본적인 대책도 내놓지 못했다. 결국 글로벌 식량 위기는 가속화될 수밖에 없을 것 같다.

문제는 이처럼 기후변화 등으로 인해 식량안보에 치명적인 충격을 줄 상황으로 변하고 있는 데도 국제사회는 거의 변화가 없다는 것이다. 호우 시 인명보호 조치와 피해복구 등 사후대책만 수립할 뿐, 여전히 식량안보에는 불감증이 심각하다.

■ **글로벌 식량 위기 눈앞으로 다가왔다**

국제 상품시장에서 곡물가격이 급등하면서 식량 위기 공포가 또다시 세계를 위협하고 있다. 2010년 10월 8일(현지시간) 국제 상품시장에서는 미국 정부가 곡물 생산량 전망을 대폭 하향하자 옥수수·대두·소맥 등의 곡물가격이 폭등세를 나타냈다.

2010년 6월 기상 관측이래 131년 만에 40도 가까운 폭염 발생으로 지구촌 농작물이 타들어가는 재앙이 세계 곳곳에서 발생하고 있다.

러시아는 100년 만에 최악의 가뭄으로 1,000ha의 농작물 피해와 산불로 2만 6,000ha가 불에 탔다. 때문에 러시아 정부는 2011년 6월 말까지 곡물수출을 중단하겠다고 밝혔다.

2010년 여름 러시아 · 브라질은 가뭄에 의해, 캐나다와 유럽은 폭우로 인해 각각 곡물 작황에 심각한 타격을 입었다. 또한 미국도 각종 자연재해로 식량이 감소함에 따라 2007~2008년 세계를 강타한 식량 위기가 재발할 우려가 커지고 있다.

전 세계 곡물생산 2위인 인도 역시 80년 만에 최악의 가뭄으로 세계적인 곡물 상승으로 이어지고 있다. 미국 중서부 지역은 옥수수와 콩 등 수확량 감소로 가격이 폭등했다.

▲ 인도 북동부지역의 캄루프 마타야의 가뭄으로 말라버린 논 모습

미 농무부는 자국의 옥수수 재고가 14년 만에 최저치를 기록할 것으로 예상되며 2010년 9월부터 내년까지 미국 옥수수 생산량은 127억 부셸에 그칠 것이라고 전망했다. 이는 농무부의 사전 예상 치에서 4% 낮아진 수준이다.

2012년 8월 미국은 최근 50여 년만에 최악의 가뭄을 겪으면서 옥수수 생산이 급격히 줄었다. 미 농무부는 "올해 옥수수 생산은 전년대비 13% 감소한 108억 부셸(1부셸 25.4kg)에 그쳐 이는 6년 만에 최저의 수준이다"고 밝혔다.

미국에서 옥수수는 도축용 소와 양, 돼지 등 가축 사료에 주로 사용된다. 농무부는 소맥과 대두 생산 전망도 하향 조정했다.

국제연합식량농업기구(UN FAO)의 압돌레자 아바시앙 수석 이코노미스트는 미국의 생산 전망치 하향에 대해 "수급 상황을 왜곡하는 결정타"라고 지적했다. 미국은 세계 최대 옥수수 산지이자 주요 곡물 수출국이다.

러시아와 우크라이나 같은 주요 곡물 생산국들도 악천후에 의한 생산 감소를 이유로 수출을 제한했다. 이 때문에 곡물 가격은 이미 상당 수준으로 올라있다. 여기다 중동, 남아프리카 등 최대 수입국들이 비축량을 늘리고 있어 곡물 가격은 계속 오를 것이라고 FT는 예상했다.

이 때문에 곡물 가격은 상당 수준으로 올라있다. 남아프리카 등 최대 수입국들이 비축량을 늘리고 있어 곡물가격은 계속 오를 것이라고 전문가들은 예상했다.

한편 국제쌀연구소는 내수성 벼 '스쿠버 라이스(Scuba Rice)'를 개발해 홍수피해가 많은 아시아의 인도. 방글라데시 등에 보급 중이라고 발표했다. 이 벼는 내수성 유전자가 이식돼 물에 잠겨도 15일 이상 정상 상태를 유지한다고 말했다.

■ 식량 위기 극복대안 남미 브라질을 벤치마킹해라!

브라질은 열대기후 국가로는 처음으로 글로벌 농업대국이 되었다는 점이 현재 눈길을 끌고 있다. 미국, 캐나다, 호주, 유럽연합(EU), 아르헨티나 등 주요 농업대국들은 모두 농업에 유리한 환경인 온대기후 지역에 있다. 이코노미스트는 "식량 위기를 극복한 브라질이 단호한 대처로 오히려 기적을 이뤄냈다"며 "독재적인 군부가 어울리지 않게 미래를 내다보는 시각이 있었다"고 평가했다.

브라질은 세계 최대의 농업 국가이다. 지난 2011년 브라질은 농산물 수확량이 1억6천210만 톤에 달했다. 지난 해에는 1억 8천 790만 톤으로 전년대비 16.1%나 증가했다고 브라질 국립통계원(IBGE)이 발표했다.

특히 쌀과 옥수수, 대두 등 3가지 곡물은 전체 수확량의 90%를 차지하며 옥수수는 세계 3위 수출국으로 연간 약 950만 톤을 수출한다.

지난 2010년 세계적인 투자가 워런 버핏이 4억 달러를 들여 브라질 농장의 매입을 추진하고 있다는 브라질 언론의 보도가 미국 미디어들을 통해 전 세계로 전파됐다.

평소 실물자산 투자를 선호하지 않는 버핏이 브라질 농장을 새로운 투자대상으로 물색하고 있다는 사실은 브라질 농업에 대한 사람들의 관심을 증폭시키는 계기로 작용했다.

▲ 브라질은 2011년 농산물이 사상 최대치를 기록했다.

브라질은 이미 세계적인 농업 및 축산 국가이다. 미국 농무부 자료에 따르면 브라질은 설탕과 커피, 담배, 쇠고기 등을 세계에서 가장 많이 수출하며 콩, 옥수수 등은 미국에 이어 2번째이다.

유전자변형작물(GMO) 분야에서 브라질은 미국에 이어 세계 2위의 생산국으로 대형 농업 산업을 선도하고 있다. 브라질은 그러나 불과 1970년대 초반까지도 대규모 식량 순수입국이었다. 지금처럼 세계적인 곡창지대로 변모한 것은 30년이 채 되지 않는다.

브라질이 곡물 생산을 놀라울 정도로 증대할 수 있었던 것은 경작지를 크게 늘리고 품종 개량과 최신 농법 도입 등으로 생산성을 제고시켰기 때문이다. 이러한 업적의 일등공신은 브라질 농업연구청이다.

브라질은 지난 1996년 이후 지금까지 경작지를 3분의 1이나 늘렸다. 대부분의 나라들은 현 경작지 면적을 가까스로 유지하고 있고 EU의 경우는 줄어들고 있다. 새 경작지의 대부분은 브라질 내륙에 위치한 세하도(Cerrado · 열대초원지대)에서 만들어졌다. 그런데 세하도는 본래 농사에 매우 부적합한 환경이다. 기후가 아프리카의 사바나와 비슷한 데다 특히 토양이 강한 산성으로 영양분도 부족하기 때문이다.

농업연구청은 산성이 강한 세하도 토양을 중화하기 위해 1990년대 말부터 매년 최대 2,500만 톤의 석회를 쏟아부었다. 또한 세하도 토양에 강한 저항력을 갖춘 GMO을 개발해 보급하기도 했다.

이러한 노력에 힘입어 현재 브라질 농업 생산량의 70%가 세하도에서 나온다. '녹색혁명의 아버지'로 불리는 세계적인 농학자 노먼 볼로그 박사는 "이 땅이 이처럼 비옥하게 될 줄은 누구도 생각하지 못했다"며 감탄했다.

농업 생산성을 높이기 위해선 다양한 첨단 기술과 농법이 동원됐다. 농업연구청은 재배기간을 단축시킨 GMO을 개발, 1년에 2번의 파종과 수확을 가능하게 해 생산량을 늘렸다. 농업연구청은 또한 이종교배를 통해 강한 번식력을 가진 목초를 세하도에 심었다.

이로 인해 목축이 활기를 띠었고, 쇠고기 생산량이 비약적으로 증가했다. 이외에 브라질 농부의 절반 이상이 채택하는 무경간농법(밭을 갈지 않고 도랑에 파종하는 농법) 역시 토양의 유기물 함유를 보존하고 온실가스 배출도 줄이는 효과를 내고 있다.

최근의 농산물 가격 급등에 대해 남미의 농업강국인 브라질과 아르헨티나는 상반되게 대응하고 있다.

뉴욕타임스(NYT)에 따르면 브라질 정부가 이 기회를 최대한 이용하기 위해 농업분야에 총 490억 달러 규모의 지원책을 실시, 생산량을 최대한 늘리도록 독려하고 있다. 그동안 유지해온 농업개혁의 기본 개념이 그대로 적용된 것이다.

이코노미스트는 아프리카와 브라질이 풍부한 토지와 수자원, 열대 기후 등 공통점이 많다고 강조한다. 브라질 농업개혁의 비법이 아프리카에 온전히 전수되면 또 한 번 '기적'을 일궈낼 것이란 기대감을 부풀게 하는 분석이다.

▲ 브라질 서부 탕가라다세라 지역의 콩 수확모습〈사진:농촌진흥청 제공〉

■ '바이오 연료'가 세계 식량 위기 가중시킨다

세계은행에 따르면 "전 세계 67억 명(현재 70억 명)인구 가운데 세계 10억 명 이상 빈곤 인구가 하루 1달러 이하 생계비로 살아가고 있다"고 밝혔다. 밀, 쌀, 옥수수 등 곡물 가격이 20% 이상 오르면 약 1억 명이 절대 빈곤층으로 전락 할 수 있다고 한다.

식량 위기의 하나로 지목되는 '대체에너지'인 바이오 디젤과 에탄올의 연료로 사용 되는 옥수수 가격이 두배, 세배로 뛰었으며 미국의 다국적 곡물 기업들은 밀, 대두 등 식량과 사료작물을 줄이고 옥수수 생산량을 늘렸다. 그 바람에 바이오 디젤 생산량은 2007년 말 9억 배럴까지 급등하였다.

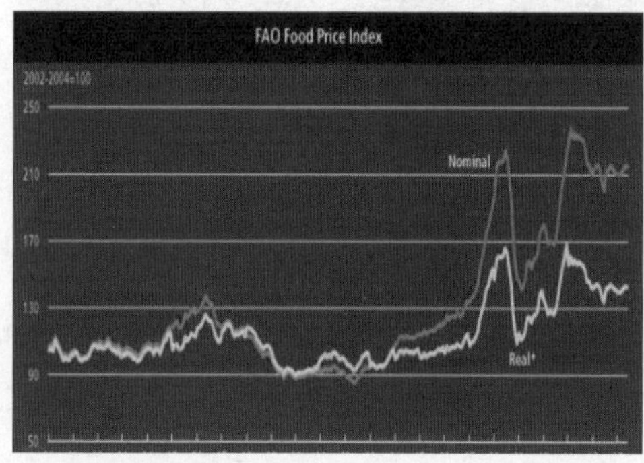

▲ 연도별 식량 가격지수

지난 2008년 5월 유엔 사무총장 특별보좌관을 맡고 있는 제프리 색스 컬럼비아대 교수는 미국의 농업정책을 강도 높게 비판했다. 그는 "미국에서는 매년 생산되는 옥수수의 3분의 1이 이른바 바이오연료 형태로 자동차 연료통에 들어간다"며 "막대한 보조금 때문에 이런 일이 생기고 있다. 이것은 경제적으로도 지구온난화 방지 측면에서도 말도 안 되는 이야기"라고 목소리를 높였다.

조아킴 폰 브라운 국제식량정책연구소 사무국장은 "미국은 일단 식량 위기가 진정되기 전까지는 바이오연료 사용 비중을 현재 수준에서 동결해야 할 것"이라며 "현 수준에서 동결만 돼도 옥수수 가격이 20% 하락할 수 있다"고 주장했다.

유엔 산하 식량농업기구(FAO)에 따르면 "50리터의 자동차 연료 탱크를 채우는 데 필요한 에탄올 생산에 들어가는 옥수수는 232kg이다"며 "이 양이며 어린이 1명이 1년간 살 수 있다"고 밝혔다. 또한 "바이오 연료가 보편화되면 세계의 빈민들과 선진국의 자동차가 먹거리를 놓고 경쟁해야 하는 상황이 도래하는 것"이라고 말했다.

▲ 옥수수 재배 모습

세계 바이오 연료생산은 2000년 이후 연 평균 20%대의 성장률을 기록하고 있으며, 바이오 연료 생산량의 대부분은 브라질과 미국에서 공급하고 있다. 조지 부시 미 대통령은 2017년까지 휘발유 소비를 20% 줄이고, 바이오 에탄올 사용을 확대할 계획이라고 말했다. 브라질도 현재 11개 전용 생산 시설을 2008년 말까지 24개로 늘릴 계획이라고 밝힌바 있다.

미국은 지난 2007년 제정된 에너지법에 따라 올해 수확되는 옥수수의 일정량을 에탄올에 써야 하며 이는 수확분의 42%인 45억 부셸로 예상된다. 그런데 지난 해 미국은 에탄올 의무 생산 프로그램을 재검토하기 시작했다.

이는 미국의 50여 년 만에 최악의 가뭄으로 수확되는 옥수수의 생산이 전년 대비 13%나 감소한 108억 부셸(1부셸 25.4kg)에 그쳐 6년 만의 최저 수준이었다. 또한 유엔과 미 의회는 "기후변화에 따른 세계 곡물 생산량이 급감하고 있어 옥수수 가격 급등이 예상된다"며 미 정부를 압박하고 나섰다.

그러나 남미 내에서 벌어지고 있는 바이오 연료 논쟁은 식량 위기에 맞서 남미 국가들이 어떻게 해결할 문제인지를 넘어서는 문제이기도 하다.

미국은 '에너지 안보'를 내세워 브라질과 함께 '미주 에탄올 위원회'를 구성해 석유와 천연가스를 중심에 놓고 있는 베네수엘라, 에콰도르 등 남미 좌파 국가들을 견제 해왔다. 따라서 바이오 연료 생산은 도덕성 문제를 넘어 계속 남미의 뜨거운 공방거리로 남을 것으로 보인다.

■ '감자' 식량 위기 대안으로 급부상

인터내셔널 헤럴드 트리뷴은 "현재의 식량 위기를 해소할 수 있는 대안으로 감자가 급부상하고 있다"고 보도했다. 감자는 과거 소작농이나 돼지가 먹는 천한 음식이었지만 요즘은 비싼 곡물의 수입을 대체할 수 있는 필수 작물로 새롭게 인식되고 있다.

유엔은 2008년을 '감자의 해'로 정했다. 유엔이 '감자의 해'를 정한 것은 북한을 포함한 빈국들의 식량난을 해결하기 위해서는 감자만한 식량자원이 없다는 것을 직시하고, 각국 정부가 감자농업 연구와 함께 증산을 위한 기금 조성을 고취하기 위해서다.

현재 지구촌은 매년 800만 명 이상이 굶어 죽어가고 있고, 북한도 한해 최소한 150만t의 식량이 부족해 이를 해결하기 위해서는 감자에 대한 연구와 증산이 절실한 상황이다.

▲ 우리나라 감자수확 모습

이에 따라 우리나라도 '감자의 해'를 맞아 감자의 주산지로서 생산 증대와 판로 확대, 대북 지원 등 다양한 활용 방안을 강구해 나가기로 했다고 강원도농업기술원은 밝혔다.

'감자바위'라는 별칭을 갖고 있는 강원도에서 감자가 처음 재배된 시기는 조선 헌종 때인 1847년으로 이후 161년 동안 도의 대표작물로서 명성을 이어왔다. 지난 해에는 봄 감자 5만여 톤과 고랭지감자 11만여 톤 등으로 전국 생산량의 35%를 차지했다.

지난 해 강원대 등 도내 대학과 연구기관에서는 비가 와도 잘 썩지 않는 구이감자, 색깔이 있는 밸리 감자, 과일처럼 깎아 먹을 수 있는 주스감자 등 다양한 신품종을 개발해 주목을 끌었다.

강원도는 한·미 FTA 등 농산물 개방에 대응하고 감자의 판로 확대를 위해 110억원을 들여 '강원감자 광역유통사업단'을 설립 중이다. 또 신품종 감자를 국내뿐만 아니라 중국, 카자흐스탄, 러시아, 몽골, 프랑스 등에 수출할 계획이다.

중국도 감자 재배를 '가난을 물리칠 방법'으로 평가하면서 2005년부터 2007년 사이에 생산량을 50%나 늘렸다. 감자를 고산 음식으로 여기던 페루도 최근 도시에서 감자 먹기 운동을 하고 있으며 학교, 교도소, 군부대 등에 감자가 들어간 빵을 공급하는 등 소비를 늘리고 있다.

21세기 전 세계가 기후변화로 심각한 식량난을 겪고 있다. 이 위기를 쌀, 밀, 옥수수를 대신해 감자가 새로운 대안으로 떠오르고 있다. 감자가 현재 기아에 시달리는 지구촌 인류의 식량난을 해결했으면 한다.

■ **식량 위기 극복은 '물 확보'가 먼저다**

UNEP(세계환경계획)에 의하면 세계 물 사용량은 약 3만 5천 700억m³이며 그 중 농업용수가 70%, 공업용수가 20%, 나머지 10%가 생활용수인 것으로 나타났다. 때문에 물을 가장 많이 소비하는 것은 농업인 것으로 나타났다.

그동안 농업혁명으로 인해 다품종 경작을 단일경작으로, 키가 작은 작물을 키가 큰 작물로, 유기비료를 화학비료로, 비에 의존하던 농사를 관개농사로 바꿔 놓았다. 이러한 농사는 '물' 자원의 한계성을 무시한 나머지 전 세계 거대 농경지마다 지하수 뚫어 사용하는 바람에 지하수마저 고갈시키고 있다.

반면 전통적인 농사법에서는 물이 부족한 지역에는 가뭄에 강한 종자를 심고 물이 풍족한 지역에는 물을 많이 필요로 하는 작물을 심었다. 그래서 아시아의 습한 지역엔 쌀농사가 발달했으며 건조한 지역에서는 밀, 보리, 옥수수, 수수, 기장 등을 심었기 때문에 이런 작물은 건조한 지역에서 물을 가장 효율적으로 이용할 수 있었다.

▲ 가뭄으로 말라버린 옥수수

▲ 탐스럽게 열린 고추 모습

현재 농산물과 축산물이 각 가정의 식탁에 오르기까지 필요한 물을 계산해 보면 엄청난 양의 물을 소비했다는 사실에 놀라게 된다. 결국 식량의 수입은 엄청난 양의 물을 수입하는 것과 같다. 먹거리 쪽을 생각해보면 상황은 더 심각하다.

인구가 늘면 그만큼 더 많은 음식물이 필요하다. 또 경제 발전으로 중산층이 늘면 육류 등의 소비도 증가한다. 이는 더 많은 물이 필요하다는 것을 의미한다. 밀 1㎏를 생산하는데 물 1,000l가 필요하다면 쇠고기 1㎏엔 물 1만 5,000l가 필요하다고 전문가들은 말한다.

인류는 지금도 식품 생산에 엄청난 물을 사용하고 있다. '워터와이즈'의 계산에 따르면 67억 명이 1년간 매끼 3,000칼로리 음식을 먹으려면 영국 런던의 시계탑 '빅벤' 정도의 높이에 1㎞ 넓이를 가진 운하를 지구 두 바퀴쯤 돌린 만큼의 물(6조 3,900억㎥)이 필요하다고 밝혔다.

그런데 2050년까지 세계 인구가 30억 명 더 늘고, 생활수준이 높아지면 운하는 더욱 커질 것이며, 더 넓어지고 깊어진다. 길이는 지구와 달 사이의 중간쯤까지 뻗을 것이라고 한다.

이는 식량자급률이 26.9%에 불과한 우리나라에 큰 영향을 미칠 전망이다. 이에 대비하려면 자급률을 높여야 하는데, 당연히 지금보다 더 많은 물이 필요하다. 현재 우리나라의 농업용수는 연간 160억㎥다. 1년간 내리는 강수량 1,240억㎥ 중 증발분과 유실분을 제외한 실제 사용분 337억㎥의 47%이다.

▲ 하와이 마우이섬 관개수로 모습

농업용수를 늘리려면 생활용수(23%), 하천유지용수(22%), 공업용수(8%)를 줄이거나 전체 총량을 늘려야 한다. 인구 증가, 상품생산 증가, 환경오염 방지 등을 감안하면 어떤 것도 대폭 줄일 수는 없다. 마찬가지로 물그릇을 늘려야 한다는 결론이 나온다.

기후변화 전문가에 따르면 "과거에는 당연하게 생각했던 쾌적한 기후환경과 깨끗한 물이 이제는 더 이상 공짜가 아니다"며 "앞으로는 희생과 비용을 지불해야만 누릴 수 있는 인식이 확대돼야 한다"고 말했다.

만일 식량과 물을 통제하는 사람이 있다면 그는 세계를 통제할 수 있다고 한다. 이것이 다국적기업들이 유전자조작식품(GMO) 산업과 물 산업에 뛰어드는 이유다.

미국의 다국적 기업인 코카콜라는 지난 1993년 사업보고서에서 "우리는 매일 아침 전 세계 인구 56억 명이 갈증에 시달릴 날이 올 것이라는 사실을 인식해야 한다"면서 "그때가 오면 56억 명이 코카콜라에서 벗어나지 못하게 해야 한다"고 밝힌바 있다.

만일 그날이 오면 우리의 성공은 영원히 보장될 것이다"라고 전했다. 이 말에 우리는 새삼 지금에 와서 공감하는 이유는 무엇일까? 깊이 생각해 볼 문제다.

결국 물 위기와 식량 위기는 맞물려 있다. 인간이 생존하기 위해 꼭 필요한 식량과 물. 이 두 가지는 따로 생각할 수 없는 중요한 문제인 것이다.

■ 세계는 지금 '농산물 펀드' 주목

UN인구국은 2009년 3월 오는 2050년 지구 인구가 91억 명에 달해 68억 명(현재 70억 명 돌파)보다 23억 명이 늘어날 것으로 예상했다. 이럴 경우 식량수요는 20년 안에 지금의 50% 가량 증가할 것으로 전문가들은 내다봤다.

지구온난화에 따라 가뭄, 홍수 등 자연재해로 인해 곡물값이 천정부지로 뛰고 있다. 반면 이로 인해 '농산물 펀드'는 수익률이 좋아지고 있다.

2012년 지난 해 초부터 시작된 가뭄은 '남미의 콩 재배 벨트'인 브라질, 아르헨티나, 우루과이, 파라과이를 초토화시켰다. 미국 중서부 곡창지대는 미국 곡물생산 50%를 담당하는데 40도가 넘는 폭염으로 국가 비상사태를 선포했다.

중국은 2012년 서남쪽 구이저우(貴州)에서는 폭우 피해로 본 반면 중부 산시성(陝西省), 허난성(河南省) 등은 가뭄으로 고통을 받았다. 우크라이나와 러시아는 폭우와 가뭄으로 피해가 심각했다.

미국 농림부는 지난 해 25년 만의 최악의 가뭄으로 올해 옥수수 생산량이 당초 보다 12% 감소할 것으로 전망했다. 러시아는 세계 네 번째 밀 생산국으로 지난 해 가뭄으로 작황이 악화됐다.

유엔식량기구(FAO)는 올해 세계 곡물 생산량이 예상보다 2,300만 톤이 감소한 23억 9,600만 톤을 기록할 것으로 예측했다. 이에 따라 앞으로 농산물 펀드가 많은 수익 상승을 가져올 것으로 전문가들은 예측하고 있다.

주요 농산물펀드 수익률

펀드	순자산	1개월	3개월
우리애그리컬쳐인덱스플러스(파생형)C-I	27	12.16	35.72
신한BNPP포커스농산물1(채권-파생상품형)(A1)	185	11.94	32.68
신한BNPP애그리컬쳐인덱스플러스1(채권-파생상품형)(A)	65	10.61	30.69
미래에셋맵스로저스농산물지수(파생형)B	621	9.79	30.45
산은짐로저스애그리인덱스1(채권-파생형)A	182	8.94	25.11
블랙록월드애그리컬쳐(주식-재간접형)(H)(A)	6	6.19	24.04
도이치DWS프리미어애그리비즈니스(주식)A	429	5.85	15.82
마이에셋글로벌코어애그리(주식)A	27	3.34	12.56

*공란은 미설정 기간

하지만 전문가들 사이에서도 국제 곡물가격에 대해 엇갈리는 분석을 내놓고 있다. 아직은 전 세계적으로 곡물 재고율이 여유가 있어 급격하게 상승하지는 않을 것이라고 말하는 반면 주요 농산물 수출국인 미국, 러시아, 중국, 남미 등이 기상이변으로 곡물생산이 감소함에 따라 상승세는 꺾이지 않을 것이라는 전망이다.

이럼에도 불구하고 "농산물 펀드는 가격 등락에 따른 수익률 변동폭이 크기 때문에 분산 투자 관점에서 포트폴리오의 10~20% 수준을 유지 하는 것이 좋다"고 선물거래나 펀드 전문가들은 조언했다.

2 질병의 위기

■ **'질병'의 인류 대공습**

21세기는 질병에 의한 우리 인류가 멸망할 수 있다는 말들이 새로운 화두로 자리 잡고 있다. 일찍이 동서양의 모든 성자들, 위대한 예언가들은 그들 깨달음의 최종 결론으로 머지않아 닥쳐올 대변국을 이야기했다.

미국 NBC-TV는 지난 1194년부터 수년에 걸쳐 고대의 예언들이라는 특집 프로그램에서 과거로부터 전승되어 온 대변혁의 소식을 보다 현대적이면서도 세련된 언어로 전하는 우리 시대의 예언가들을 소개한 바 있다. 방영 당시 시청자들에게 적잖은 충격을 안겨준 이 프로그램은 몇 년 전 우리나라에서도 '예언의 세계'로 방영되어 시청자들의 반향을 불러일으켰다.

충격적인 사실은 우리가 살고 있는 한반도에서 처음 엄습하여 장차 전 세계를 3년 동안 휩쓴다고 하는 대병겁의 소식이다. 또한 미국이 낳은 가장 위대한 20세기의 예언자 '에드가 케이시(1877~1945)'는 낙원 문명이 붕괴된 결정적인 원인에 대해 거대한 '자연의 힘(自然力)'과 '인간이 만든 파괴력'을 말하고 있다.

이는 지금 전 세계적으로 일어나고 있는 '환경재앙' 과 21세기 최대의 난치병인 에이즈를 비롯해 광우병, 구제역, 조류독감, 사스 등 질병과도 무관하지 않다. 동물에 전염되는 이들 바이러스들이 우리 인간들에 의해 자연환경이 파괴되면서 변종이 생기고 결국 우리 인간들을 공격하는 무서운 질병으로 변하고 있다. 21세기 사스라는 전염병은 '자연이 인간에게 주는 재앙이 아닌 우리 인간의 손에 의해 만들어진 재앙'이라고 학자들은 주장하고 있다.

세계보건기구(WHO)에 따르면 "최근 20년간 30여 종의 신종 바이러스가 창궐해 식품매개 등 질병과 인수(人獸) 공통 전염병 등 이상기후 질병이 증가하고 있다"고 밝혔다.

전 세계가 지구촌이라는 한 가족화가 되고 있는 지금 전염병이 돌 수 있는 인구수가 확충이 되었고 도시의 인구를 먹여 살리기 위해서 바다를 막아 부족한 토지를 만들고, 대단위 가축 사육을 위해 동물성 사료를 먹여 키우고, 대단위 공장단지와 자동차의 급증은 지구 순환계의 기후이변을 낳고 있다.

또한 이로 인한 자연 생태계 파괴로 새로운 미생물들과 접촉의 기회를 제공하였고 미생물들에게 새로운 생태학적 서식 배양지를 제공하여 전염병이 돌 수 있는 최대의 배지를 만들어 놓은 결과를 낳았다.

문제는 이러한 미생물들과 질병 바이러스들이 자동차와 배, 비행기로 하루아침에 전 세계로 퍼져 나간다는 사실이다. 또 다른 한편으로는 철새들에 의해서도 이들의 이동 경로에 따라서 지구촌 곳곳으로 감염을 시킬 수 있다는 것이다.

따라서 이로 인한 확산 방어 비용 부담은 점점 늘어나고 있다. 이전에는 한 번도 보지 못한 질병이 역학조사에 의해 밝혀지기도 전에 지구촌에 퍼져나가 우리 인류를 공포에 떨게 만들 것이다. 우리 인류는 이제 이러한 '전염병 창궐'의 가능성을 눈앞에 두고 살고 있다.

이러한 사실을 볼 때 어쩌면 멕시코발 '인플루엔자 A' 라는 전염병은 21세기의 마지막 전염병이 아닌 전염병의 새로운 시대의 시작을 알리는 서곡에 불과할 지도 모른다. 바야흐로 21세기 세계는 '질병의 시대' 에 돌입한 것이다.

■ **'광우병'(bovine spongiform encephalopathy)은 인간의 탐욕이 빚은 천형(天刑)**

지난 2008년 우리나라를 '촛불시위'로 몰아넣은 '광우병 파동'은 아직도 진행 중이다. 당시 MBC 시사프로인 'PD 수첩'은 한미 FTA의 하나인 쇠고기 수입에 따른 광우병 우려를 집중보도했다. 이때 다우너 소(주저앉은 소)를 광우병이 의심이 간다는 시각적인 영상으로 보도해 학생들과 학부모들이 시청광장으로 몰려나와 쇠고기 수입을 반대하는 '촛불시위'를 촉발시켰고 결국 폭력사태까지 빚는 참상을 겪었다.

21세기 들어 광우병이 유럽을 비롯한 전 세계적으로 큰 관심을 불러일으키고 있다. 광우병은 4~5세의 소에서 주로 발생하는 전염성 뇌질환으로서 그 원인은 프리온 단백질의 화학구조상에 문제가 있는 것이라고 알려져 있으며 인간에게 야곱병을 옮길 가능성이 있다는 점이 큰 문제가 되고 있다.

▲ 2008년 5월 2일 여고생 60%가 참가한 첫 촛불시위 이후 7월 말까지 2개월간 학생과 시민이 자발적으로 참여해 수십 만 명의 집회로 발전했다.

광우병의 증상은 소의 뇌에 구멍이 생겨 갑자기 미친 듯이 포악해지고 정신이상과 거동불안, 그리고 난폭해지는 등의 행동을 보이는 것이 특징이다.

20세기 이전까지는 잘 알려지지 않았으나 1996년 3월 영국 정부의 보건부장관이 광우병의 원인이 되는 프리온 단백질의 화학구조가 야곱병을 일으키는 원인물질과 비슷하다는 연구결과를 받아들여, 광우병이 인간에게 감염될 가능성을 인정함으로써 세계의 육류업계에 커다란 타격을 입힌바 있다.

이 무렵 영국 정부의 의학전문가위원회는 "광우병과의 접촉으로 인간에게 감염될 가능성이 있는 야곱병은, 종래에는 고령자에게 나타나는 병이라고 생각되어왔으나 새로운 종은 젊은이에게도 걸릴 우려가 있다"고 경고하였다.

영국 정부는 광우병에 대한 조사 보고와 함께 1996년 3월 쇠고기의 일시 판매중지를 선언하였고 유럽연합도 영국산 쇠고기에 대한 전면 금수조치를 취하였다. 그 후 유럽의 쇠고기 소비량은 40%나 감소하고 수많은 소가 떼죽음을 당하여 유럽 전역의 육류시장과 농가에 커다란 피해를 입혔다.

광우병에 걸린 쇠고기를 사람이 먹고나서 오랜 무증상기(잠복기)를 거쳐 변형 크로츠펠트－야콥병(nvCJD, Creutzfeldt-Jakob disease)의 증상이 나타나면 대부분의 환자가 1년, 모두 2년 이내에 급속히 진행하는 치매로 인해 사망한다고 한다.

그러나 아직 이 병에 대한 치료제가 전혀 없다. 더구나 다른 감염병과는 달리 잠복기가 너무나 길어 5~40년이나 지난 뒤에 증상이 나타나며 드물게는 유전도 되니 과장할 필요도 없는 끔찍한 공포 그 자체이다.

▲ 미 농무부는 2012.4.24. 캘리포니아주 중부지방 젖소 한 마리에서 '소 해면상뇌증(BSE/광우병)'이 발생했다고 발표했다. 이는 지금까지 미국에서만 4번째 발생하는 것이다.

광우병의 역사를 살펴보면 1985년 영국의 한 수의사가 처음으로 광우병으로 죽은 소를 공개한데로 거슬러 올라간다. 이후 1988년 영국 정부는 소에게 죽은 양고기 사료를 먹이는 것을 금지하였고, 광우병에 감염된 소를 모두 도살할 것을 명령하였다.

이어서 1995년 최초의 인간 희생자로 강력히 추정되는 변형 크로츠펠트－야콥병(nvCJD) 환자(19세)가 영국에서 보고되었다. 이듬해 영국에서 이 병에 걸린 환자가 10명,

광우병이 약 16만여 건이 보고되었고 결국 영국 정부가 "광우병과 사람의 변형 크로츠펠트-야콥병 사이에 의학적인 연관성이 있을 수 있다"고 공식 시인하였다.

1996년 당시까지 영국 이외에도 스위스, 아일랜드, 포르투갈 등에서 광우병이 보고되었다. 1998년에는 미국의 신경과 의사인 스탠리 프루시너(S. Prusiner) 등이 이 프리온병의 정체를 밝힌 공로로 노벨의학상을 받았다.

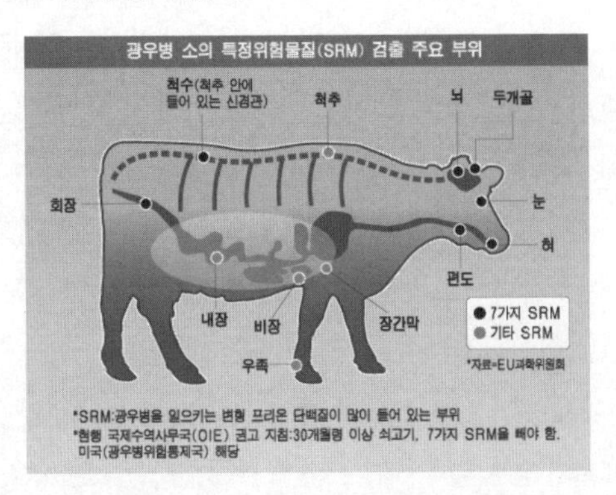

세계보건기구(WHO)는 "최근 2000년 말까지 광우병으로 인한 '변형 CJD' 환자가 영국에서 88명, 프랑스에서 3명 그리고 아일랜드에서 1명이 사망하였다"고 밝혔다. 아직 사망자가 유럽에만 국한되어 있지만 언제 어느 나라에서 환자가 더 발생할지 모르는 일이다. '광우병'이란 결국 자연의 생태계를 거역한 인간의 어리석은 탐욕이 빚어낸 천형인 것이다.

즉 '초식' 동물인 소에게 양의 고기를 먹임으로써 원래 양에 있던 '스크레피'라는 프리온병이 소로 옮겨져 나타난 병이 광우병(소의 프리온 병)인 것이다. 이 미친 소의 고기를 다시 인간이 먹어 전염되고, 그것도 거의 대부분 젊은 나이에, 죽는 병이 '변형 CJD(인간의 프리온 병)'인 것이다.

21세기 지구촌은 하느님의 섭리를 거스른 채 인간들의 이기주의에 의해 초식 동물인 소에게 풀이 아닌 동물성 사료를 먹임으로써 스스로 재앙을 자초하고 있는 것이다. 앞으로 우리들 자신을 포함한 인류에게 또 다른 어떤 새로운 재앙이 닥쳐올지 참으로 불안하기만 할 따름이다.

■ '구제역'(口蹄疫 foot and mouth disease)은 치명적인 가축전염병

18세기 독일에서 최초 발견된 이 동물 바이러스성 질환은 일단 돼지나 소가 감염되면 고열과 함께 몸에 물집이 생기는 무서운 질병으로 피부접촉과 공기로 감염된다. 일단 한 나라에 상륙해 전염되기 시작하면 감염된 동물을 죽이는 것 이외에는 다른 방법이 없다.

광돈병(Mad Pig Disease)이라 불리는 이 질병은 감염된 고기를 먹더라도 인체에는 별 영향이 없는 것으로 알려져 있다. 수의학 전문가들은 "구제역이 사람에게도 전염 된다는 것은 잘못된 것"이라고 말했다.

구제역은 양·소·돼지 등의 바이러스성 질환으로 2~7일의 잠복기를 지나 고열이 나면서 발병한다. 흔히 '아구창병'으로 불리는 구제역은 소·돼지·염소 등 발굽이 갈라진 동물에는 치명적인 제1종 바이러스성 가축전염병이다.

일단 감염되면 섭씨 40도 이상의 고열과 함께 침이 많이 생기며 입·발굽·유방 등에서 물집이 나타난다. 돼지의 경우 50~60%, 소는 5~7%가 죽는 질병이다. 또 돼지의 경우 소보다 전염율이 100배 이상 높은 것으로 확인됐다.

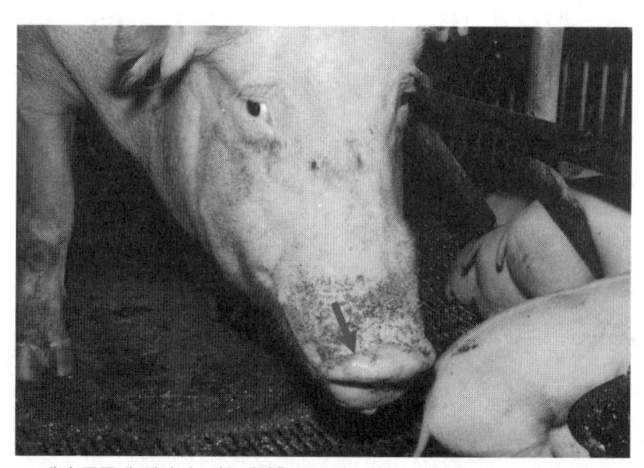

▲ 돼지 콧등에 생긴 수포(구제역은 소보다 돼지가 전염율이 100배 이상 높다)

구제역은 한 번 발생하면 동물뿐만 아니라 공기·물·사료 등 육해공(隆海空)을 통해 빠르게 전파된다는 점에서 축산농가에는 막대한 피해를 준다. 치료법은 아예 없다. 병에 걸린 가축은 도살 말고는 다른 방법이 없다.

이 병의 바이러스는 바이러스 중에서도 가장 작은 부류에 속한다. 구제역은 소와 돼지 등 가축피부에 수포나 화농 증상이 발생하는 바이러스성 전염병으로, 한 번 창궐하면 광범위한 지역의 가축을 집단 폐사시키는데다 전염된 가축을 사람이 취식했을 경우 사망에까지 이를 수 있는 병이다.

구제역 바이러스는 형태학적으로 20면체를 나타내며, 직경은 23~25㎜이다. 약 8,000개에 달하는 핵산 구성성분의 포지티브－스트레인디드 RNA 유전인자를 가지고 있다. 구제역 바이러스 표면구조 단백은 4종류의 폴리펩타이드(VP1, VP2, VP3, VP4) 각각 60복제로 구성되어 있다.

또한 구제역 바이러스는 pH 7.4~pH 7.6에서는 안정하나, pH 6이하의 산성또는 pH 9.5 이상의 알카리성에서는 급격히 파괴된다. 4℃ 이하에서는 단순배지 내에서도 수년간 보존이 가능하며 37℃에서는 10일정도 생존이 가능하다. 56℃에서 30분이면 대부분의 스트레인이 파괴되지만, 조직배양 또는 응용배지 내에서 어떤 스트레인은 80℃에서도 수 시간 생존 가능한 것도 있다고 한다.

미국 농무성이 발간한 '해외 가축질병 예방 및 진단지침'에도 구제역은 공중보건위생상 사람에게는 문제가 없다고 기술하고 있다.

일본의 경우 미야자키현에서 '의사 구제역'이 발생하자 농림수산성은 발병 직후 발표한 공식 자료에서 "이 병은 사람에게는 감염되지 않으므로 감염된 소의 고기를 먹더라도 인체에는 영향이 없다"고 밝혔다.

우리나라에서는 1934년 북한지역에서 마지막으로 발생하고 그 뒤 자취를 감췄었다. 하지만 2010년 말 구제역 창궐로 엄청난 피해를 겪었다.

유럽의 경우 1992년 1월 1일로 예방접종을 중단하고 비 발생을 선언하였다. 그 후 이태리에서 1993년에 발생하였으나 종식된바 있으며, 그리스에서는 1996년 까지도 발생하였고 EU에서 특별 관리를 실시하고 있다.

중동지역에서는 거의 대부분의 국가에서 최근까지도 구제역 발생이 보고되고 있으며, 예방접종도 실시하고 있는 것으로 보고되어 있다.

하지만 아프리카에서는 거의 대부분의 국가에서 발생을 보이고 있다. 미국은 1870년부터 1929년까지 발생한 바 있으며, 캐나다는 1952년에 최종 발생이후 북미와 중남미지역에서는 현재 구제역 발생이 없는 것으로 나타났다.

남미지역에서는 오랜 기간 구제역이 크게 문제시 되어 왔으며, 브라질, 볼리비아, 페루, 콜롬비아, 베네수엘라 등에서 아직도 발생되고 있다.

아시아는 한국과 일본을 제외하고 거의 전 지역에서 발생을 보이고 있다. 특히 말레이시아, 파키스탄, 베트남, 미얀마, 인도, 방글라데시 등이 대표적인 문제지역이며, 중국 광동성에서도 발생하고 있는 것으로 보고되어 있다.

오세아니아는 1871년 구제역이 종식된 것으로 보고되어 있으며, 뉴질랜드 등 기타 오세아니아 지역의 국가들은 구제역 비 발생국으로 인정되고 있다.

지난 2010년 11월 29일 경북 안동에서 첫 발생한 구제역은 불과 1개월 여 만에 전국으로 확산되는 최악의 상황을 맞았다. 전문가들은 우리나라 구제역 청정지역을 유지하기 위해 적극적으로 대처하지 않아서 피해를 키웠다고 지적했다.

이로 인해 2010년 말부터 2011년 초까지 전국적인 구제역 확산으로 소 15만 마리, 돼지 332만여 마리가 살 처분으로 생매장됐다. 또한 2011년 초부터 시작된 조류인플루엔자(AI)로 인해 총 생매장된 소, 돼지, 닭 등 가축이 857만 5,900여 마리로 전국의 4,251곳에 묻히는 환경재앙이 발생했다.

문제는 구제역과 AI가 짧은 시간에 수백만 마리를 매몰처분 하다 보니 정부의 매뉴얼대로 지켜지지 않아 매몰지 가축의 사체에서 나온 피와 부패 물질 등으로 인근 지하수나 하천, 토양 등이 심각하게 오염되는 2차 환경재앙이 발생하고 있다.

구제역은 2008년 들어 국제적으로 발생이 감소하고 있으나, 우리나라와 인접한 중국·북한에서 계속 발생하고 있고 베트남 등 다발지역인 아시아 국가들과의 교류도 증가하고 있어 국내에 유입될 가능성이 매우 높다.

연도별 발생 국가는 2002년에 59개국에서 2005년 40개국, 2006년 26개국, 2007년 17개국으로 매년 감소 추세를 보이고 있다.

우리나라는 지난 2002년 6월 이후 수년간 국내에서 구제역이 발생되지 않음에 따라 관계기관 및 축산농가 등의 긴장감이 떨어졌다. 하지만 지난 2002년도에 발생돼 4500억 원의 직접 손실을 입은 바 있고, 지난 2010년 11월 발생한 구제역은 엄청난 환경재앙을 초래했다.

대만은 1996년부터 2000년까지 발생 5년간 총 41조원, 영국은 2001년 발생해서 21조원의 피해를 입은 바 있다.

지난 2001년 구제역으로 가축 620만 마리를 도살한 영국은 구제역 감염 위험도에 따라 가축의 도살처분 방식을 따로 하고 있다. 구제역 바이러스 확산 위험성이 큰 가축은 전용 이송차량으로 위생매립장에 매립하고, 위험도가 중간인 가축은 열처리 방식으로 바이러스를 고열로 소멸시킨 후 처리한다. 또한 위험도가 낮은 구제역으로 의심되는 가축은 일반소각을 한다.

일본도 미야자키현에서 구제역으로 소 등 가축 28만 9,000여 마리를 살 처분한 이후 전용 매립장에 묻는 방역시스템을 운영하고 있다.

특히 이송과정에서 바이러스가 확산되는 것을 막기 위해 구제역 감염된 가축을 밀봉하고 소독한 후 특수 전용차량으로 위생매립장까지 수송하고 있다. 미국은 가축 처분 우선순위를 렌더링, 매립지 처분, 현지 퇴비화, 현지 매몰순으로 효율성을 높이고 있다.

전문가들은 우리나라의 지금 방식처럼 매몰할 경우 2차 환경오염 재앙이 발생할 우려가 높다며 새로운 방역 시스템을 도입해야 한다고 지적했다.

구제역 바이러스는 동물의 기도로부터 증식되며 배출될 수 있다. 바이러스의 공기중 배출은 감염의 급성기중에 일어난다. 구제역은 거의 전 세계적으로 발생하고 있다.

■ '사스/SARS(중증급성호흡기 증후군)'는 인류가 만든 변종 바이러스

세계보건기구(WHO)는 동남아에서 발생해 유럽, 북미 등 전 세계로 확산되고 있는 호흡기 계통의 '괴질'을 급성호흡기증후군(SARS)으로 명명하고 전 세계 의료진 및 정부에 비상 경계령을 내렸다.

중증급성호흡기증후군(Severe Acute Respiratory Syndrom, SARS, 사스)은 지난 2001년 11월부터 중국 남부 광동성을 중심으로 첫 환자가 발생하여 홍콩, 싱가포르, 베트남 등 2003년 4월 23개국 3,299명 환자가 발생하였고 159명이 사망한 것으로 나타났다. 발열과 기침, 호흡곤란, 비정형 폐렴 등을 보이는 증후군으로 아직까지 원인병원체가 밝혀져 있지 않다.

WHO(세계보건기구)는 2012년 11월 23일(현지시간) 중동에서 2003년 전 세계를 강타한 중증급성호흡기증후군(사스/SARS)과 유사한 '코로나 바이러스'로 인해 2명이 사망하고 4명이 감염됐다고 발표했다.

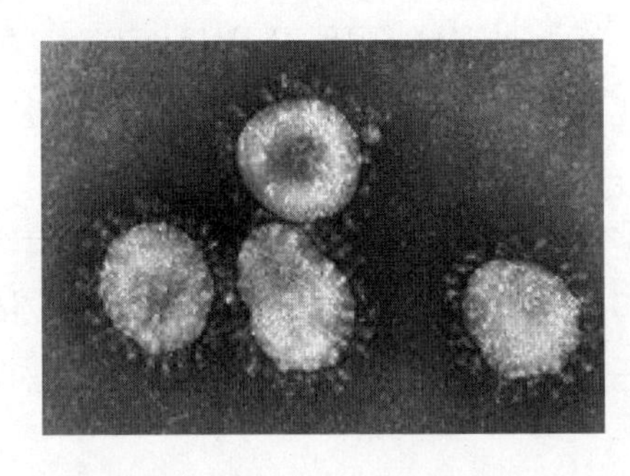

▲ 중동지역에서 2명의 사망자를 포함한 6명이 감염된 코로나 바이러스 (자료:ⓒ위키피디아)

현재 WHO가 중심이 되어 원인병원체 분리 실험을 진행하고 있으며, 최근까지의 조사 결과에 의하면, 변종된 '코로나 바이러스'일 가능성이 가장 높으며, 그밖에 파라믹소 바이러스, 메타뉴모 바이러스 등이 원인병원체로 알려져 있다.

사스의 전파는 주로 비말(작은 침방울)을 통해 감염되는 것으로 사스 환자가 기침, 재채기, 말할 때 배출되는 호흡기 비말에 의해 전파가 된다. 또한 호흡기 분비물에 오염된 물건을 통해서도 전파될 수 있다. 따라서 감염되지 않기 위해서는 손 씻기 등 개인위생을 철저히 해야 한다. 예방접종은 아직까지는 원인병원체가 밝혀지지 않아 백신이나 예방약이 개발되어 있지 않다.

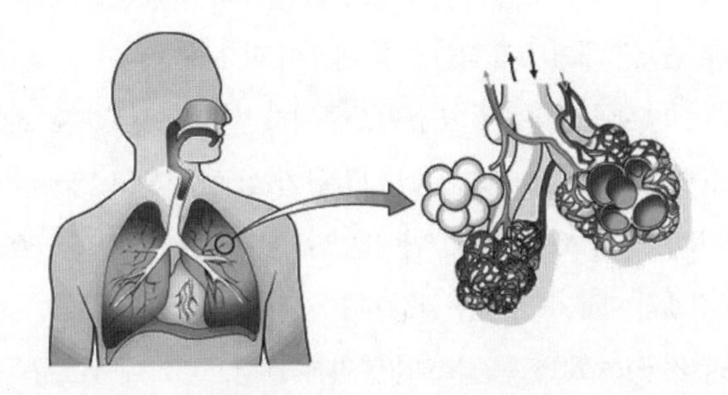

하지만 예방을 위해서는 감염위험지역으로의 여행을 자제하고 손 씻기를 철저히 하여 직접접촉으로 인한 감염을 예방해야 한다. 또한 의심 추정환자는 보건당국에 의해 격리

지정병원에 입원치료를 받고 전염을 차단하기 위해 엄격한 격리와 관리가 필요하다.

증상 및 증후는 전기구와 호흡기증상기로 나뉜다. 전구기(Prodromal phase)는 일반적으로 발열(38도 이상)이 초기증상이며, 고열인 경우가 흔하고 오한이나 경직, 두통, 전신 쇠약감, 근육통이 동반될 수 있다. 호흡기증상기(Lower respiratory phase)는 3~7일 후, 객담이 없는 마른기침, 호흡곤란, 빈 호흡이 발생하여 저산소혈증(hypoxemia)으로 진행된다.

대부분의 환자 80~90% 정도는 6~7일째가 되면 증상이 호전되며 10% 정도의 환자는 증상이 악화되어 급성호흡곤란증후군(acute respiratory distress syndrome)이 발생하여 기계호흡이 필요할 정도의 중증으로 발전한다. 사망율은 3~4% 정도이며, 다른 질환이 있는 경우에 더 높다고 한다.

■ **'조류인플루엔자(AI)'는 인수(人獸) 공통 전염병**

조류독감은 닭·칠면조·오리·야생조류 등 거의 모든 조류에 감염되며, 소화기, 호흡기 및 신경증상이 나타나는 급성 전염병으로 표면 단백질인 항원 특성에 따라 H1형에서 H16형, N1형에서 N9형으로 구분된다.

조류인플루엔자, 브루셀라증 등 인수공통전염병은 인간과 동물에 모두 발생할 수 있어 통제가 어렵고 집단발병의 가능성이 높으며, 일단 발생하면 국민 건강과 축 산업 모두에 큰 피해를 주므로 관계부처의 효율적인 공동 대응이 필요하다.

우리나라에서는 1999년 저병원성 조류인플루엔자 발병을 시작으로 2003년, 2004년에는 고병원성 조류인플루엔자로 530만수의 가금류가 살 처분 되고 1,500억 원 정도의 경제적 손실이 야기된 바 있다. 2006년, 2007년에는 280만수에 이어 2008년 530만 수의 가금류가 도살되는 등 경제적 피해가 막대한 실정이다.

WHO(세계보건기구)는 2013년 8월 19일(현지시간) 캄보디아에서 조류독감으로 9세 소년이 사망했다고 발표했다. 이어 올해 캄보디아에서 발생한 10번째 조류독감으로 사망자가 발생해 다시 지구촌에 창궐할 우려가 있다고 경고했다.

WHO에 따르면 "H5N1형 HPAI는 1997년 홍콩에서 사람감염 예가 처음 확인된 후 당시 18명이 감염되어 6명이 숨졌으며, 2003년 동남아시아에서 인체감염이 재발하여 현재까지 378명이 사망했다"고 밝혔다.

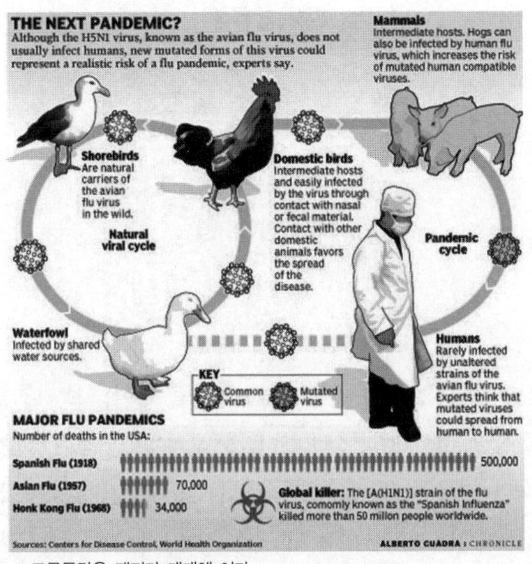

▲ 조류독감은 돼지가 매개체 이다.

가금(家禽) 인플루엔자는 병원체 혈청형이 매우 많은 특징이 있는 가금류에서 보기 쉬운 질병이다. 병원성이 전혀 없는 경우에서 치사율이 100%에 이르는 고병원성까지 종류가 다양한데, 바이러스 재조합에 의한 신종 바이러스가 자주 출현한다.

조류독감 바이러스는 축사 내 먼지나 분변에서 약 5주간 생존할 수 있고, 감염된 숙주의 호흡기도나 분변으로 바이러스가 다량 배설될 수 있으므로 인근 농장으로 쉽게 전파된다.

브루셀라증은 브루셀라(Brucella) 속 균 때문에 소, 돼지, 산양, 면양, 개 등에서 발생하는 세균성 전염병으로 암소에서는 불임증 및 임신 후반기 유산을 일으키고 수소에서는 고환염을 일으키며 사람에게는 발열, 오한, 피로, 두통 등의 증상과 드문 경우 심내막염증을 일으킨다.

전 세계적으로 발생하지만, 특히 지중해 연안, 사우디아라비아, 인도, 중남미 등에서 많이 발생하며 오염된 사료, 물, 양수, 축산물, 우유 등의 섭취나 피부 또는 생식기를 통해 감염된다. 특히 목장 종사자, 수의사, 도축장 종사자, 실험실 근무자 등 동물을 다루는 특정 직업인에게 주로 발생하며 국내에서는 전염병 예방법상 제 3군에 속하는 법정 전염병으로 규정돼 있다.

▲ 아시아 조류독감 확산 현황

특히 조류독감은 감염되는 숙주에 따라 병원성에 큰 차이를 보인다. 다시 말해 닭에서는 100%의 치사율을 보이는 바이러스라 하더라도 오리에게는 전혀 병원성이 나타나지 않을 수도 있는 것이다. 가금류에서의 고병원성 조류인플루엔자 발생여부는 문헌에 발표된 임상적인 소견을 살펴보면 1878년 이전으로 거슬러 올라간다.

조류독감 바이러스는 포유류에 비해 혈청형이 다양하므로 포유류에게서 새로 발견되는 신종 인플루엔자 바이러스는 대개 조류에서 유래된 경우가 많다. 오리가 돼지에게, 또는 사람이 동물에게 전파할 수도 있는 것처럼 인플루엔자 바이러스는 약간의 변이를 통해 동물 간 전파가 가능한 것으로 알려져 있다.

▲ 돼지가 인수(人獸) 공통 전염병 매개체로 신종 바이러스를 탄생시킨다.

조류독감 바이러스가 사람에게 감염하는 경로는 두 가지로 추측되고 있다. 하나는 돼지가 조류독감 바이러스에 감염되어, 감염된 돼지의 몸 속에서 인간의 독감 바이러스와 함께 유전자 재조합을 거쳐 사람에게 전염할 수 있는 신종 바이러스가 생기는 경우이다.

1993년 이탈리아에서 조류의 H1N1 바이러스와 사람의 H3N2 바이러스가 돼지에 감염하여 사람에게 감염할 수 있는 신종 인플루엔자 바이러스가 출현한 것이 그 대표적인 예라고 할 수 있다.

두 번째 경로는 조류의 인플루엔자 바이러스가 중간동물에서의 유전자 재조합 과정을 거치지 않고 직접 사람에게로 전파되는 경우로, 1997년 홍콩에서 조류의 H5N1 바이러스가 사람에게 직접 감염하여 6명이 사망한 경우가 좋은 예이다.

이처럼 조류독감 바이러스는 다른 동물이나 사람에게 감염될 가능성을 항상 가지고 있기 때문에 이에 대한 연구 및 방역 등의 예방조치가 반드시 필요하다. 또한 조류독감 바이러스는 혈청형이 사람보다 복잡하기 때문에 효과적인 예방약 개발이나 생독백신 사용은 극히 위험하다.

이는 백신주와 야외 유행주간의 유전자재조합에 의한 새로운 바이러스의 출현이 가능할 수 있기 때문이다. 따라서 아직까지 조류독감 방역은 백신보다는 차단방역 등을 통한 유입방지가 최선의 방법으로 알려져 있다.

최근 분리되는 조류인플루엔자 바이러스는 일반 인플루엔자 치료제로 사용되는 항바이러스제에 내성이 있는 경우가 있으며 WHO는 조류인플루엔자가 '사람간 감염으로 인플루엔자 대유행'으로 진전될 가능성을 경고한 바 있다.

우리나라 충남도에서는 2008년 10월 4일 예산 오리농가에서 H5N2형 AI가 발생해 5천 수를 살처분 했으며, 금년에는 3월 29일 홍성 종계농장에서 AI의심축이 신고 되었으나 검역원 정밀검사 결과 저병원성 AI(H9)로 판명된 바 있다.

중국은 2009년 1월 최근 "19살 된 베이징의 한 여성이 조류 인플루엔자(AI)로 사망했다"고 발표했다. 이 여성은 지난 2008년 12월 베이징 인근 허베이(河北)성에서 오리 9마리를 산 뒤 이를 조리한 황옌칭(黃燕淸)이란 여성으로 고병원성 H5N1형 바이러스에 의한 AI에 감염돼 같은 달 27일 병원에 입원해 치료를 받다 사망했다고 중국 당국은 밝혔다.

또 같은 날 베트남 역시 "북부 탄호아주에서 닭 요리를 먹은 8살짜리 소녀가 AI에 감염된 것으로 확인됐다"고 밝혔다. 베트남은 이어 8일 "13살 된 이 아이의 언니도 AI로 숨진 것으로 의심된다"고 발표하면서 "아직 AI로 숨졌다고 100% 확신할 수는 없다"고 덧붙였다. 이에 따라 아시아에서 AI 공포가 다시 고개를 들고 있다.

이처럼 중국에서 가장 먼저 가금류의 질병이 발생하는 것은 중국은 가정에서 기르는 닭, 오리 등 가금류가 총 1백 42억 마리로 세계 전체의 3분의 1에 이른다.

▲ 철새도 바이러스를 전파시킨다.

또한 중국의 동부노선, 남부노선, 서부노선 등은 철새가 겨울을 나기 위해 따뜻한 곳으로 이동하는 철새 경유지다. 겨울철로 접어드는 시기에는 바이러스가 활동하기 가장 좋은 계절이다.

자외선이 강해 살기가 어려운 여름과 달리 겨울철은 바이러스가 살기 안성맞춤이며 특히 바람마저 자주 불어 전파력이 엄청나다고 한다. 그동안 전 세계에 걸쳐 100여 명이 AI에 걸려 60여 명이 숨진 것으로 나타났다. AI는 항체 반응을 제대로 알려면 2~3주가 걸린다. 문제는 새로운 돌연변이 바이러스의 출연이다.

세계 보건 기구(WHO)에 따르면 "전 세계에서 조류 인플루엔자로 숨진 사람은 109명으로 늘어났다"고 밝혔다. 지금까지 조류 인플루엔자의 인간 감염이 확인된 국가는 중국과 인도네시아, 베트남 등 9개 나라다.

사망자가 가장 많은 곳은 베트남으로 모두 90여 명이 감염돼 42명이 숨졌다. 이어 인도네시아에서 23명이, 태국에서 14명이 AI로 사망했다. 현재 아시아는 AI로 최대 150억 달러 규모의 손실을 입은 것으로 추정된다.

아시아개발은행(ADB)은 "아시아에서 확산되고 있는 조류 인플루엔자(AI) 문제가 25년만에 처음으로 세계 경기 침체를 불러일으킬 수 있다"고 경고했다. ADB는 일본을 제외한 아시아 43개국을 대상으로 한 '2006년 경제 전망 보고서'를 통해 "AI가 인간 대 인간 감염이 가능해지면 이로 인한 아시아 경제 타격은 최대 3,000억 달러에 이를 것"이라고 밝혔다. 이어 ADB는 "인간 AI로 1년간 경제 성장이 멈추고 세계는 1982년 이래 처음으로 리세션에 빠질 수 있다"고 경고했다.

■ **질병 위기는 인간의 생태계 파괴에 대한 자연의 준엄한 보복**

1918년 1년간 사망자가 5,000만 명이나 되어 미국 펜실베니아를 공포로 몰아넣었던 가공할 전염병 살인독감은 미연구팀의 연구결과 "조류독감"일 가능성이 높다는 충격적인 연구결과를 발표하였다. 결국 21세기 질병의 위기는 인간의 생태계 파괴에 대한 자연의 준엄한 보복일 것이다.

2013년 6월 24일 미 시사주간 타임지는 "중국은 여름이 지나면서 인플루엔자가 확산될 수 있다"며 "지난 1997년, 2003년에 유행했던 조류독감(H1N1)의 패턴이 반복될 경우 엄청난 피해를 입을 수 있다"고 경고했다.

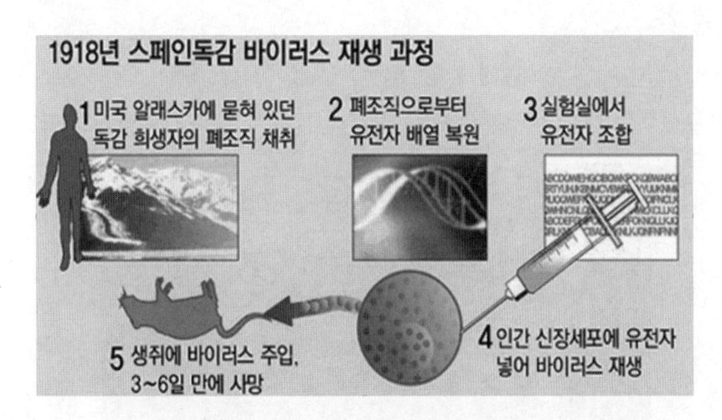

미 연구진은 1918년 스페인독감 바이러스에 의해 전 세계 5,000만 명의 목숨을 앗아간 이 독감 바이러스의 재생을 하는 데 성공했다고 발표했다.

현재 아시아에서 발생하고 있는 조류독감 바이러스(H5N1)와 구조가 거의 일치한다고 밝혔다. 문제는 앞으로 엄청난 재앙을 몰고올 수 있는 신종 독감 바이러스가 언제 출현할 것인가 이다고 전문가들은 말했다.

아시아개발은행(ADB)은 "200~700만 명이 AI로 사망하는 최악의 시나리오를 가정했을 때 경제에 미치는 영향이 심각할 것"이라며 "관광, 은행업이 크게 타격을 입을 것"이라고 말했다. 이에 앞서 세계은행도 AI가 아시아 경제 성장 전망에 장기적으로 그림자를 드리우고 있다고 지적한 바 있다.

특히 ADB는 "홍콩, 중국, 싱가포르 등 대규모 서비스 산업을 갖춘 나라들이 가장 큰 피해를 입을 것"이라며 "이는 세계 무역 활동 타격으로 이어질 것"이라고 밝혔다. 그러나 ADB는 현재 판단으로는 인간 AI가 그렇게 오래 지속되지는 않을 것으로 보고 있다고 덧붙였다.

지난 2003년 사스 발생 후 아시아 경제는 상대적으로 빨리 회복됐다며 AI로부터도 비슷한 양상으로 회복할 것이라고 밝혔다. ADB는 "1년 내에 경제 활동이 정상으로 돌아갈 것이며 2~3년 내에 AI 발생 이전 수준으로 회복될 것"이라고 밝혔다.

특히 조류 인플루엔자(AI) 등과 같이 신종 질병이 끊임없이 발생함에도 불구하고 전 세계 의료 인력은 만성 부족에서 벗어나지 못하고 있는 것으로 나타났다.

세계보건기구(WHO)는 '2006년도 보건보고서'를 통해 "에이즈나 사스(중증급성호흡기증후군) 같은 주요 질병에 대처할 수 있는 의료인력 부족이 430만 명에 이른다"면서 "그나마 약 5,920만 명으로 추산되는 의료 인력은 대부분 부국에 밀집해 있다"고 밝혔다.

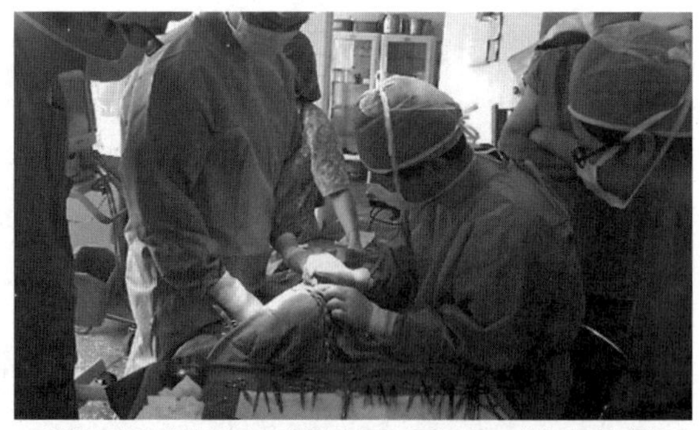

▲ 서울의료봉사재단(이사장. 조병욱)이 몽골 울란 바트르에서 의료봉사활동을 하고 있는 모습.

보고서는 아프리카·아시아 지역 57개 최빈국의 경우 어린이 예방접종이나 산파 등 기본적인 의료행위조차 불가능하다면서, 이 중 사하라 사막 이남 아프리카 36개국은 평균 수명이 선진국의 절반 수준으로 떨어졌다고 지적했다.

실제 아프리카는 1,000명당 의료 인력이 2.3명으로, 유럽(18.9명)이나 미주지역(24명)에 비해 크게 부족하다. 이는 빈곤과 열대병 등이 만연한 지역일수록 의료인력 부족 현상이 심각하다는 것을 뜻한다.

WHO(세계보건기구)는 "부족한 인력을 충당하기 위해서는 최빈국 57개국의 의료 부문 예산이 개인당 최소 10달러(약 9,500원) 수준에는 이르러야 한다"면서 "국제사회의 긴급하고도 지속적인 지원이 절실하다"고 밝혔다. WHO 이종욱 사무총장은 "세계 인구가 증가하는 데 반해 많은 지역에서 의료 인력은 정체되거나 심지어 감소를 보이고 있다"며 의료 양극화에 대해 우려했다.

문제는 이처럼 지구촌에 질병이 창궐하고 있지만 현재 "아파도 물어볼 곳조차 없는 인구가 최소 13억 명"이라고 한다.

■ '인플루엔자 A'는 21세기 질병의 서곡에 불과하다

멕시코 발 신종 돼지 인플루엔자(swine influenza, SI) 감염사망자가 전 세계로 확대되면서 21세기 들어 최대의 충격과 공포로 몰아넣었다. 각국은 백신확보에 비상이 걸렸으며 아직도 진행 중이다. 이제 인류는 새로운 질병의 시대를 맞고 있다.

지난 해 2009년은 '인플루엔자 A'라는 새로운 질병의 창궐로 지구촌은 공포의 도가니에 몰아넣었다. 어쩌면 이것은 21세기 인류에게 던지는 마지막 경고 인지도 모르겠다.

각국은 SI 확산 차단에 전력을 다하고 있다. 세계보건기구(WHO)는 SI의 위험수준을 4단계에서 5단계로 5단계에서 6단계인 '대유행'까지 격상시켜 사태의 심각성을 경고하고 나섰다.

5단계는 2개 이상 국가에서 인체 감염이 지속적으로 일어나 대유행으로 이어질 가능성이 높은 단계를 말하며 6단계는 지구촌의 '대유행'단계를 말한다.

우리나라도 지난 해 멕시코를 다녀온 50대 여성이 정밀검사결과 인플루엔자 바이러스가 A형이면서 인간의 H_1 H_3 유형이 아닌 제3의 유형으로 밝혀져 '의심환자'에서 '추정환자'로 국군 수도병원에 격리 수용됐다. 이어 5월 3일 최초의 '감염 추정환자'가 '감염'으로 확진됨에 따라 감염확진 환자 1명, 추정환자는 2명이 됐다. 격리 수용자는 확진환자와 추정환자 3명으로 늘어났다.

▲ 외국인 관광객들이 마스크를 착용하고 인사동 거리를 관광하고 있다. (사진:여성신문)

멕시코는 4월 27일 현재 사망 152명, 간염환자 1,614명으로 집계되었으며 미국은 감염자가 50명, 스페인 2명, 캐나다 6명, 영국 2명, 이스라엘 1명, 뉴질랜드 11명 등이 감염된 것으로 나타났다. 또한 홍콩, 태국, 독일 등에서도 감염의심 환자가 나와 감염의심국은 19개국으로 늘어났다.

전 세계는 이번 돼지 인플루엔자 후 폭풍으로 몸살을 앓고 있다. 글로벌 증시가 SI의 급격한 확산의 영향을 받아 약세로 돌아서면서 금융시장에 불안감이 확산되고 있다.

반면 국내 증시에서는 SI 영향으로 항공, 여행주가 하락하고 제약, 바이오관련주들은 상승했다. 특히 하루가 다르게 전해지는 SI 소식에 여행과 요식업계가 울상을 짓고 있다. 불황속에 덮친 SI 악재에 관련 업계가 초비상이 걸렸다.

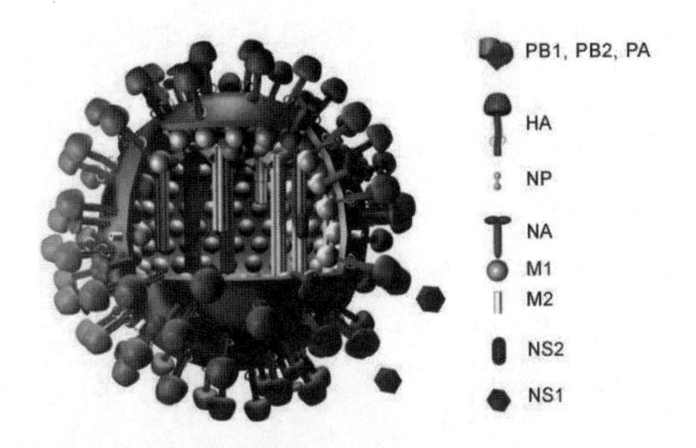

▲ 신종인플루엔자 바이러스 구조(출처:위키피디아)

이종구 질병관리본부장은 "돼지 인플루엔자가 급속히 퍼지기 시작한 4월 17일을 전후해 멕시코나 미국을 여행한 경험이 있는 사람은 바이러스에 노출됐을 가능성이 있다"며 "해당 기간 동안 위험지역에 체류했거나 이 지역을 여행한 사람과 접촉한 후 감기증상이 있는 사람은 즉시 보건소에서 검사를 받아봐야 한다"고 말했다.

미국은 돼지 인플루엔자를 막기 위해 '비상사태'를 선포하고 유럽연합(EU)이 27개 회원국 보건장관 회의를 개최하기로 하는 등 각국이 글로벌 공조에 나섰다.

로이터 통신은 "이번 돼지 인플루엔자 파동은 세계 경제의 상처 난 부위에 소금을 뿌린 격 이다"며 "멕시코 발 돼지 인플루엔자의 감염확산 우려가 커지면서 양돈 업계뿐만 아니라 관광 항공업계에 엄청난 피해를 입힐 것이다"고 분석했다.

지난 해 금융위기 직전에 세계은행 보고서는 "인플루엔자가 전 세계에 확산되면 세계경제에 미칠 부담 비용이 3조 달러(약 4,000조 원)에 달할 것" 이라고 밝혔다. 일반 독감과 돼지 인플루엔자의 차이점은 38도 이상 고열 여부에 있다.

질병관리본부에 따르면 "돼지 인플루엔자는 콧물, 코막힘, 인후통, 기침, 고열 중 두가지 이상의 증상이 나타나면 감염 가능성이 있다"며 "고열증상이 없어도 돼지 인플루엔자에 걸렸을 수도 있다"고 말했다.

일반 독감보다 인플루엔자 A가 더 무서운 이유는 사람들 사이에 유행한 적이 없기 때문에 사람에게 감염되었을 때 면역성이 거의 없는 관계로 사망률이 높다는 것이다.

돼지가 인수(人獸) 공통 전염병의 매개체가 되는 것은 돼지의 해부구조와 생리적 특성이 사람과 많이 닮았기 때문이라 한다. 과학자들이 돼지를 대상으로 장기이식용 동물복제 실험을 하는 이유이기도 하다.

이 돼지는 돼지 인플루엔자 말고도 조류 인플루엔자(AI)나 사람 독감에도 걸린다. 조류 인플루엔자나 사람의 독감이 돼지 몸속에서 유전물질을 교환해 유전자가 재조합을 거쳐 돌연변이가 일어나면 새로운 바이러스가 탄생하고 이 신종 바이러스가 호흡기 등을 통해 사람에게 감염된다. 조류 인플루엔자보다 돼지 인플루엔자가 더욱 공포 스러운 것은 사람에게 전이가 빠르다는 것이다.

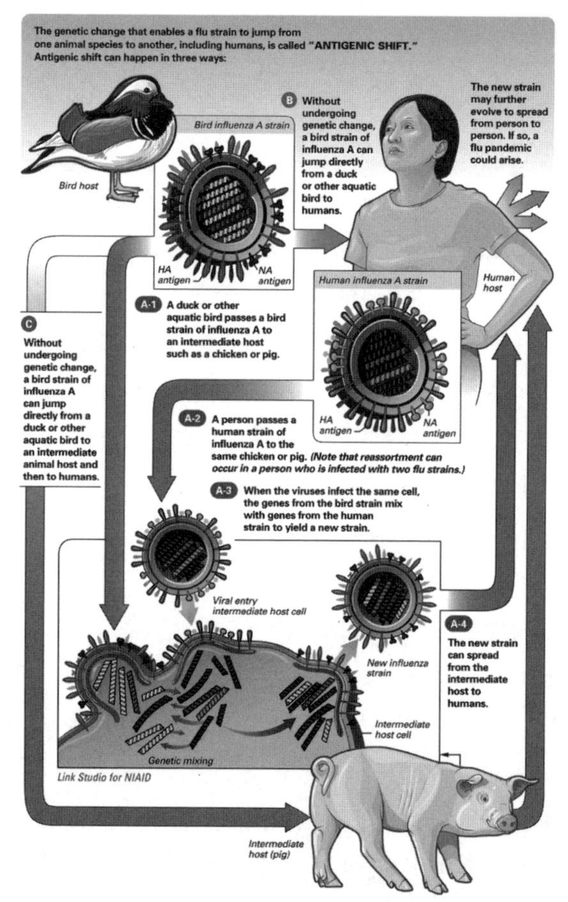

▲ 바이러스 스테인(출처:위키피디아) 사람과 돼지(SI), 조류(AI) 인플루엔자 바이러스를 말한다.

지구촌은 돼지 인플루엔자 명칭에 따라 전 세계 축 산업에 비상이 걸렸다. 이에 따라 WHO(세계보건기구)는 '돼지 인플루엔자(SI)' 병명을 '인플루엔자 A'로 공식 변경했다.

WHO(세계보건기구)는 "5월 1일 신종 인플루엔자 바이러스에 감염된 것으로 공식 확인된 사례가 257건에서 331건으로 늘어났다"고 발표했다. 미국은 감염사례가 130건이 넘어서자 300여 곳의 학교에 휴교령을 내렸다.

5월 3일 캐나다에서 '신종 인플루엔자 A(H1N1)'에 감염된 돼지가 처음 발견되면서 신종 인플루엔자 확산 우려가 더욱 커지고 있다.

아시아에서는 홍콩에서 처음으로 신종 인플루엔자 감염 환자가 확인됨에 따라 홍콩과 중국, 대만 등이 적색경보를 내렸다.

WHO(세계보건기구)는 2009년 6월 12일까지 74개국에서 2만 9,000여 명이 감염돼 145명이 사망했다고 밝혔다.

결국 이번 '신종 인플루엔자A' 사태가 어쩌면 21세기 '질병 재앙'의 서곡에 불과하다는 것이다. 인간의 생태계 파괴에 의한 자연의 준엄한 보복으로 새로운 변종 바이러스가 나타나 인류를 심판하게 될지도 모를 일이다.

3 에너지의 위기

■ **21세기 '전력'이 붕괴되면 인류 문명이 후퇴한다**

21세기 들어 지구촌은 자연재해가 잇따라 발생하고 있다. 그런데 문제는 우리가 편리하게 사용하고 있는 '전력'이 자연재앙 앞에는 무용지물이라는 것이다. 전기는 화석연료를 사용해서 만드는 화력발전과 물을 댐에 저장해 만드는 수력발전, 원자로를 이용한 원자력 발전 등에 의해 만들어져 그동안 우리 생활 깊숙한 곳까지 점령해 왔다.

이러한 우리 생활과 뗄래야 뗄 수 없는 이 전기가 오히려 21세기 우리 인류에게 위협이 된다는 사실을 얼마나 알고 있을까? 만일 전력에 의해 움직이는 수도권 전철이 자연재해에 의해서 전력공급이 중단된다면? 세계 대도시들 역시 전력이 공급이 안 돼 전철이 올 스톱하고 국가 전력망이 붕괴돼 21세기 최대 정보통신인 인터넷망이 붕괴되면?

또한 각 도시의 빌딩들의 엘리베이터가 올스톱 된다면? 생각만 해도 끔찍한 공포가 아닐 수 없다.

지난 2008년 1월 중국에 몰아닥친 50여 년 만의 최악의 폭설로 천문학적인 피해가 발생하고 전력대란과 물자대란마저 심화되면서 총체적 위기감이 고조된바 있다.

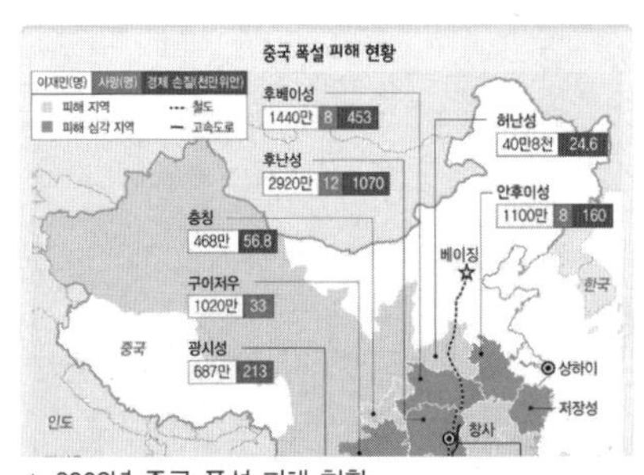

▲ 2008년 중국 폭설 피해 현황

▲ 자동차가 완전히 얼어버렸다.

특히 전력난에 따른 위기가 심각했다. 석탄 비축량이 갈수록 고갈되는 상황에서 구이저우(貴州)에서는 평상시의 50%대 수준밖에 전력을 공급하지 못해 결국 최고등급인 제1급 전력난 경보마저 발령했다.

미국의 AP통신은 2009년 1월 28일 "현재 중부와 동부를 강타하고 있는 폭설로 피해가 확산되고 있다"며 "텍사스, 아칸소, 켄터키, 오클라호마주 등에서 현재까지 23명이 사망했고, 100만 가구 이상이 정전 사태로 추위에 떨고 있다"고 보도했다.

지난 2009년 1월 26일부터 계속되고 있는 눈과 얼음을 동반한 '겨울 폭풍'으로 아칸소의 30만 가구 이상, 켄터키의 47만 가구 이상이 1월 28일 오전까지도 전기가 복구되지 않아 어려움을 겪고 있다.

관계 당국은 전기 복구를 위해 노력하고 있으나 영하의 매서운 날씨 탓에 일부 지역에서는 2월 중순까지 정전 사태가 계속될 수도 있다고 우려를 나타냈다. 북 아칸소 전기 회사의 멜 콜먼 최고경영자(CEO)는 "폭설이 마치 빠져나갈 곳이 없는 토네이도와 같다. 상상할 수 없을 정도로 심각하다"고 상황을 전했다.

2012년 12월 러시아 상트페부르크에는 강추위 속에 난방수요가 급증하면서 전력공급이 끊어져 2틀째 1만 2,000여 가구가 추위에 떨어야 했다.

이뿐만이 아니다. 이와 같은 지구온난화에 따른 환경재앙은 작은 것에 불과해 앞으로 어떠한 '대재앙'이 우리 인류에게 닥쳐올 지 아무도 모르고 있다.

▲ 우리나라 신 울진 1, 2호기 조감도

그런데도 우리 인류는 21세기 지구촌이 인구 증가와 대도시 건설에 따른 전력사용 급증에 따라 원자력 발전소를 앞 다퉈 건설하고 있다. 또한 대도시들은 편리한 전철을 비롯해 각종 초고층 건축물들을 경쟁적으로 건설하고 있다.

현재 세계는 지구온난화에 따라 곳곳에서 지진, 쓰나미, 초대형 태풍 등 대재앙이 발생하고 있는 점을 상기한다면 다시 한 번 생각해 볼 문제다.

인류 역사는 흥망성쇠를 거듭해 왔다. 이 점들을 되돌아 보고 깊이 되새겨 인류가 편리함만 추구하는 것이 아니라 진정으로 무엇이 우리 인류의 삶을 풍요롭게 만드는 일인가 생각해 보자.

■ 자연재해로 전력에 의한 '정보화 시대' 붕괴

21세기 현 시대는 정보화 사회(情報化社會, Information Society)라고 일컬어진다. 종래의 농업화 사회와 공업화 사회에서는 가치를 생산하는데 있어 물질과 에너지가 가장 중요한 자원이었다면 정보화 사회에서는 정보가 가장 중요한 자원이 된다. 사회의 산업구조도 제조업 중심에서 정보 산업, 두뇌 산업 중심으로 바뀐다. 일반적으로 컴퓨터 네트워크가 완비된 사회라 부른다.

만일 우리 인류가 각종 재앙에 의해 전력 공급이 차단되었을 경우를 한 번쯤 생각해 볼 때가 아닌가 싶다. 이를 위해 우리가 해야 할 일은 무엇인가?

전력망과 인터넷망의 공급으로 현재의 지구촌은 하루가 다르게 진화하고 있다. "신이 인류를 창조하고 인간이 신의 영역에 도전한 것"이 인터넷이라고까지 말하는 학자들도 있다. 국가 간, 사회 간 모든 시스템이 이 인터넷망에 의해 거미줄처럼 연결돼 돌아가고 있다. 그런데 작금에 와서 이 정보화시스템이 자연재해로 인해 대재앙을 맞을 수도 있다는 것이다.

자연재해에 의해 원전 파괴, 댐 붕괴, 전력을 생산하는 모든 시설물 들이 붕괴될 경우 우리 시대는 상상을 초월하는 재앙에 직면하게 된다. 가정에서는 우선 냉·난방 시스템이 붕괴할 것이고 전력을 사용하는 가전제품이 무용지물이 된다.

전력을 사용하는 지하철 등 교통은 마비되어 교통대란을 초래할 것이다. 우리가 살고 있는 아파트와 건물의 조명, 엘리베이터 등이 올 스톱될 것이다. 더 큰 문제는 전 세계가 공유하고 있는 정보의 바다인 인터넷망의 붕괴다. 특히 각종 네트워크망의 붕괴는 정부기관, 금융기관, 기업의 모든 활동을 마비시킬 것이다.

21세기 들어 우리 인류는 화석에너지 고갈로 신재생에너지를 대체에너지로 녹색성장을 주도하고 있다. 하지만 한편에선 이 테마의 중심이 풍력, 태양광에서 원자력으로 이동하고 있다는 분석이 잇따르고 있다.

▲ 중국 양쯔강 샨샤(三峽)댐
세계 최대의 댐으로 가로길이 2,300m, 높이 185m, 저수량 393억 톤으로 인공위성에서 잡힌다고 한다.

▲ 미국 후버 댐
샨샤댐이 생기기 전까지는 세계 최고의 댐이었다. 1931년 미 애리조나주와 네바다주 사이의 험준한 블랙캐년 밑을 흐르는 콜로라도강을 막아 만들었다.

◀ 1963년 10월 9일 오후 10시 30분 이탈리아 '바이온트 댐'붕괴됐다. 이 사고로 단 6분만에 약 5,000여 명이 사망하는 최악의 상황이 발생했다. 지난 2008년 유네스코에서 공개한 '인류 역사상 가장 기억해야할 사고지역'으로 발표했다.

바야흐로 원자력 산업이 21세기 새로운 르네상스를 맞는 듯싶다. 사양길로 접어든 듯했던 이 원자력 산업이 중국이라는 신흥 시장의 등장과 북미와 유럽에서도 원자력 부흥의 기대감이 넘친다. 국제에너지기구 관계자는 "기후변화와 에너지 안보로 인해 유럽과 미국이 장래에 원자력을 훨씬 더 면밀하게 주시하게 될 것이다"고 예측했다.

이에 따라 우리 정부는 최근 안정적인 전력 공급을 위해 오는 2020년까지 총 26조 원을 투입해 새로운 원전 13기를 건설한다고 발표했다. 전 세계적으로도 2030년까지 300기 이상의 원전이 건설될 것으로 전망했다.

정부는 "전 세계적으로 운영 중인 원전이 439기, 건설 중인 원전은 36기, 건설 계획을 수립한 원자력발전소는 312기에 달할 만큼 원전 르네상스가 도래했다"며 "우리나라도 녹색 성장을 위해 원자력 발전 비중을 더욱 늘리겠다"고 밝혔다.

▲ 국내 최초의 원자력 발전소인 '고리 원자력 발전소' 1978년 4월 29일부터 가동해 현재 30년이 넘었다.

반면 일부에서는 반론의 움직임도 만만치 않다. 에너지 안보를 강화할 대안이라고는 하지만 전기를 만드는 원자력은 석유의 대체에너지 자원이 아니며 지금의 추세라면 50~60년까지는 우라늄 연료를 공급할 수 있지만 원전이 급증하면 공급부족으로 위기를 맞을 수 있다고 말하고 있다.

우리는 눈앞으로 닥쳐온 에너지 위기에만 급급해 우리 후손들은 어떻게 살아가야 할지 대안은 마련하지 못한 채 우리 인류가 그 동한 발전시켜온 과학에만 의존해 앞으로 닥쳐올 이러한 시스템 붕괴에 대비하지 않을 경우 어떤 재앙이 닥칠지 그 누구도 모른다.

■ **21세기 '원자력 사고'는 최악의 재앙**

2013년 현재 전 세계적으로 총 437기의 원자력 발전소가 있으며 436기가 가동 중에 있다. 현재 68기의 원자력 발전소가 건설 중에 있다. 우리나라는 23기의 원자력 발전소가 있으며 이는 세계에서 다섯 번째 규모이다.

우리 인류는 그동안 비약적인 발전을 해왔다. 이는 인간들이 불을 발명해 사용할 줄 알았으며 특히 전기를 발명해 이용할 수 있었던 것이라 할 수 있다.

그런데 이 전기를 사용하기 위해서는 대규모의 전기를 생산할 수 있는 발전소가 필요했다. 이것은 갈수록 급증하는 인구와 우리 인류가 편리하게 사용하기 위한 각종 산업시설, 편의시설, 교통시설, 산업통신망 등이 전기를 사용하기 때문이다.

문제는 이 대규모 발전시설에서 발생하고 있다. 초기 화력발전으로 인해 엄청난 양의 화석연료가 필요했으며 이로 인해 지금은 대기오염과 함께 온난화의 주범으로 몰렸다.

수력발전은 자연환경의 강을 막아 건설하기 때문에 생태계 파괴를 불러왔고 댐 붕괴로 인해 엄청난 인명과 재산피해가 발생해 재앙을 맞았다.

이후 안전하고 청정에너지로 불리는 원자력 발전 역시 한 번의 사고로 사고지역은 물론 주변 국가에 까지 막대한 피해를 주며 이를 회복하기 위해서는 수백 년의 시간이 필요할 뿐만 아니라 자연 생태계까지 파괴해 우리 인류를 위협하는 부메랑이 되고 있다.

그동안 우리는 금세기 대형, 최악의 원자력 사고를 목격해 왔다. 지난 1979년 3월 28일 새벽 4시(현지시간) 미국의 스리마일 아일랜드 원자력발전소가 상업운전을 시작한 지 불과 4개월 만에 사고가 발생했다.

▲ 미 스리마일 아일랜드 원자력발전소 모습

자동장치밸브 이상으로 증기 압력이 높아져 파이프가 파괴되면서 냉각수 증발로 인해 터빈과 원자로가 정지되었다. 이후 원자로 온도가 급상승해 핵 연료봉이 녹고 원자로 용기까지 파괴돼 건물 내 방사능 수치가 정상치 보다 1,000배나 높아졌다.

이로 인해 일부 방사성 기체가 대기 중에 노출되는 사고가 발생했다. 하지만 다행히 더 이상의 대형사고로 이어지지 않았다.

20세기 최악의 '체르노빌 원전사고'

우리는 20세기에 최대 최악의 '체르노빌'사건을 겪은 바 있다. 지난 1986년 4월 26일 우크라이나 원전 4호기 폭발로 인해 1991년 4월까지 5년 동안 7,000여 명 사망, 900여 만 명이 치료를 받고 있는 대재앙을 목격했다.

지난 1997년 미국을 비롯한 27개 국가가 체르노빌 영구 폐쇄 처리를 위해 2007년까지 10년 동안 자금을 제공했다. 강철 아치 2만여 톤으로 4호 원자로를 완전히 덮어 폐쇄하는 데 약 7억 6,800만 달러의 자금이 투입됐다.

학계에서는 '체르노빌' 원전사고 후유증이 27년여간 지난 지금까지 계속되며 논란을 빚고 있는 것은 처음부터 철저한 연구를 하지 못했기 때문이라고 말하고 있다.

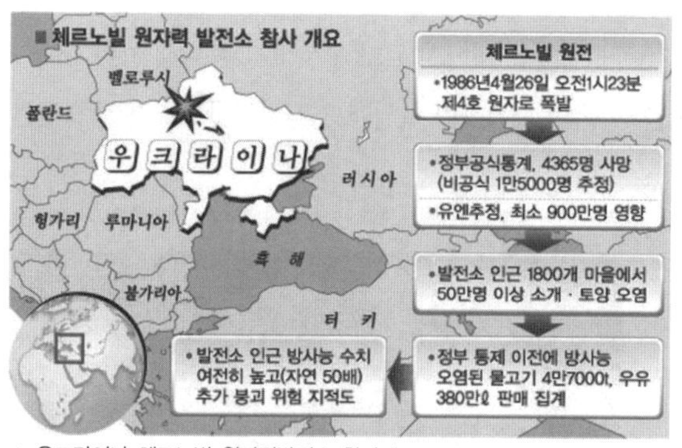

▲ 우크라이나 체르노빌 원자력발전소 참사개요

전문가들은 아직도 체르노빌 인근 지역에 방사능 유출로 인해 돌연변이 동식물이 계속 발견되고 있다고 말했다. 하지만 일부에서는 돌연변이가 방사능 때문이라는 증거가 없고 자연은 이미 회복단계에 들어섰다고 밝혔다.

미 연구진은 최근 체르노빌 원전 지역의 동식물에 대해 연구 논문을 발표했는데 이곳은 사고당시 반경 30㎞에서 사람들을 대피시킨 소개(疏開)지역을 답사해 연구했다고 밝혔다.

이 지역에서 발견된 제비가 정상제비에 비해 턱밑 깃털이 희게 변하는 백색증을 보였는데 이는 '돌연변이'라는 결론을 내렸다고 한다.

▲ 체르노빌 원전 근처에서 발견된 돌연변이 제비(오른쪽) 왼쪽의 정상 제비에 비해 턱밑 깃털이 희게 변하는 백색증을 보였다.(미 USC 제공)

또한 이 연구진은 "체르노빌의 새들이 백내장을 많이 앓고 있다"고 플러스원 저널에 논문을 발표했다. 식물학 연구저널인 트리(Trees)에 "체르노빌 지역의 소나무가 원전사고 이후 제대로 자라지 못하고 있다"고 주장했다.

트리(Trees)에 따르면 "체르노빌 지역 12군데 105그루의 소나무를 분석한 결과 사고 전 나이테와 사고 후 나이테가 색깔부터 달랐다"며 "이는 체르노빌 일대 식물대상 첫 전면조사로 방사능으로 소나무가 뒤틀렸을 뿐만 아니라 지금까지도 가뭄과 같은 환경스트레스에 취약한 상태로 있었다"고 밝혔다.

▲ (오른쪽 사진) 체르노빌 원전 인근에서 벌목한 소나무
원전사고 이후 나이테는 그 전과 색깔이 구분된다. 체르노빌 사고 후 소나무는 가지가 변형되고 가뭄에 취약해진 것으로 나타났다.(미 USC 제공)

반면 지난 2006년 WHO(세계보건기구)는 "체르노빌 소개(疏開)지역과 외곽에서 방사능으로 인한 동식물의 돌연변이 가능성을 제기하는 실험 결과가 보고되고 있지만 관찰된 세포의 변이가 생물학적으로 위험하다고 볼 만한 의미가 있는지는 알 수 없다"고 밝혔다.

현재 이 지역의 들쥐(Bank Vole)는 방사능을 지속시키는 이끼를 먹어서 방사선계를 갖다 대면 바로 경보음이 난다고 한다.

미 텍사스공대 베이커 교수 역시 "들쥐의 유전적 변화를 방사능과 연관시킬만한 증거가 없다"고 결론을 내렸다.

우크라이나 정부는 "체르노빌 소개 지역이 야생동물이 풍부한 곳으로 탈바꿈 했다"며 "지난 2000년 자연보호구역으로 지정"했다.

◀ 옛 원자력발전소 주변의 제한구역 내에는 폭발 사고 이전보다 열 배나 많은 멧돼지, 3천여 마리의 엘크, 늑대 등이 서식하고 있으며 스라소니도 돌아왔다

그린피스는 지난 2011년 3월 체르노빌 사고가 일어난 뒤 사람들의 주거 및 출입이 통제된 지역을 기준으로 인근 농가와 시장에서 야생딸기, 버섯, 뿌리 식물인 감자, 당근 등을 수집해 방사성 물질을 검사한 결과 유아는 물론 성인 섭취 기준보다 높은 세슘 137이 검출됐다고 밝혔다. 일부지역에서는 기준치의 6.5배가 넘는 방사성 물질이 검출되기도 했다.

드로즈딘은 체르노빌로부터 300㎞ 떨어진 곳이다. 사고발생 25년이 지난 2011년 지금도 각 지역의 토양에 흡수된 방사성 물질이 먹이사슬을 따라 생태계 전체에 영향을 미치고 주민 건강을 악화시키고 있다.

그린피스 에너지분과 소속 물리학자 하인즈 슈미탈은 "아무리 적은 양의 방사성 물질이라도 일단 유출되면 강이나 바다로 흘러가 생태계에 얼마나 축적되고 어떤 형태의 문제로 나타날지 예측할 수 없다"고 말했다.

이어 그는 "체르노빌 원전사고 이후 60만 명에 가까운 원전 작업자들이 투입됐고 옛 소련의 경제가 어려워질 만큼의 자금을 쏟아 붓는 등 신속하고 계획적인 대응을 했다"고 밝혔다.

그린피스 국제기후 에너지 활동가 이리스 청은 "아시아나 아프리카에 원전개발이 집중되는 반면 이미 원자력을 경험한 유럽과 미국은 재생에너지에 초점을 맞추고 있다"고 밝혔다.

이리스 청은 "원전을 짓고 운영해 초기 투자비용을 회수하기까지 보통 30년이 걸리고 최기 투입되는 노동자 말고는 일자리 창출을 하지 못한다"고 말했다. 반면 재생에너지를 개발하는 과학기술분야에 투자하면 연구인력 등 숙련된 직업군을 양성할 수 있다는 장점이 있다는 것이다.

또한 우라늄 채취 비용과 핵폐기물 처리비용, 냉각수 등으로 인한 환경적 기회비용 등을 고려하면 원전의 경제성을 주장하는 것은 타당하지 않다고 주장했다.

▲ 체르노빌 원전사고 후 폐쇄모습

지난 2011년 4월 15일 한국독성보건학회 주최 '후쿠시마 원전사고와 우리 건강포럼'은 "1986년부터 2056년까지 유럽인 8만 9,851명이 체르노빌 사고 원인으로 인해 암으로 사망할 것이다"고 밝혔다.

또한 "우크라이나 인근 벨라루시, 러시아 등 3국 피해가 집중돼 8만 2,000명의 암 환자가 추가로 발생하고 이 중 5만 840여 명이 사망할 것이다"고 전망했다.

방사선 피폭으로 인한 암환자는 주변국뿐만 아니라 스페인, 크로아티아 등을 포함해 유럽 전역에 나타날 것으로 예측됐으며, 약 6억 명이 연간 0.4mSv(밀리시버트)이상 방사선에 노출될 것으로 파악됐다.

유럽의 과학자들은 체르노빌 지역을 방문해 자유롭게 드나들며 연구한 것이 불과 10여 년 밖에 되지 않기 때문에 이에 대한 연구가 빈약할 수밖에 없다고 한다. 때문에 앞으로도 당분간은 논란이 계속될 수밖에 없을 것 같다.

21세기 최악의 대재앙 '후쿠시마 원전사고'

우리는 20세기에 최대 최악의 '체르노빌' 사건을 겪은 바 있다. 그런데 21세기 들어 또다시 최악의 '후쿠시마 원전사고' 라는 대재앙이 발생했다. 지난 2011년 3월 11일 일본 동북부에 9.0이라는 대지진과 쓰나미로 인해 후쿠시마 제1원전(原電) 1, 2, 3, 4호기가 폭발했다.

지난 2011년 3월 11일 일본 '도후쿠 9.0 대지진'은 쓰나미 악몽과 함께 '방사능 공포'로 일본의 안전신화가 무너져 '패닉 상태'에 빠졌다고 언론은 전했다.

대지진 다음날인 3월 12일 오후 3시 30분 경 제1원전의 1호기 원자로가 있는 건물에서 폭발이 일어났다. NHK방송을 비롯한 일본 언론들은 후쿠시마현 오쿠마초에 있는 후쿠시마 원전 1호기에서 발생한 폭발사고를 생생히 보도했다.

▲ 후쿠시마 제1원전 1호기 원전 폭발 모습

일본 정부의 대피령이 내려진 원전 인근 지역에서 11일, 12일, 13일까지 긴 대피 행렬이 이어 졌다. 일본 경찰청은 13일 오후 9시 30분 현재 대지진과 쓰나미로 1,353명이 사망하고 1,085명이 행방불명이라고 공식 발표했다.

이번 지진은 초기 '도후쿠 지진'으로 불렸으나 이후 '동일본 대지진'으로 통용되었다. 현재 일본 내 원전은 총 50기로 이번 지진이 강타한 동북부에 29기가 몰려있다. 문제는 노후 원자로가 많아 앞으로 제2, 제3의 후쿠시마 사태가 언제든 다시 일어날 수 있다는 것이다.

일본 정부는 대지진 다음날인 3월 12일 후쿠시마 제1원전 1호기에서 폭발이 일어나자 '원자력 긴급사태'를 선언하고 제1, 제2원전 주변 주민 21만 여 명에게 대피령을 내렸다.

▲ 일본 방사성 물질 확산 예상도

3월 15일 제1원전의 원자력 6기 중 4기에서 그동안 수소폭발이 일어나고 나머지 2기도 불안정한 상태로 총체적인 난국에 빠졌다.

제1원자로는 11일 지진으로 냉각장치가 중단되면서 12일 수소폭발이 일어나 노심용해로 방사능이 유출됐다. 제2원자로는 14일 저녁 2차례 노심이 완전 노출되고 15일 오전 6시 경 수소폭발로 압력제어실이 파손돼 원전직원 800여 명이 대피하고 방사능이 유출되었다.

제3원자로는 14일 오전 11시쯤 수소 폭발해 원전근로자 등 11명이 부상하고 1명이 중상을 입고 방사능이 유출되었다. 제4원자로는 15일 오전 11시쯤 폐연료봉 과열로 수소 폭발해 격납건물 벽이 파손돼 방사능이 유출됐다.

제1원전의 원자로 1, 2, 3, 4호기 모두 수소 폭발을 일으키면서 방사성 물질은 인체에 해를 줄 수 있는 수준으로 급속히 확산됐다. 상황이 이러한 데도 일본 정부는 속수무책이라는 점이다. 방사능 누출로 접근이 불가해 복구는 생각조차 할 수 없다는 점이다.

시버트(Sv)는 생물체가 kg당 흡수하는 방사선량의 단위로 1밀리시버트(mSv)는 1,000분의 1Sv이다. 1마이크로시버트(μsv)는 1,000분의 1 mSv이다.

'후쿠시마 원전사고' 최후의 50인 사투

지난 3월 16일 일본 원전 직원들 중 최후의 50인이 '피폭불사' 선언을 하며 원전 보수 작업에 뛰어들었다. 국제 방사선 방호위원회(ICRP)의 권고 사항에는 "절대 500mSv(밀리시버트)를 넘어서는 안 된다"고 했다.

이 핵심 인력 50명은 피폭방지 특수복을 입고 산소탱크를 진채 인공호흡기로 숨 쉬고 있다. 이들은 15분 간격으로 교대하지만 방사선이 얼마나 피폭되고 있는지도 모른다. 때문에 이들은 죽을 준비가 되어있다고 말했다.

지진 발생 19일째인 3월 29일 '핵 재앙'에 대한 위기감이 전 국민들에게 드러났다. 일본 간 나토오 총리는 "2차 대전 이후 뿐만 아니라 일본 역사 전체적으로 최악의 위기다"라고 강조하면서 "원전사고는 예측을 불어하는 긴급 상황이 지속돼 최대한 긴장감을 갖고 노력하겠다"고 말했다.

▲ 소방호스로 물을 뿌리고 있는 모습

도쿄 전력 측은 "3월 21일과 22일 사이에 채취한 원전 내 5곳의 샘플에서 플로토늄 238, 239,240 등이 검출됐다"고 밝혔다. 239,240의 농도는 토양 1kg당 최고 1.2 베크렐이었다. 플로토늄 239는 핵무기 원료로 반감기가 무려 2만 4000년이라고 전문가들은 말했다.

하지만 도쿄 전력과 일본정부는 "과거 일부 국가의 대기권 핵실험 시 일본에서 검출된 것과 같은 수치인 '극히 미량'으로 '인체에는 문제가 안 된다'고" 설명했다.

원전사고 발생 20일이 돼도 사태수습 전망이 보이지 않자 일본 국민들은 도쿄전력과 일본 정부에 대해 '상황통제 능력과 정보 은폐의문'으로 불신이 고조되었다.

국제사회 역시 후쿠시마 원전사고가 항구적인 위기로 치달을 수 있다고 전망하면서 당장 냉각기 작업에만 1년 이상이 걸릴 것으로 지적하고 나섰다. 때문에 전문가들은 일본이 원자로 폭발을 막기 위해 방사성 물질을 지속적인 누출 쪽으로 방향을 잡고 있다는 의혹을 제기했다.

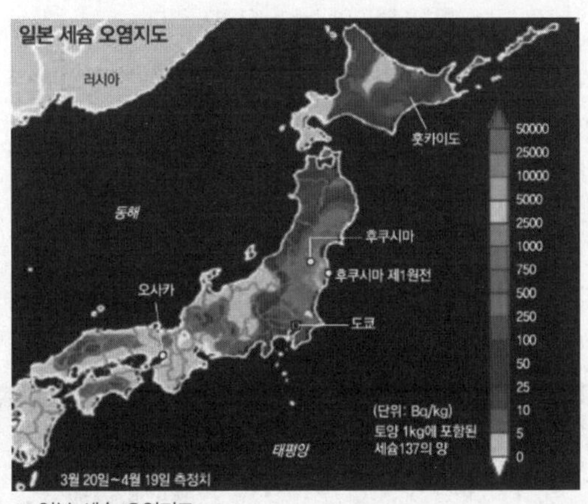

▲ 일본 세슘 오염지도

일본 정부는 감당할 수준이 넘자 국제사회에 지원을 요청했다. 프랑스는 일본의 요청으로 원전업체 전문가 1명과 원자력청(CEA) 핵 전문가 1명 등 2명을 파견했다. 요미우리 신문은 3월 29일 "미·일 양국이 후쿠시마 원전사고에 공동 대응하기 위해 4개팀을 신설했다"고 보도했다.

후쿠시마 제1원전 주변에 다양한 방사성 물질이 검출되고 있으며 검출된 방사성 물질은 10종류가 넘었다. 가장 대표적인 것이 '요오드'와 '세슘'이다.

요오드는 갑상샘에 피해를 주는 물질로 반감기가 50분~8일 정도지만 '세슘 137'은 반감기가 30년으로 인체에 장기적인 피해를 줄 수 있다.

도쿄전력은 3월 28일 새벽 2호기 터빈실 물웅덩이의 방사성 물질 세슘 134의 농도가 원자로 냉각수 보다 10만 배나 높은 1㎤ 당 1,900만 베크렐(Bq)에 달했다고 밝혔다. 또한 물웅덩이 표면에서 물질이 내뿜는 방사성 세기는 시간당 1,000밀리시버트(mSv)로 그곳에 30분 정도만 있어도 림프구가 줄고 4시간이면 사람 절반은 30일 이내에 숨지는 고농도이다.

일본 원자력안전보안원은 3월 27일 "후쿠시마 원전 배수구 남쪽 330m 지점에서 전날 채취한 바닷물을 조사한 결과 요오드 131의 농도가 법정한도를 1,850배, 세슘 134는 196배를 초과했다"고 발표해 일본 수산물에 대해 불안감이 높아졌다.

'후쿠시마 원전사고' 2년 동안 태평양 바다 오염시켰다

日本 후쿠시마(福島)에는 2년이 지난 지금까지도 제1원전의 오염수가 원전 앞바다로 매일 300만 톤씩 유출되고 있는 것으로 나타나 충격을 주고 있다.

일본 정부도 그동안 도쿄 전력에만 맡겨두고 2년여 동안 모른 척 하다가 전 세계로 '후쿠시마' 괴담이 퍼지자 그제 서야 뒤늦게 차수벽을 쌓았지만 통제 불능의 지경에 이르고 있다.

▲ 후쿠시마 원전 차수벽

일본 정부는 흙을 얼린 빙벽을 만들어 지하수의 원전 접근을 차단하겠다며 이 프로젝트에 약 4,600억 원을 투입하겠다고 나섰다. 방사능 오염수 해양유출은 사고 직후인 2011년 4월부터 5월 원전 1~4호기 중 2호기, 3호기 주변 땅속으로 부터 고농도 오염수가 바다로 유출되는 것이 확인됐다.

하지만 도쿄 전력은 방수공사로 인해 '오염수 바다유출'은 없다고 밝혀 일본 사회는 이를 믿었지만 2년 여가 지난 2013년 7월 22일에야 "바닷물과 지하수 사이에 왕래가 있었다"며 "이제 우리가 감당할 수 있는 수준을 넘었다"고 실토해 일본 사회를 비롯한 전 세계에 충격을 주고 있다.

일본 정부는 8월 7일 "원전 주변에 매일 1,000톤의 지하수가 유입 중이며 이 중 300톤 정도가 바다로 유출 중이다"고 밝혔다. 하지만 여전히 모든 게 확실치 않아 의혹이 증폭되고 있다.

도쿄 전력은 항내에만 오염수가 유출되었다고 하지만 정확한 오염수 유출 수치가 없다. 때문에 오염수가 태평양 해류를 따라 이동하면서 태평양 바다 생태계를 오염시켜 언제 지구촌에게 새로운 제2의 원전 피해 재앙이 올 지 아직은 아무도 모른다.

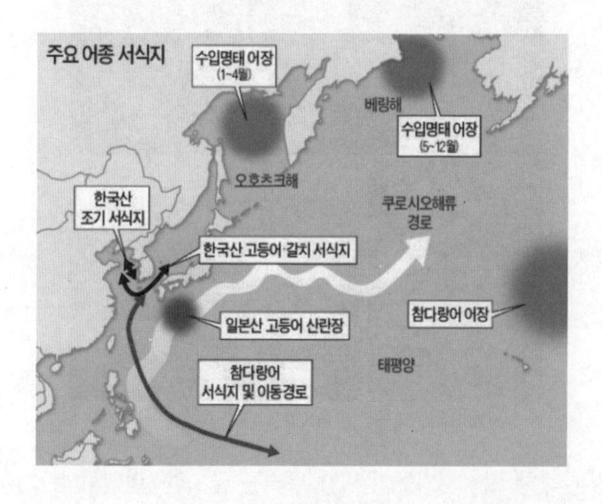

일본의 아베 총리는 2013년 8월 7일 "이제 오염수 문제를 도쿄 전력에만 맡겨 두지 않고 국가적 대책을 마련하겠다"고 했지만 이미 전 세계에 후쿠시마 괴담이 퍼진 후라 '사후 약방문' 격이 되고 말았다.

앞서 일본 도쿄 전력은 지난 2011년 3월 11일 후쿠시마 대지진 발생 16시간 만에 원전 1호기의 '멜트다운'이 진행된 것으로 밝혀졌다. 멜트다운은 원자로 내 핵연료봉 전체가 녹아내려 방사선이 외부로 누출되는 것으로 원전사고 가운데 가장 심각한 상태를 말한다.

일본 정부는 5월 8일 원전 주변에서 30~40㎞ 가량의 '계획적 피난구역' 주민 7,700여 명을 대피시키기로 했으며 대상은 연간 방사선량이 20밀리시버트(mSv)가 넘을 것으로 보이는 지역의 주민들이다"고 밝혔다.

도쿄 전력은 4월 14일 원전 1호기 건물 지하에서 3,000톤에 달하는 방사성 물질 오염수가 확인됐다고 발표했다.

그린피스 에너지 분과 물리학자 하인즈 슈미탈은 "일본의 방사성 오염수를 바다로 배출한 행위는 매우 심각한 세계적 범죄행위며 원전사고 앞 바다에서 잡은 까나리에서는 기준치의 25배에 달하는 방사성 세슘이 검출되는 등 이미 해양 생태계에 방사성 물질이 침범해 심각한 상태다"고 말했다.

▲ 방사능 오염으로 변형된 동식물 모습

그는 이어 "일본의 행위는 폐기물의 해양 투기를 금지한 '런던협약'을 위반하는 행위로 원전에서 오염수를 빼낼 경우에는 댐 형태의 구조물이나 유조선 등에 물을 가두었다 정화처리 하는 것이 기본이다"고 말했다.

특히 일본은 "체르노빌 보다 제대로 짜여지지 않은 대응을 하고 있다"고 비난했다. 지난 2011년 3월 23일 우리나라는 편서풍 때문에 안전하다고 했지만 12곳에서 방사성 물질이 검출되었다.

방사성 물질인 '제논'이 검출되고 3월 28일에는 전국의 대기에서 방사성 '요오드'가 검출돼 '방사능 공포'가 확산됐다. 전문가들은 후쿠시마 원전사고가 콘크리트로 만들어진 격납고의 유무와 원자로 방식 때문에 체르노빌 사고와 이번 사고를 다르게 보고 있다.

체르노빌은 핵융합 제어를 위해 흑연을 사용해 대규모 폭발까지 이뤄지고 격납고가 없기 때문에 방사성 물질이 넓게 퍼졌다. 하지만 후쿠시마 원전은 흑연 대신 물을 사용하고 격납고가 버텨주기 때문에 체르노빌 보다 덜 위험할 것이라는 설명이다.

일본 방사능 공포에 따라 수입 수산물에 대한 공포가 우리나라에도 닥쳤다. 태평양 등 넓은 지역의 수산물도 일본의 후쿠시마 원전에서 방사능 오염수가 하루 300톤씩 누출되고 있다는 방송보도 후부터 식당의 수산물 매출이 뚝 떨어졌다.

온라인상에도 괴담이 떠돌고 있다. 정부가 일본산 수산물을 방사능 검사 결과를 공개하지 않는다며 주변국들은 일본산 수산물 수입을 금지했는데 우리나라만 수입을 한다는 괴담이 나돌다 수산물 식당들이 타격을 입고 있다.

■ **대정전(大停電/Black Out) 공포**

'전기를 사용하는 설비와 시설이 동시에 정전되는 것'

지난 2011년 9월 15일 전국 곳곳에서 동시 다발적으로 발생한 사상초유의 대규모 정전사태는 최소 1시간에서 최대 4시간 이전에 국민들에게 미리 알릴 수 있었음에도 불구하고 초동대응이 미숙함 때문에 발생한 사고였다.

전국적인 단전사고로 인해 전기 공급이 끊긴 가구가 200만이 넘는 것으로 파악됐다. 갑작스런 단전으로 엘리베이터에 갇힌 사람만 2,900여 명, PC방 환불사태, 양식장 고기 폐사, 공장 가동중단 재해 등 전국에서 크고 작은 피해가 이루 말 할 수없이 발생했다.

한전의 비상 메뉴얼인 '전력시장 운영규칙'에 따른 예비전력이 100만 kw가 남았을 때 비상단전 조치로 전력대란이 발생했다.

大停電 닥친다면

밥 짓고 샤워하는 文明의 일상, 최소 이틀은 올스톱
휴대폰 끊기고, 지하철·여객기 멈추고, 治安까지 캄캄

아파트 엘리베이터 멈춰 초고층 주민들 사실상 고립
백화점·마트 계산대 작동 안돼 주유기 멈춰 車기름도 못 넣어
폭발 위험 큰 석유화학공장 원료 엉겨붙으면 설비 망가져 제철소는 쇳물 굳으면 끝장

병원 수술 못하고, 은행·증시는 입출금 중단
인터넷 불통… 유선전화는 18시간만 사용 가능

어떻게 복구하나

동시 복구 불가능… 수력발전소 많은 수도권 먼저 살려

화력·원자력발전소, 외부 전력 필요 수력 통해 초기 가동용 전기 공급

선진국도 예외 아니다

2003년 8월 뉴욕… 단 하루 暗黑에 약탈의 땅으로

모든 전등 꺼져 은하수 봤을 정도 재산 피해만 1억5000만달러 육박

2003년 8월 14일 오후 미국 동북부 지역이 일시에 정전(停電)되는 블랙아웃이 발생하자 뉴욕 시민들이 브루클린 다리를 건너 맨해튼을 빠져나오고 있다. 이날 정전으로 지하철과 기차가 모두 멈춰 섰다.

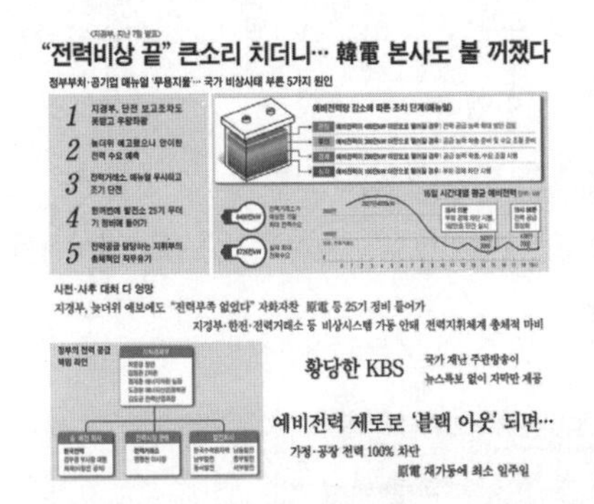

"전력비상 끝" 큰소리 치더니… 韓電 본사도 불 꺼졌다

정부부처·공기업 매뉴얼 '무용지물'… 국가 비상시대 부른 5가지 원인

1 지경부, 단전 보고조차도 못받고 우왕좌왕

2 늦더위 예고했으나 안이한 전력 수요 예측

3 전력거래소, 매뉴얼 무시하고 조기 단전

4 한여름에 발전소 25기 무더기 정비에 들어가

5 전력공급 담당하는 지휘부의 총체적인 직무유기

사전·사후 대처 다 엉망

지경부, 늦더위 예보에도 "전력부족 없었다" 자화자찬 原電 등 25기 정비 들어가

지경부·한전·전력거래소 등 비상시스템 가동 안돼 전력지휘체계 총체적 마비

황당한 KBS

국가 재난 주관방송이 뉴스특보 없이 자막만 제공

예비전력 제로로 '블랙 아웃' 되면…

가정·공장 전력 100% 차단

原電 재가동에 최소 일주일

2년 뒤 설비예비율 3.7% 불과

예비 전력 모자라… 5년간 전국 大停電 위험

전력 수요량 예측 주먹구구

2020년 예상치 올해 벌써 추월

짓겠다던 발전소 지연·취소

봄·가을에도 공급량 빠듯

'마지막 보루' 양수발전소 7곳 중 4곳, 정전사태 당시 스톱

정상 가동 믿었으나 물 바닥

이로 인해 엘리베이터가 멈춰서고, 병원에 각종 장비가 작동 불능돼 비상사태가 발생했으며, 중소기업의 공장이 멈춰서고 상가의 가게 역시 올 스톱되어 국민들을 공포의 도가니로 몰아넣었다.

특히 일부 가게 매장에서는 단전조치로 정전이 되자 계산을 하지 않고 나가려는 손님들과 몸싸움까지 벌어지는 초유의 사태까지 발생하기도 했다. 결국 이 단전 사태는 한전의 잘못된 수요예측과 메뉴얼을 무시한 처사라고 할 수 밖에 없다.

하지만 소비자인 국민들 역시 에너지인 전기를 무감각하게 홍청망청 낭비하는 소비형태도 문제점으로 나타났다.

초유의 정전사태로 엄청난 피해를 본 다음날 불과 하루 밖에 지나지 않았지만 강남의 대로변 대부분 매장은 에어컨을 틀어놓은 채 유리문을 활짝 열어놓고 영업을 하고 있었다. 손님을 끌기 위해서는 어쩔 수 없다고 직원들은 말했다.

大停電을 막아라 (1)전력 공급 확대, 시간이 없다

전문가들 "10년뒤 전력 1220만kW 부족… 현실적 대안은 原電뿐"

한국 이산화탄소 의무 감축국 석탄 발전 비중 계속 줄여야

온실가스 배출량 가장 적고 발전 단가 싼 원전이 합리적

신재생에너지 정착 때까지 원전이 징검다리 역할해야

경제성·안전성 동시만족 '소형 모듈原電'

대형 원전의 10분의 1 규모

냉각수 필요없어 어디든 건설

오바마 "올해 10억달러 투자"

한국도 '스마트 원자로' 연구

천재지변에 대비 안전 설비 더 강화해야

안전 확신 있어야 原電 확대

투명한 정보 공개가 중요

사용 후 핵연료 대책도 시급

大停電을 막아라 (2)너무 싼 전기요금

전기료 원가로만 받아도 年 190억kWh 절약… 原電 2.5개 없어도 돼

◆선진국 중 가장 싼 전기요금 ◆원가 수준으로 올려야

짜장면값 11배 오를 동안 전기요금은 1.5배 인상 그쳐 OECD 국가 중 가장 싼 값

가정·기업이 혜택 누릴수록 국가 에너지 시장은 왜곡

포스코 작년 전기료 2576억원… 일본에 있었다면 6851억원 내야

수출경쟁력 강화 명분 폭레 "산업용 전기료 현실화" 지적

에너지 빈곤층 120만 가구는 배려해야

사상 초유의 전국적인 단전 사태를 겪은 지 불과 하루밖에 되지 않은 시점에 상가들은 어제의 악몽을 잊고 전기를 무감각하 낭비하고 있었다.

현재 우리가 사용하지 않는 전기 코드만 뽑아도 85만 Kw 급 발전소 1개 불량을 절약할 수 있다. 우리나라 전기 요금 100을 기준으로 미국 138, 일본 242 수준으로 세계에서 가장 싼 편에 속한다.

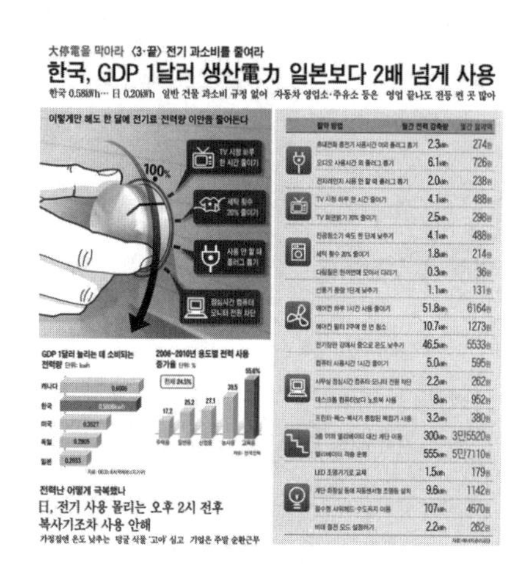
大停電을 막아라 〈3·끝〉 전기 과소비를 줄여라

한국, GDP 1달러 생산電力 일본보다 2배 넘게 사용

한국 0.58kWh… 日 0.20kWh 일반 건물 과소비 규정 없어 자동차 영업소·주유소 등은 영업 끝나도 전등 켠 곳 많아

전력난 어떻게 극복했나

日, 전기 사용 몰리는 오후 2시 전후 복사기조차 사용 안해

지난 1965년 11월 9일 오후 5시 27분 미국 뉴욕에서 14시간 동안 대규모 정전사태가 발생했다. 지하철이 멈춰 섰고 교통신호가 마비돼 교통대란이 일어났다. 고층 빌딩을 비롯한 각종 건축물의 엘리베이터가 멈춰 섰다. 병원에 보관 중이던 혈액이 부패하기 시작해 모든 수술이 중단되었다.

관제탑의 오작동으로 비행기가 한동안 하늘에 떠 있어야만 했다

1977년 7월 13일 밤 발전소에 벼락이 떨어져 두 번째 대 정전이 일어났다. 무려 25시간 동안 1,616개 상점이 약탈당하고 화재 1,037건이 발생했다. 폭력 범죄가 들끓어 경찰관 550명이 다치고 1만 253명이 검거되기도 했다.

하지만 2003년 여름 뉴욕에 세 번째 정전사태가 발생했지만 지난 1, 2차와 같이 무질서와 소요사태가 일어나지 않았다. 대부분 공공기관 등이 비상전력과 예비 전력을 갖췄고

위기관리 메뉴얼이 만들어져 이 메뉴얼대로 행동했고 2001년 9월 11일 테러 사건 이후 시민의식이 높아졌기 때문이었다.

지난 2011년 3월 11일 일본 동북부 대지진으로 일본 사상 초유의 제한 송전으로 일상생활 곳곳에서 엄청난 타격을 받았다.

철도와 전철의 편성횟수가 줄어들면서 도쿄 등지에서 철도 대란이 일어났다. 때문에 출, 퇴근길 직장인들이 혼란을 겪었다. 제한 송전으로 학교에서는 급식이 취소되고 빵 또는 주먹밥으로 메뉴가 대체되었다. 냉장시설과 식기세척기 등이 제대로 작동하지 못해 학생들이 식중독 위험이 커졌다.

또한 교차로 신호등이 꺼지면서 각지에서 교통사고가 잇따랐다. 은행 현금인출기(ATM)까지 먹통이 돼 현금인출기 서비스가 되지 않아 전국 440개 지점과 편의점 등에서 현금 인출이 되지를 안았다.

일본 맥도널드 도쿄 신주쿠 본사는 700여 명 중 피해대책 근무자를 제외한 전원을 재택근무를 실시한다고 밝혔다.

'위기관리' 전문가들에 따르면 "현재 한국의 위기관리는 '정교화 작업' 이 필요한 단계이다"면서 "각 주관 부처에서 메뉴얼을 따로 만들다 보니 엉성하거나 비현실적으로 양산된 경우가 많아 총체적인 점검을 해야 한다" 고 말했다.

특히 "부처별로 분산된 위기관리 체계는 이번 정전사태처럼 현장 대응에 문제를 낳았다" 며 "지자체 단체장이나 공공기관 최고 경영층의 절대적인 관심과 노력이 없다면 공무원이나 말단 조직원은 메뉴얼을 따르지 않을 수밖에 없다" 고 밝혔다.

우리는 앞으로 언제든지 지난 9·15와 같은 대규모 정전사태 보다 더 큰 '대정전'이 일어날 확률이 높은 시대에 살고 있다.

그동안 우리는 에너지의 많은 부분을 원전에 의해 사용해 왔지만 이 원전 역시도 지난 일본의 3·11 동일본 대지진에 의한 후쿠시마 원전 사태에서 보았듯이 엄청난 재앙을 초래할 수 있다.

앞으로 정부의 관리와 노력도 중요하지만 무엇보다도 에너지를 아껴서 절감하는 국민 스스로의 의식을 가져야 할 때이다.

■ **정보혁명의 부메랑 '인터넷 재앙'**

인류가 만든 가장 위대하면서도 붕괴된 '바벨탑!' 구약성서의 창세기편에 이 바벨탑에 대한 내용이 있다. 이제 21세기 우리 인류가 '인터넷'으로 다시 신의 영역에 도전하고 있다. 과연 신은 우리에게 어떤 재앙을 내릴지?

우리 인류는 노아의 대홍수 뒤에 시날(현재 티크리스강과 유프라테스강 사이의 평원)의 땅에 벽돌을 가지고 마을에 탑을 세워 그 꼭대기가 하늘에 닿게 하려고 했다.

하지만 하느님은 이것을 보고 그때까지 하나였던 인류의 언어를 혼란시켜 인간이 서로 의사소통을 할 수 없도록 만들어 버렸다. 결국 인간의 욕망과 탐욕으로 이 위대한 프로젝트는 붕괴되고 인류는 지금까지 대혼란에 빠지고 말았다.

우리 인간의 창조주인 신은 인간들이 신의 영역에 침범하는 것이 괘씸해 바벨탑에 투입된 사람들의 언어를 다르게 해서 혼란을 초래하게 만들었다. 결국 인간들은 서로 소통이 가능한 사람들끼리 모여 뿔뿔이 흩어졌다.

◀ 알려지지 않은 플랑드르 대가(Unknown Flemish Master), 16세기 바벨탑(The Tower of Babel), 시에나 국립미술관(Pinacoteca Nazionale, Sienna)

우리 인류가 최초로 시도한 바벨탑 계획은 실패로 끝났다. 이는 의사소통의 문제에서 찾을 수 있다. 그런데 우리 인류는 다시 과학의 눈부신 발전과 함께 인터넷을 만들어 지구촌 인류가 서로 소통할 수 있는 길을 열었다.

어느 학자의 말처럼 인간이 신의 영역에 도전하는 것이 인터넷이라고 표현한 것처럼 신은 시간과 공간을 초월하는 존재인데 이 인터넷이야말로 이 영역을 침범하는 것이기 때문이다. 인터넷만 있으면 내가 있는 자리에서 전 세계의 모든 정보를 실시간으로 알 수 있다.

21세기 정보통신의 발달로 인터넷이 더욱 진화해 '유비쿼터스 혁명 시대'를 맞았다. 우리는 모든 일상생활에서 없어서는 안되는 가전제품, 가구, 자동차 등에 컴퓨터가 상호 의사소통을 통해 보이지 않는 생활환경까지 인터넷이 인간중심의 최적화를 실현하고 있다.

예를 들어 미군이 발전시킨 위성통신 및 위치파악시스템인 GPS(Global Positioning System)가 현재 자동차의 네비게이션으로 활용돼 모르는 장소도 쉽게 찾아갈 수 있게 되었다. 이제는 스마트폰 등장과 함께 한 손에 전 세계의 정보를 한눈에 볼 수 있는 것이다.

▲ 궤도를 도는 GPS 위성의 개념도

이제 GPS 수신 장치만 있으면 누가 어는 장소에 있든지 접근이 가능하도록 상업화되었다. 또한 영상을 보면서 통화할 수 있으며 SNS(Social Network Services)를 통해 세계 어디서든지 '트위터', '페이스북'을 공유하고 언제든지 영상을 인터넷에 올릴 수 있는 시대가 되었다. 실로 신이 위협을 느끼기에 충분할 만하다.

하지만 이러한 인터넷도 전력이 없으면 무용지물이다. 물론 무선인터넷도 있지만 이것도 밧데리 충전을 해야만 가능하다. 전력의 붕괴야 말로 21세기 우리 인류를 다시 재앙으로 몰아넣을 수 있는 것이다.

이와는 별도로 바벨탑이 붕괴된 이후로 하지 못했던 서로 간의 소통문제를 해결한 이 컴퓨터가 이제 다시 어두운 그림자를 드러내고 있다. 우리의 크고 작은 일상생활과 직결되어 있는 컴퓨터가 사이버 무기화로 진화되고 있다. '스턱스넷(Stuxnet)'이라는 사이버 미사일이 이란에 이어 중국의 댐, 공항, 철도 등 기간 산업시설 1,000여 곳에 PC 600만 대를 바이러스로 감염시켜 엄청난 피해를 일으켰다.

중국의 네트워크 보안전문가는 "철강, 에너지, 교통 등 거의 모든 산업 섹터에 비상이 걸렸다"고 밝혔다. 수력발전 전문가인 중국 지질대 교수는 "세계 최대 댐인 '샨사 댐'의 제어 시스템이 장악당하면 폭탄을 떨어뜨리는 것보다 더 큰 파괴가 일어날 수 있다"고 경고했다.

컴퓨터 보안 전문가들은 '스턱스넷'이 국가급 전문기관이 정교하게 개발한 '사이버 크루즈미사일'로 '최초의 사이버 전쟁무기'로 추정하고 있다. 특히 이 '스텍스넷'은 특정 제품의 컴퓨터에 특정 산업시설의 제어시스템을 공격하며 파괴할 목표물도 스스로 선별한다고 한다.

▲ 2010년 9월 30일 세계적으로 위력을 떨치고 있는 신종 컴퓨터 웜 바이러스 '스턱스넷'(Stuxnet)이 중국에서 컴퓨터와 주요 산업시설을 공격하고 있다고 밝혔다.

이 바이러스 역시 변종이 출연하고 다른 명령 수행이 가능하다고 하니 충격이 아닐 수 없다. 우리나라도 북한의 소행으로 보이는 금융권, 청와대를 비롯한 정부기관, 방송국, 언론사 등이 수시로 공격을 받아 다운되는 사고를 겪었다.

21세기 스마트폰 등장으로 소셜미디어 '트위터'와 '페이스북', '카카오톡' 등이 새롭게 진화하고 있다. 정치, 경제, 사회, 문화의 영역에서 새로운 쌍방향 소통을 주도하고 있다.

하지만 많은 유용함에도 불구하고 이 역시 부작용을 낳고 있다. 개인의 신상이 무차별적으로 노출되는 '신상털기'로 당하는 사람은 사회의 낙인이 찍혀 삶의 고통을 받는다.

문제는 이런 컴퓨터의 부작용들이 어쩌면 앞으로 '인터넷 재앙'의 시작에 불과한지 모른다. 신이 인간의 탐욕으로 바벨탑을 붕괴 시켰듯이 말이다.

이제 영화에서처럼 우리 인류가 편리하기 위해 만든 컴퓨터가 스스로 진화해 미래에 우리 인류를 지배하는 현실이 도래할 지도 모를 일이다.

■ **미래 에너지 제로(ZERO)화 도시시스템을 구축해야 한다**

이제 우리는 대안으로 대단위 전력 공급망 보다는 지역별로 친환경 에너지인 태양열, 풍력, 지열, 바이오매스 등을 활용한 전력 에너지 공급을 해야 한다. 만일 자연재해에 의한 국가적인 재난이 닥쳤을 때 지역별로 피해는 입을 수 있어도 국가적인 차원의 '대재앙'은 면할 수 있기 때문이다.

국제에너지기구(IEA)가 지난 2010년 11월 9일 발표한 세계 에너지 전망 '2010'에 따르면 "2035년 에너지 수요가 2008년 대비 36% 증가하고 온실가스 배출이 35Gt으로 21% 증가한다"며 "지구온도는 3.5도 상승할 것이다"고 밝혔다.

이는 2009년 코펜하겐 기후변화회의 시 합의한 2도를 초과하는 것이며 에너지 수요 증가는 중국을 비롯한 신흥개도국일 것이라고 전망했다.

IEA는 "현재 시행되고 있는 화석연료 보조금 제도를 폐지하면 2020년 온실가스 배출량 5.8%를 감축할 수 있을 것이다"며 "작년 주요 20개국(G20) 정상회의 등에서 합의된 보조금 폐지는 계획대로 이행되어야 한다"고 말했다.

IEA 조사결과 "현재 세계 인구 20%에 해당하는 14억 명이 전력사용에 어려움을 겪고 있다"며 "세계가 매년 360억 달러를 투자하면 20년 뒤 세계 전역에 현대적 에너지 서비스를 제공할 수 있을 것이다"고 전망했다.

우리 인류 문명은 산업혁명 이후 대도시라는 집단 거주 형태로 빠른 속도로 발전해 왔다. 때문에 집단 밀집형태의 도시가 세계 곳곳에서 등장했다. 옛날부터 자연재해는 끊임없이 반복되어 왔다.

그런데 인간은 급격한 인구 증가로 새로운 땅이 필요했고 자연재해가 발생하는 곳에 도시를 건설했다. 이 때문에 자연재해에 속수무책으로 당하고 있는 것이다. 지진대 위에 도시를 건설해 엄청난 피해를 입고 있으며, 해안가에 휴양지를 건설해 엄청난 재난을 당하는 것이다.

기존의 대도시는 다량의 에너지를 사용하는 구조로 되어있다. 때문에 사실상 에너지를 절감하는 대책 밖에 다른 수가 없다. 하지만 새로 건설되는 신도시는 '녹색도시'로 에너지를 최소한 50% 이하로 사용하는 도시로 설계를 해야 한다.

이를 위해 교통수단은 보행자. 자전거 중심으로 만들고 대중교통을 이용하는 시스템화 해야 한다. 에너지는 태양열, 지열, 바이오매스 등을 활용할 수 있는 도시화가 앞으로 신도시 건설의 중요한 이슈가 될 것이다.

◀ '광저우 펄 리버 타워'
1. 풍력발전, 2. 삼중외피, 3. 태양광 발전 복층유리 등으로 건축되었다.

중국 광저우에는 친환경 도시건축을 시행하고 있다. 주변 환경공간을 활용하는 하이퍼 고층으로 아파트 사무실을 만들고 있다. 그런데 이들은 '제로 에너지' 빌딩이다. 마루 천정은 복사열 에너지를 이용하고 빌딩건물 중앙에 풍력발전 시설을 만들어 자체 에너지화하고 있다.

영국의 내셔널트러스트와 같이 '환경은 원상태 그대로 보존하는 것이 아니라 살면서 가꾸는 것'이라는 말처럼 우리가 어떻게 환경을 살리면서 주거문화를 창출하느냐 하는 것이 관건이다.

환경보전은 사람들이 누리며 볼 수 있도록 해야 한다. 단순히 보존하는 것만이 우선이 아니고 살아있는 지역으로 조성하는 것이라야 한다. 미래 도시건설은 지역을 환경 친화적으로 개발할 수 있는 좋은 모델로 삼아야 한다. 그동안 기존의 도시개발에 있어 비판받는 것은 환경 친화적이지 못한 것과 서울 등 주변 지역과의 교통체증 문제 등이다.

새로운 신도시 건설은 고층 아파트 중심의 천편일률적인 건설이 돼서는 안 된다. 다양한 주택형태와 공공 문화시설 및 상가 등 편익시설, 공원녹지 등이 서로 어울려 조성되는 자연 중심의 친환경 계획이 필요하다.

▲ 친환경 주택

또한 택지공급 등 단기적 문제 해결에만 초점을 맞출 것이 아니라 도로, 교통수단, 상·하수도 등 생활기반 시설을 철저히 갖춰 주민생활에 불편이 없도록 하고 에너지 사용을 제로화 할 수 있는 환경 친화적인 신도시가 되도록 해야 한다.

현재 수도권은 인구 집중화로 교통 혼잡, 환경훼손, 기반시설 부족 등 많은 불편을 겪고 있으며 특히 에너지를 다소비하는 구조로 되어있다. 때문에 수도권이 필요로 하는 것은 인구와 주택이 아니라 녹지와 기반시설이라는 주장도 있다.

하지만 어차피 필요에 의해서 개발되는 신도시, 뉴타운 이라면 철저한 중·장기적인 준비로 국민의 주거생활을 최우선으로 하고 에너지를 제로화 할 수 있는 환경 친화적인 도시를 만들어야 할 것이다.

이제 우리는 조금 불편한 생활을 하더라도 자동차보다는 자전거를 이용하고 가까운 거리는 걸어 다니는 생활을 습관화해야 한다. 이는 일석이조의 효과를 거둘 수 있다. 건강해서 좋고 에너지를 절약해서 좋다. 우리는 우리들의 일상생활에서 전기에너지를 줄이고 낭비하지 말아야 한다. 미래 위기에는 대비하는 자만이 생존할 수 있기 때문이다.

4부

녹색지구를 구할 녹색리더 '가이아 클럽'

1 지구의 어머니 '가이아' 탄생

아마도 40대 이상은 어렸을 때 그리스 신화를 밤새워 읽었던 기억이 있을 것이다. 그때 올림포스 산에는 '제우스 신'이 주신으로 천지를 다스렸고 누이인 '헤라'가 그의 아내였다는 사실을 대부분 기억할 것이다. 특히 올림포스 산에는 지혜와 전쟁의 여신 '아테네' 등 12신이 있었다.

하지만 이는 그리스 신화 중 '올림포스 시대'이며 이전에 모든 것의 '태초의 어머니'인 '가이아'가 있었다. 태초 창조의 어머니인 '가이아'는 '우라노스'와 '크로노스' 같은 티탄족의 신들을 낳아 최초로 세계를 통치하였는데 이때를 '티탄신족 시대'라 한다.

'가이아'는 무한한 혼돈(카오스) 속에서 탄생되었으며 스스로 지상과 땅 밑에 두신을 창조한다. 지상에는 탄생의 힘을 지닌 아름다운 신 '에로스(사랑)'를, 땅 밑에는 '타르타로스'신을 창조했다.

'가이아'는 스스로 낳은 자식인 '우라노스'를 남편으로 삼아 세계를 통치하였으며 이 둘 사이에 많은 자식을 낳았는데 남자 신을 '티탄', 여자 신을 '티타니아스'라고 하였다.

'가이아'는 남편인 '우라노스'의 눈을 피해 다른 신들과 바람을 피워, 눈이 하나인 거인 '키클롭스', 독사 '히드라', 1백 개의 팔과 1천 개의 다리를 가진 거대한 용 '헤카톤케이레' 형제 등을 낳았다.

남편인 '우라노스'는 흉측한 모습을 한 이들을 지하 암흑세계인 '타르타로스'에 가둬버렸다. 이에 분노한 '가이아'는 막내 아들 '크로노스'에게 금강으로 된 '낫'을 주어 남편인 '우라노스'의 성기를 잘라버리게 만들었다.

아버지 '우라노스'를 습격해 성기를 자른 '크로노스'는 '티탄신족'의 새로운 통치자가 되었으며 어머니인 '가이아'의 뜻에 따라 아버지가 암흑세계로 추방한 괴물들을 지상으로 해방시켰다.

하지만 지상으로 올라온 이들 때문에 세상이 혼돈에 빠지자 '크로노스'는 이들을 다시 암흑세계인 '타르타로스'에 감금시켜 버렸다. 이후 여동생 '레아'와 결혼한 '크로노스'는 폭군으로 변해 둘 사이에서 낳은 자식들을 모두 삼켜 세상이 다시 황폐화되었다.

남편인 '크로노스'가 자식들을 모두 삼켜버리자 아내인 '레아'는 크레타 섬에서 막내 아들 '제우스'를 낳아 요정에게 몰래 기르게 했다. 결국 '제우스'는 지혜의 여신 '메티스'와 함께 아버지가 삼킨 형제들을 다시 토하게 만들어 이들을 규합해 '올림포스 군단'을 만들

었다. 이들은 티탄신족과 10년 전쟁을 벌여 승리했으며 승리한 '제우스'는 새로운 통치자가 되어 '올림포스 시대'를 맞았다.

21세기 들어 그동안 하늘(天)의 시대, 양(陽)의 시대, 남자의 시대가 끝나고 땅(地)의 시대, 음(陰)의 시대, 여자의 시대가 되었다고들 말한다.

때문에 현재 우리가 살고 있는 지구를 다시금 조명하고 있다. 특히 여성의 시대를 맞아 세계 각 나라들은 여성을 지도자로 선택해 통치를 맡기고 있다.

지난 4월 8일 타계한 영국의 '마가릿 대처' 전 총리는 1979년부터 11년 동안 영국을 이끌며 '철의 여인'이란 별명을 얻었다. 지난 해 2012년에 우리나라도 최초의 여성 대통령(박근혜)이 탄생되었다.

'가이드 투 우먼 리더스' 웹사이트에 따르면 "전 세계 여성 정치 지도자(국왕 및 총독 제외)가 모두 18명(박근혜 대통령 포함) 이다"고 밝혔다. 현재 가장 영향력 있는 여성 정치지도자는 독일의 '앙겔라 메르켈' 총리다. 그녀는 지난 2005년 첫 독일 여성 총리에 올라 '독일판 철의 여인'으로 불리며 경제전문지 '포브스'의 "세계에서 가장 영향력 있는 여성"에 4년 연속 1위에 올랐다.

과감한 추진력으로 대중의 80% 지지를 얻으며 남미 최대국 브라질의 '지우마 호세프' 대통령도 대표적인 여성 정치 지도자이다. 또한 변호사 출신으로 미혼인 호주의 '줄리아 길라드' 총리, 태국의 '잉락 친나왓' 총리, 아르헨티나 '크리스티나 페르난데스'대통령, 덴마크 '헬레 토닝슈미트' 총리, 스위스 '에블린 비드머슈룸프' 대통령 등이 대표적인 여성 정치 지도자들이다. 가히 21세기는 '여성의 시대'를 맞고 있으며 '가이아'의 부활을 알리는 전주곡이라 할 것이다.

② 소행성(小行星)과 유성(流星)

소행성은 길이가 10㎞ 미만으로 태양계가 생성될 당시 행성이 되고 남은 물질이 모여 만들어졌으며 수십 만 개가 넘는다고 한다. 최초 발견된 소행성은 '세레스(Ceres)'라고 학계는 발표했다.

밤하늘에 길게 꼬리를 내며 떨어지는 별똥별은 옛날 시골에서도 많이 목격했다. 이들 별똥별은 우주 공간을 떠다니는 작은 물체들이 지구를 지날 때 중력으로 인해 대기권에 들어서고 그 과정에서 빛을 내면서 타게 된다.

▲ 2010 RF12 소행성이 지구 밖을 지나갔다.

이들 유성은 대부분 떨어지면서 타지만 일부는 지구표면에 떨어지는데 이것이 운석이다. 유성들은 매일 지구로 떨어지지만 대부분 3분의 2가 바다로 떨어져 피해가 없다. 1946년 미국에는 약 1만 개의 운석이 떨어졌다고 한다.

6500만 년 전 멕시코 유카탄반도에 소행성의 충돌로 당시 공룡이 멸종했다는 것이 최근 과학자들의 이론이다. 이때 충돌로 생긴 지름 300㎞의 분지를 '칙슬루브(Chicxulub) 분지'라고 하며 당시 수많은 동·식물이 멸종했다.

유카탄반도에 떨어진 유성들은 지름이 15㎞에 이르며 이 유성들은 초속 20㎞ 속도로 떨어졌으며 약 5,000억 톤 가량의 먼지가 생겨났다고 한다. 이로 인해 태양을 가로막아 지구 온도가 영하 30도 아래로 떨어지며 빙하기가 찾아왔다. 때문에 각종 생물과 동물, 공룡이 멸종했다는 것이다.

▲ 소행성이 바다로 떨어지고 있는 모습

소행성(小行星)이 대기권에 들어올 때 압축된 대기온도가 6만도까지 올라가며 그 충격파와 폭발 열이 반경 수백㎞를 흔적도 없이 사라지게 만든다. 이때 발생한 재가 햇빛을 가려 1만여 년 동안 기후변화로 온도가 내려가 빙하기가 된다.

영화 '아바타'를 제작한 제임스 캐머런 감독과 구글의 에릭 슈미트 회장은 다른 행성에서 천연자원을 채취하겠다며 '플래니터리 리소시스'를 설립했다.

▲ 소행성에서 천연자원을 채취하는 상상도

나사(NASA/미항공우주국)는 지난 2월 16일 성명을 통해 "15일 오전 러시아 우랄산맥 인근 첼랴빈스크주(州)에 떨어진 운석은 폭발력이 약 500kt(킬로톤)으로 1945년 세계 2차 대전 당시 히로시마 원폭의 33배로 이는 100년에 한 번 정도 있는 현상이다"고 밝혔다.

이 행성의 폭발 당시 충격으로 아파트 4,000여 채의 유리창이 깨졌고 주민들 약 1,200여 명이 유리창 파편에 부상을 당했지만 큰 인명 피해는 없는 것으로 나타났다.

러시아 당국은 이번 피해 복구로 약 10억 루블(약 358억 원)이 들어갈 것이라고 전망했다.

BBC는 국제환경단체 그린피스의 말을 인용해 "운석의 충돌로 인해 첼랴빈스크주(州)의 마야크 핵처리 공장 등 핵시설이 파괴됐다면 1986년 체르노빌 참사와 유사한 엄청난 핵 재앙이 일어날 수도 있었다"고 보도했다.

이에 대해 러시아 국영원자력공사측은 "핵 시설이 보호장치를 충분히 갖추고 있어 아무 위험도 없었다"고 말했다.

▲ 텍사즈주 만한 크기 소행성 위협으로부터 나사 관계자들이 지구를 구한다는 내용의 영화 '아마겟돈'의 한 장면. NEWS1

③ 21세기 '환경운동'은 대안 제시로 '국력낭비' 없어야 한다

지금까지 일부 환경단체 및 시민단체들은 대규모 정부개발 사업에 극렬한 반대운동과 과격한 시위로 지금까지 많은 국력을 낭비해왔다. '반대를 위한 반대'로 사사건건 발목을 잡는 환경운동으로 국민들은 이제 불신으로 'NGO단체'들을 곱지 않은 시선으로 바라보고 있다. 결국 피해는 고스란히 우리 국민들의 몫으로 돌아온다.

지난 2001년 완공된 영종도 신공항은 건설당시 녹색연합 등 17개 NGO단체들은 "이 곳에 신공항을 건설하면 개펄이 훼손되고 철새들의 중간 기착지를 잃고 특히 지반 침하에 따른 활주로가 매몰될 것"이라며 건설 취소를 강력히 요구하고 나섰다.

▲ 2011년 3월 영종도 상공에 한쌍의 두루미와 비행기가 날고 있다.

하지만 현재 인천국제공항은 세계적인 1등 공항으로 태어났다. 주변에서는 고기잡이나 개펄에 큰 문제가 없는 것으로 나타났으며 지반 침하는 일어나지 않고 있다.

▲ 영종도 개펄 모습

앞서 1988년 착공한 서울외곽순환도로 사패선 터널구간은 환경단체와 종교계가 연대해 2002년 6월부터 2년간 공사를 중단시켰다. 생태계 파괴와 사찰 환경을 파괴한다는 이유에서였다. 이에 따른 손실(공사 지연. 물류손실)이 3,900억 원으로 추정됐다.

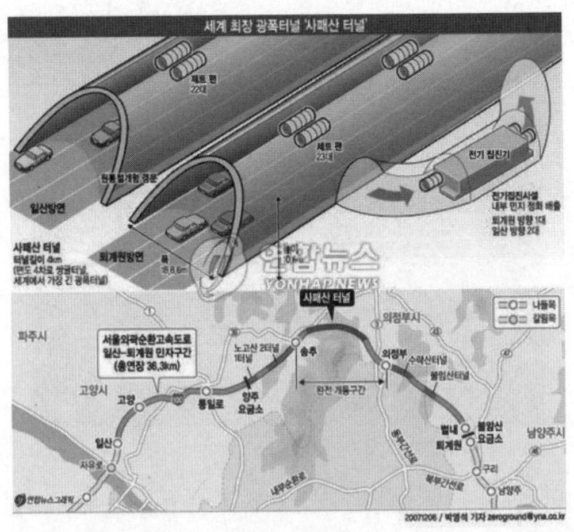

▲ 송추IC와 의정부IC 사이에 있는 사패산터널은 길이 4㎞, 폭 18.8m, 높이 10.6m의 편도 4차로 쌍굴터널로 세계에서 가장 긴 광폭터널로 터널공학회에서 인정받고 있다(출처:연합뉴스).

이후 당시 시위에 앞장섰던 조계종 보성스님은 한 언론 인터뷰에서 "내가 했던 반대운동이 국력낭비가 아니었나 하며 후회가 든다"며 "결국 대안없는 환경운동은 실패한다는 교훈을 얻었다"고 말했다.

새만금의 경우 4년 7개월의 법정공방 끝에 지난 2010년 4월 준공됐다. 환경단체들은 '개펄과 수질보전 및 해양생태계'를 파괴한다며 강력한 반대로 결국 대법원에서 판결이 났다.

▲ 새만금 방조제 모습

이때 종교계의 문규현 신부와 수경스님의 '삼보일배'시위는 '환경과 개발'이라는 대표적인 사례를 낳았으며 수천억 원의 국가적 손실을 가져왔다.

이후 천성산 '도롱뇽 소송'사건은 원고가 도롱뇽이 되는 유례가 없는 환경소송사건으로 지난 2002년 1월 내원사 지율스님 등 5명이 '천성산 살리기' 국토순례를 시작하면서 본격화 되었다.

▲ 천성산 화엄벌. ⓒ2006 안현주

6월 경부고속철도 2단계 구간공사(대구~부산)가 착공되자 천성산 터널 공사를 둘러싸고 대립되기 시작했다. 부산 경남지역 불교계와 환경단체는 '시민·종교대책위'를 구성해 터널 노선변경을 주장하고 나섰다. 당시 노무현 대통령 후보가 천성산 터널 백지화를 공약한데 이어 2003년 대통령 당선 후 공사 재검토를 지시했다. 이때 지율스님은 첫 단식으로 38일간 진행했으며 노 대통령은 "공사를 중단하고 양쪽 전문가가 참여한 재검토위를 구성해 다시 협상하라"고 지시했다.

2003년 10월 15일 대책위는 환경단체 회원 11명과 '도롱뇽친구'를 원고로 부산지법에 한국고속철도 건설공단을 상대로 천성산 터널공사 금지 가처분 소송을 냈다.

▲ 천성산 도롱뇽

이때 도롱뇽은 천성산 22개 늪과 12개 계곡에서 가장 많이 서식하는 대표 개체로 원고 자격이 있다고 대책위는 주장했다. 지율스님은 소송제기와 함께 45일간 2차 단식을 벌였다.

2004년 4월 울산지법은 도롱뇽 소송을 기각했다. 재판부는 기각 이유로 "도롱뇽을 포함한 자연 그 자체로는 수행할 당사자 능력이 없다"며 "환경단체인 '도롱뇽과 친구들'도 공사 중단을 청구해야할 만큼 보호받을 권리가 없다"고 판시했다.

2심을 맡은 부산고법 제1민사부는 조정을 시도했으나 불발로 끝나자 지율스님은 다시 100일간 단식(2004년 11월~2005년 2월)투쟁을 벌였다. 하지만 결국 2010년 11월 1일 경부고속철 2단계 구간은 개통됐다. 이로 인해 약 145억 원의 직접 손실이 발생했다고 시공업체는 밝혔지만 간접손실까지 계산하면 실로 엄청난 손실이 발생한 것으로 나타났다.

▲ 천성산 도롱뇽 지킴이 지율스님

2011년 천성산 늪의 봄은 어김없이 찾아왔다. KTX가 지나가는 원효터널 바로 위(해발 750m)밀밭 늪에는 도롱뇽 알들이 천지였다고 언론들은 전했다.

양산시청 습지담당자는 "공사 때나 지금이나 수량은 그대로다"고 말했다. 습지보전 NGO 한 단체는 "밀밭 늪지는 보존상태가 뛰어난 '1급 습지'라며 이 늪지의 풍경도 여느 해와 똑같다"고 밝혔다.

결국 천성산 터널이 뚫리면 도롱뇽을 비롯한 생태계가 파괴된다며 5년여를 법정 소송을 했던 '도롱뇽 사건'은 결국 허무한 종말로 '환경운동'의 새로운 이정표를 남겼다.

4 '화학물질 사고'는 안전 불감증으로 발생한다

환경부 자료에 따르면 우리나라 화학물질은 44,000여 종(약 4억 3천만 톤)이 유통되고 있으며 매년 400여 종이 증가하고 있는 것으로 나타났다. 이는 EU(유럽연합) 전체 유통물질(10만 여 종)의 44%에 해당하며 연간 석유소비량(1억 2천만 톤)의 4배에 달한다.

2010년 국가재난연감에 따르면 최근 8년간 각종 사고가 2배 증가한 것으로 나타났다.

또한 우리나라 화학물질 취급업소는 25만여 개로 평균기업 수명은 30년이며 매일 23건의 사고가 나는 것으로 밝혀졌다. 석유화학 공장은 안전관리인인 50명으로 밸브 11만여 개를 1명이 2,200개를 관리하며, 저장 탱크 300개를 1명이 6개를 관리하는 것으로 나타나 안전관리에 소홀한 것으로 지적되고 있다.

▲ SK하이닉스 청주사업장에서 열린 민·관 합동 유해화학물질 유출 대응 훈련에서 참석자들이 방재훈련을 하고 있다(사진:SK하이닉스 제공).

지난 2012년 8월~2013년 1월 특정수질 유해물질 실태조사결과 허가 받지 않은 특정유해물질 발견이 54.6%나 됐으며 특정대기 유해물질은 50%나 허가를 받지 않았으며 방지시설 미가동 등 부 적정 운영업체는 11개 사업장 중 9건이나 적발돼 충격을 주고 있다.

농촌의 전국 428개 농공단지 주변 농경지조사(2013년 3월~7월)결과 토양오염대비 최대 가드늄 47.5%, 구리 6.2%, 납 4.7%, 비소 12% 등이 검출돼 중금속 피해가 심각한 것으로 나타났다.

◀ 춘천 퇴계동 농공단지 입구 정족천변에서 4~5m 떨어진 주변에 불법으로 설치된 간이 저류조에 농공단지로부터 폐수가 유입되고 있다.

문제는 이러한 사고가 발생하면 기업은 이미지 추락과 함께 배상에 따른 보상으로 경영권 상실 및 최악의 경우 회사 문을 닫아야 한다. 또한 주민들은 엄청난 고통을 받아야 하고 국가는 피해 복구에 국력을 낭비해야 한다. 이 때문에 각 나라에서는 안전사고 대비와 함께 환경오염배상 책임보험 가입을 의무화하고 있다.

미국은 1976년 '자원보전 및 복구법', 1981년 '종합 환경대응 보상책임법(CERCSA)' 제정 및 환경책임보험 의무화

일본은 1973년 '공해건강피해 보상법 제정', 1992년 '환경책임보험' 공동개발 시판

중국은 2013년 '환경오염 배상책임 의무보험 규정' 제정, 2015년 4개 업종(화학제품, 비철금속, 가죽제품 제조 등)의무화

독일은 1991년 '환경책임법 제정 및 환경책임보험' 가입 의무화 EU(유럽연합)은 2004년 'EU 환경배상책임지침(EC. Environmental Liability Directive)'을 제정했다.

체코, 불가리아, 루마니아, 그리스, 포르투갈, 스페인 등은 2007년 '환경오염 배상 책임보험'가입 의무화를 하고 있다.

■ 세계적인 '화학사고' 발생은 안전 불감증

지난 2012년 9월 27일 경북 구미 휴브글로벌 공방에서 맹독성 가스인 '불산'이 누출돼 작업자 5명이 숨지는 사고가 발생했다. 이후 4개월 만인 2013년 1월 27일 세계적인 기업인 삼성전자 화성공장에서 불산 공급배관 수리도중 '불산'이 노출돼 1명이 숨지고 4명이 부상당하는 사고가 또다시 발생했다.

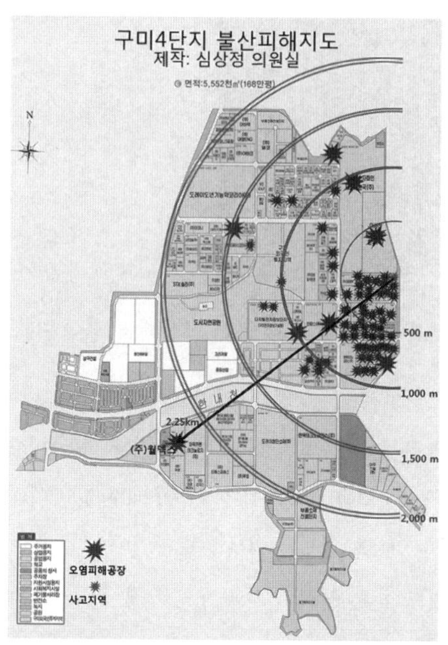

▲ (자료:심상정 의원실)

이번 사고도 언전조치 소홀과 낡은 부품 방치, 작업감독자가 방제복을 입지 않아 숨진 것으로 나타났다. 삼성전자 화성공장은 환경부가 지정하는 녹색기업으로 자치단체의 유독물질 지도 점검을 받지 않은 것으로 들어났다.

환경부 자료에 따르면 세계적인 화학 관련 사고로 지난 1962년 일본 '욧가이치 천식사건'은 정유공장, 석유화학공장에서 발생한 대기오염 사건으로 악취, 기침, 천식, 만성기관지염 등으로 80여 명이 사망하고 1,231명이 피해를 보는 엄청난 사고가 발생했다.

■ 인도 보팔사건

1984년 '인도 보팔사건'은 물 유입에 따른 화학작용 폭발로 유독가스가 발생해 1만여 명 사망, 58만여 명의 인명 피해와 4억 2천만 불의 피해를 입었다. 이 사고는 관리자가 영어 매뉴얼을 이해하지 못해 일어난 사고로 나타났다.

지난 1984년 12월 초 인도 보팔에 있는 유니언 카바이드(Union Carbide Corporation)의

공장에 농약과 살충제를 만드는데 쓰는 '메틸이소시안산(Methlyl IsoCyanate)'을 저장하는 610번 탱크의 온도가 갑자기 올라갔다.

메틸이소시안산은 1차 세계대전 때 독가스로 쓰인 '포스겐'과 '시안화가스'가 섞인 맹독성 화학물질으로 이를 보관하는 탱크 내부는 섭씨 0도로 유지해야 된다. 하지만 계속 온도가 높아지던 610번 탱크의 콘크리트에 균열이 생기며 결국 폭발했다.

이로 인해 42톤 규모의 메틸이소시안산 가스가 유출됐다. 경찰이 주변을 차단하고 12월 3일 새벽 1시에 비상경보를 발령했다. 가라앉은 가스는 키 작은 애들부터 덮쳤고 주민들은 극심한 호흡곤란과 폐부종 증상을 보이며 죽어갔다.

사고 다음 날 보팔 시내에는 동물 사체가 가득했고 하루 만에 사망자가 8,000여 명이나 발생하는 대 참사가 일어났다. 사고 후 후유증 때문에 사망한 것으로 추정되는 사람들도 2만 명이 넘는다고 했다.

◀ 인도 중부 마디아프라데시주 보팔시 법정 밖에서 시민들 이 법원 판결에 항의하는 시위를 벌이고 있다.

도시 전체에 시체가 썩는 냄새가 코를 찌르고 시신들은 강에 던져지기도 했으며 주변 공기와 물이 오염되고 먹거리를 찾기 어려워 사람들은 고통 속에 죽어갔다. 대참사의 원인은 안전관리가 미비하고 비상대책이 부족했다는 데 있다고 전문가들은 말했다.

메틸이소시안산 저장탱크는 온도가 올라가면 내부 압력이 높아질 우려가 있어 항상 저온 상태를 유지해야 하기 때문에 안전수칙에 따라 철저하게 감독해야 한다. 하지만 보팔 공장의 시설은 안전시설이 제대로 구비되어 있지 않았다고 한다.

보팔이 인구 밀집지역인데도 불구하고 최대한 설계비용을 줄이기 위해 검증되지 않은 설계방식을 도입한 것으로 나타났다. 당시 유니언 카바이드는 피해자 보상과 후유장애 치료, 선천성 기형을 타고난 2세들에 대한 대책 등의 문제를 제대로 해결하지 않았다.

보팔 참사 피해자 대표로 인도 정부가 유니언 카바이드에 요구한 보상금은 33억 달러였다. 지난 1989년 인도 대법원은 4억 7,000만 달러 판결했으며, 2004년에 그동안 지연됐던 보상금 지급에 대한 대법원 판결이 이뤄졌다.

이 판결로 57만 명 이상의 피해자가 보상금과 구호 프로그램을 받게 됐으며 이에 따라 폐기물 처리와 오염된 수질 관리, 사고 생존자 및 2세에 대한 집단 의료보험도 도입됐다. 결국 1984년에 일어난 사고 처리계획이 20년 후에나 확정된 것이다.

1984년 보팔 사고 희생자 중에는 아기를 사산하거나 유산한 경우가 많고 그 당시 어린이들이 성장해 출산한 아이 중에는 선천적으로 기형인 경우와 기형이 아니더라도 심장질환, 언청이, 정신지체 등 여러 가지 장애를 갖는 경우도 많은 것으로 보고됐다. 이렇듯 보팔 대참사는 아직도 진행 중이다.

문제는 인구밀집 지역에 위험한 화학물질을 다루는 공장을 세우면서 충분한 안전대책을 마련하지 않았다는 점에서 보팔 대참사와 구미 불산 가스 누출사고는 닮은 점이 있다고 전문가들은 밝혔다. 특히 주민들에게 독성이 강한 화학물질에 대해 제대로 된 정보를 제공하지 않았다는 점과 사고 수습이 허술해 피해를 더 키웠다는 점도 비슷하다고 말했다.

■ 스위스 바젤사건

1986년에는 '스위스 바젤사건'으로 화학물질을 보관하는 창고의 화재로 인해 90여 종 약 1,300톤의 유독물질이 라인강 400㎞를 오염시켜 이 지역 생물이 전멸했다. 약 400억불의 피해를 보았으며 이로 인해 독일은 '환경책임법'을 제정하는 계기가 되었다.

지난 1986년 11월 1일 라인강의 최상류 지역인 스위스 바젤에 위치한 창고에서 화재 사건이 발생했으며 이 사건으로 인해 결국 5천만 젖줄이며 유럽 산업의 중심이 되는 라인강이 하루아침에 죽음의 강으로 바뀌었다.

화재가 난 창고에는 의약품, 화학물질, 농약 등을 제조 판매하는 스위스의 다국적 기업 산도스사의 화학물질 저장 창고로 당시 90여 종 1,300톤의 화학물질이 보관되어 있었다.

라인강의 유역은 총 20만㎢로 5천만 인구가 살아가는 단일 하천이며 가장 많은 인구가 살아가는 강이다. 또한 스위스, 프랑스, 독일 외 네덜란드, 룩셈브르크, 벨기에, 오스트리아 일부 지역까지 포함해 총 7개국이 위치해 있다.

특히 강 연안에는 세계 화학공장의 10~20%가 들어서 있고 제철, 제련 산업 등 수 많은 공장들이 밀집되어 있는 지역이다.

▲ 바젤 카니발은 모르게슈트라이흐(Morgestraich)로 불리는 거리 퍼레이드로 막이 올라 72시간 동안 지속된다.

그런데 화재로 인해 창고에 보관되어 있던 유독성 화학물질들이 화재 진압용 물과 함께 라인강으로 흘러들었다. 이뿐만이 아니라 부근의 토양과 지하수로 스며들어 오염시켰고 유독연기는 사람들과 주변 생물들에게 큰 피해를 입혔다.

이때 라인강에 서식하던 수중생물인 물고기 50만 마리가 떼죽음을 당했으며 사고지점부터 하류까지 약 400㎞에 살고 있는 생물들이 완전히 사라져 버렸다고 한다.

또한 아직까지 하천의 퇴적물에는 이때 유출된 유해화학물질이 검출되고 있다. 사건 후인 1989년 3월 22일 이곳 바젤에서 유해 폐기물 국경 이동 규제를 위한 '바젤조약'이 체결되었다.

■ 낙동강 '페놀 오염사건'

1991년 우리나라 낙동강 '페놀 오염사건'은 '페놀' 저장탱크의 관리 소흘로 파이프가 파열돼 페놀이 낙동강 상수원에 침투해서 인근 주민들이 설사와 구토 증세로 1만 3천 475건의 신고가 접수되었으며 약 200억 원의 피해를 보았다.

지난 1991년 3월 14일 경상북도 구미시 구포동에 있는 두산전자의 페놀원액 저장 탱크에서 페놀수지 생산라인으로 통하는 파이프가 파열돼 30톤의 페놀원액이 옥계천을 거쳐 대구 상수원인 다사취수장으로 흘러들어 수돗물을 오염시키는 사고가 발생했다.

이 페놀원액은 14일 밤 10시경부터 다음 날 새벽 6시까지 약 8시간 동안이나 새어 나왔으나 발견하지 못했고, 수돗물에서 악취가 난다는 대구 시민들의 신고를 받은 취수장 측에서 원인을 규명하지도 않은 채 페놀 소독에 사용해서는 안 되는 염소를 다량 투입 함으로써 사태를 악화시켰다.

다사취수장을 오염시킨 페놀은 계속 낙동강으로 흘러 밀양과 함안, 칠서 수원지 등에서도 잇따라 검출됐으며 부산, 마산을 포함한 영남 전 지역이 페놀 파동에 휩싸이게 되었다.

京鄕新聞

수돗물 폐수오염 6명拘束

龜尾 斗山전자 工場長등

發癌물질 페놀 함유

옥계천은 허용치의 百30배

▲ 낙동강 페놀 오염사건 기사

결국 이 사고로 인해 대구지방환경청 공무원 7명과 두산전자 관계자 6명 등 13명이 구속되고, 관계 공무원 11명이 징계 조치되는 등 환경사고로는 유례없는 문책인사가 뒤따랐다. 또한 국회에서는 진상 조사위원회가 열렸고, 각 시민 단체들은 수돗물 페놀 오염대책 시민단체 협의회를 결성해 두산제품 불매운동이 확산되었다.

이후 두산전자는 조업정지 처분을 받았으며 페놀 사고가 단순한 과실일 뿐 고의성이 없었다는 이유로 인해 20일 만에 조업 재개가 허용되었다. 그러나 4월 22일 페놀탱크 송출 파이프의 이음새 부분이 파열되어 또다시 페놀원액 2톤이 낙동강에 유입되는 2차 사고가 일어나자 사태가 악화돼 국민들의 항의 시위가 확대되었다. 마침내 두산그룹 회장이 물러나고, 환경처 차관이 경질되는 결과까지 초래하였다.

이후 물의 소중함과 환경보전에 관한 국민의 관심이 증대되었으며 환경범죄의 처벌에 관한 특별조치법이 제정되었다. 또한 공장 설립시의 환경 기준이 강화되었으며, 행정구역에 따른 시도별 수질관리의 문제점을 개선하기 위해 한강, 낙동강, 금강, 영산강 등 전국 4대 강을 수계별로 관리하도록 하는 유역별 환경관리위원회를 구성하였다.

■ 최악의 해양오염 사고 태안 '원유 유출사고'

2007년에 태안 앞바다 '원유 유출사고'는 최악의 해양오염 사고로 원유 12,000*kl*가 유출돼 인근 지역의 해양생태계를 파괴했다. 이로 인해 어민들의 생활터전이 파괴되었으며 약 4조 2천억 원의 피해를 입었다. 이 수습을 위해 군·관·민이 나서서 원유를 제거해 기네스북에 까지 올랐다.

지난 2007년 서해안 원유 유출사고로 '삼성－허베이 스피리트 원유 유출사고'라고도 한다. 2007년 12월 7일 충청남도 태안군 앞바다에서 인천대교 공사를 마친 삼성물산 소속 크레인 바지선 '삼성 1호'를 예인선이 경상남도 거제로 끌고 가다가 와이어가 끊어지면서 정박해 있던 홍콩 선적의 유조선 허베이 스피리트호와 충돌해 유조선 탱크에 있던 1만 2,547*kl*(7만 8,918배럴)의 원유가 태안 인근해역으로 유출되는 사고가 발생했다.

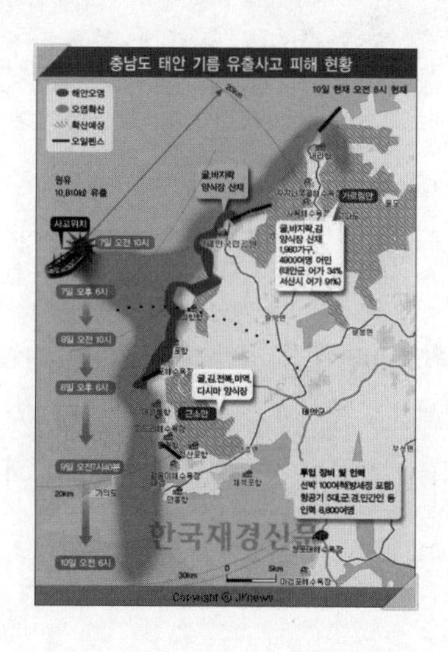

이때 유조선의 파손된 구멍은 2일 만에 막았으나 충돌 초기 파도가 심해 신속하게 대처하지 못하였으며 이로 인해 유출된 원유가 오일펜스를 넘어가 바닷물을 오염시켰다.

결국 이 사고로 인해 태안군과 서산시 양식장, 어장 등 8,000여ha가 원유에 오염되고 어패류가 폐사했으며 짙은 기름띠는 만리포, 천리포, 모항, 안흥항과 가로림만, 천수만, 안면도까지 유입되었다. 또한 타르 찌꺼기는 안면도와 군산 앞바다까지 밀려갔고 2008년 1월에는 전라남도 진도, 해남과 제주도의 추자도 해안에서도 발견되기도 했다.

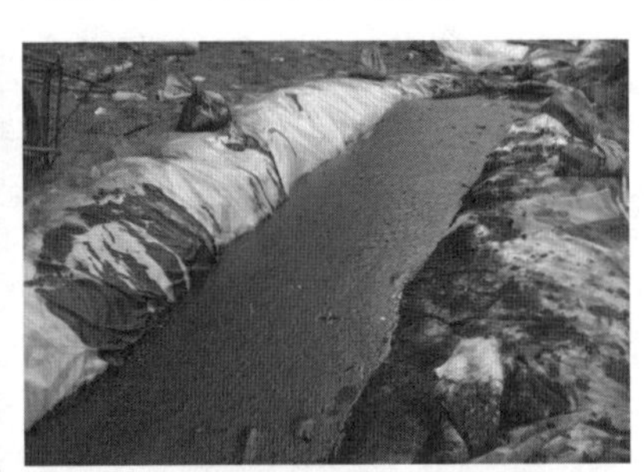

▲ 자원봉사자들이 부직포로 기름띠를 제거하고 있다(좌), 기름을 수거해 놓은 모습(우)

▲ 자원봉사자들이 기름을 수거하는 모습(좌), 바닷가 해안의 기름띠를 제거하는 봉사자들(우)

정부는 12월 13일 충청남도 태안군, 보령시, 서천군, 서산시, 홍성군, 당진군을 특별재난지역으로 선포하고 전국에서 130만여 명의 자원봉사자가 찾아와 기름 제거작업을 도왔으며 성금이 답지했다.

사고 초기 원상회복에 최소 10년 이상, 최장 100년 이상이 걸릴 것이라고 예상되었지만 민·관의 지속적이고 자발적인 노력 결과 사고발생 2년 만인 2009년 12월에 태안국립공원의 해양 수실과 어종이 기름 유출사고 전과 유사한 수준으로 회복되었다고 정부는 발표했다.

■ **헝가리 최악의 '알루미늄 적니' 유출사고**

2010년 헝가리 '알루미늄 적니' 유출은 폐기물 저수조 균열로 부식성 폐기물이 유출돼 다뉴브강 40㎢가 초토화되고 인근 마을 250명의 사상자가 발생했으며 약 600억 불의 피해를 입은 사고다.

지난 2010년 10월 4일 12시 25분에(현지시간) 헝가리 서부 베스프렘주 어이커의 Ajkai Timföldgyár 알루미늄 공장의 부식성 폐기물 저수지 댐 북서면 코너가 붕괴해 적니(red mud) 1백㎡의 폐기물이 방출되었다.

▲ 폐기물 저수지 댐 붕괴로 알루미늄 적니 누출 모습

▲ 알루미늄 적니가 인근 지역을 초토화 시킨모습

쏟아져 나온 적니는 1~2미터 높이의 파도를 이루며 콜론타르 데베체르 등 인근 지역을 휩쓸었다. 이로 인해 최소한 9명이 사망했으며 122명이 다쳤다. 또한 이 사태로 인해 직접적인 영향을 받은 토지만 40㎡에 달하며 3일 후인 10월 7일에는 유출된 폐기물이 다뉴브강에까지 도달했다.

부식성 슬러지 폐기물을 유출한 저수지 외벽은 완전 붕괴 위험에 놓여 있으며, 그렇게 될 경우 50만㎡의 슬러지가 더 유출될 것이라고 밝혔다.

결국 적니의 홍수가 콜론타르를 덮쳐 7명이 사망했으며 데베체르에서는 파도의 힘이 너무 세서 자동차들이 떠밀려갈 정도였다고 한다.

헝가리 국가재난관리총국(NDGDM, Országos Katasztrófavédelmi Főigazgatóság)은 "폐하가 높은 진흙의 위험성이 높고 접촉한 부위를 깨끗한 물로 씻어내지 않을 시 알칼리 반응을 일으킬 수 있다"고 경고했다. 데베체르 시장은 "80~90명의 사람들이 화학화상을 입고 병원에 실려갔다"고 발표했다.

▲ 유출된 폐기물이 다뉴브 강까지 도달했다.

죄르의 병원 의사 페테르 자카보스(Péter Jakabos)는 헝가리 국영방송 마자르 텔레비지오에서 화학화상이 완치되려면 상당한 시간이 지나야 한다고 말했다. 마자르 알루미늄(MAL)은 "적니에는 유럽 연합 표준에 따른 독성 물질이 포함되지 않았던 것으로 생각되었다"고 주장했다.

이에 NDGDM는 조사를 통해 유출된 슬러지와 적니는 페하 값이 13에 달하는 극도의 강염기성 물질이었던 것으로 드러났다고 발표했다.

유출된 화학 물질은 마르셀 강의 모든 생명의 씨를 말렸으며 10월 7일에는 국제하천인 다뉴브 강에까지 이르렀다. 이에 따라 다뉴브 강 하류에 위치한 슬로바키아, 크로아티아, 세르비아, 루마니아, 불가리아, 우크라이나는 긴급 대책을 마련하게 된다.

10월 11일 헝가리 정부는 "마자르 알루미늄의 담당 임원이 공공 재앙을 일으킨 범죄적인 직무태만의 혐의로 체포되었다"고 발표했다. 또한 같은 날 정부는 마자르 알루미늄의 경영권을 박탈하고, 장관이 회사를 관리하도록 명령했다. 헝가리 정부는 이 사건으로 인한 피해 보상, 직업 안정, 그리고 향후 피해 확대 분석을 위해 노력하고 있다고 밝혔다.

5 21세기 중국을 알아야 우리나라 미래가 있다

■ '세계굴뚝' 오명 벗는 '환경프로젝트' 가동됐다

세계 오명의 대명사 중국이 환경문제에 팔을 걷고 나섰다. 이 때문에 세계 각국은 중국의 녹색 산업에 주목하고 있다.

중국 국무원은 "에너지 절약과 환경보호 분야를 추진 중인 7대 전략신흥 산업 중 첫 번째로 지정했으며 2020년까지 천문학적인 5조 위안(약 910조 원)을 투자한다"고 밝혔다.

이에 따른 산동성 지방정부도 2015년까지 대기, 해양오염, 방지장치, 고체 폐기물 처리 등 친환경 프로젝트에 1,345억 위안을 투자한다고 말했다.

한편 각종 환경 관련 규제도 강화하고 있다. 환경보호부는 "올 9월부터 1만 5,000여 곳의 오염대상 사업장을 지정해 통제에 나섰다"며 "지정된 사업장들은 오염물질 배출량 등 31개 항목의 세부정보를 인터넷에 공개해야 한다"고 밝혔다.

텐진, 충칭, 청두, 항저우, 선전, 칭다오, 스자창, 우한 등 8개 도시에서는 대기오염 주범 중 하나인 자동차 구입을 제한하고 나섰다. 이는 '차량구입 할당제'로 매월 판매되는 신차의 차량대수를 제한하는 것이다.

중국 최고 인민법원과 검찰원은 "환경사고를 내 30명 이상의 사상자가 발생하거나 30만 위안(약 5,500만 원)이상의 피해, 불법투기한 위험물질이 3톤을 넘을 시 '엄중 오염사고'로 규정하여 엄벌에 처하겠다"고 경고했다.

리커창(李克强)국무원 총리는 "대기질 개선을 위해서는 강경한 정책이 필요하다"면서 "10개 항목의 환경보호 대책"을 발표했다. 산업도시인 선전(深圳)시는 '탄소배출권'거래제를 지방정부 최초로 도입했으며 베이징, 상하이 등도 올해안에 시범적으로 도입한다는 계획이다.

한·중 FTA(자유무역협정)가 체결되면 우리나라의 환경업체들이 중국 시장에 진출해 선점할 수 있는 기회가 될 것으로 전망된다. 그동안 경제 성장의 그늘에 가려졌던 환경문제가 글로벌 이슈화되면서 수면위로 떠올라 우리나라에게는 제2의 도약기를 맞을 수 있는 기회로 작용하고 있다.

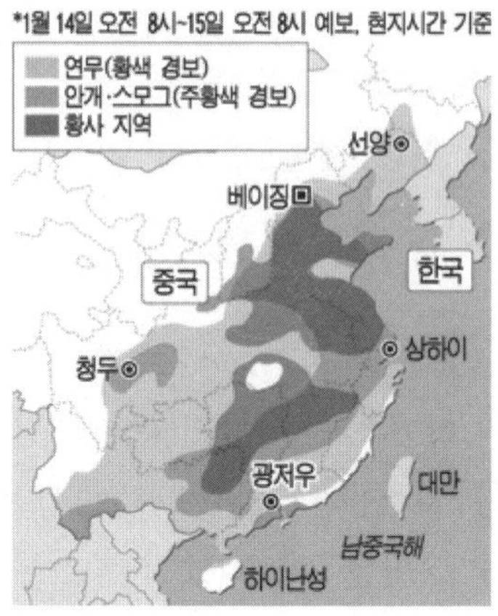

▲ 중국 중부 스모그 경보 발령(자료:연합뉴스)

중국은 올 초 베이징을 포함해 중·동부지역에 최악의 '스모그'가 발생했다. 중국 베이징(北京)의 가시(可視)거리가 200m 아래로 떨어지는 '스모그'를 겪는 나라가 되었다.

아시아 개발은행(ADB)의 지원으로 작성된 '중국 환경보고서'는 "최악의 환경오염을 겪는 세계 10대 도시 중 중국의 7개 도시가 차지하고 있다"고 밝혔다.

◀ 베이징(北京)의 스모그가 최악이던 2013년 1월 13일 징산(景山)공원 완춘팅(萬春亭)에서 바라본 자금성(紫禁城). '자주색의 금지된 성'이란 뜻인 자금성이 심각한 대기오염으로 검은빛을 띠며 흐릿하게 보이고 있다(출처:중궈왕(中國網)).

또한 "이번 스모그 사태는 '높은 오염, 높은 에너지 소모, 높은 탄소배출'에 따른 중국 발전 모델에 경종을 울렸다"면서 "급속한 공업화로 생태계가 지탱할 수 있는 것보다 배나 많은 자원을 쓰는 것에 대해 하루 빨리 벗어나야 한다"고 밝혔다.

이러한 대기오염 피해는 전 세계로 확산되고 있다. 이산화탄소 배출량이 세계의 4분의 1로 미국을 제치고 1위가 된지 오래다. 가히 세계의 굴뚝이라 점할 수 있다.

일부는 그동안 중국 국민들은 느슨한 환경오염 정책으로 직접적인 고통을 겪었지만 대신에 선진국들은 그나마 깨끗한 공기로 값싼 중국산 제품으로 풍요로웠다고 말했다.

중국은 그나마 선진국들의 앞선 환경기술로 시행착오를 겪지 않아도 될 듯하다. 하루가 다르게 발전하는 환경기술로 인해 후발주자의 이점도 있기 때문이다. 이제 중국이 달라지고 있다.

■ 중국 '흑묘(黑猫)' 시대에서 '녹묘(綠猫)' 시대로

우리나라 최대 수출국 중국은 어떻게 변화하고 있나? 21세기 중국은 '생산대국'에서 '소비대국'으로… '굴뚝대국'에서 '녹색대국'으로 탈바꿈 중이다.

경희대 중국경영학과 전병서 객원 교수는 "중국은 2010년 10월 베이징에서 개최된 제17기 5중전회의에서 2011년부터 시작된 제15차 5개년 계획을 입안하며 향후 5년간 성장기조로 '포용성(包容性)성장'으로 정했다"고 말했다.

중국 7대 전략산업 육성 내용

산업 부문	주요 추진 내용
신에너지	3~5년간 재생 가능 에너지 전력생산 비율 21%로 확대
신소재	헤이룽장성에 국가신소재산업화 기지 건설
정보기술	3세대 이동통신 기술 기반 확대, 차세대 디스플레이 개발
신의약	푸젠성 2015년까지 생물기술·의약 핵심산업 육성
생물종자	선전 현대농업생물종자 시범구 조성
그린 에너지	2015년까지 GDP 내 그린에너지 비중 7%로 확대
전기차	3~5년 내 니켈수소전지와 하이브리드자동차(HEV) 상용화

그는 "중국 연안 대도시의 소득 수준은 한국의 2000년대 수준인 1만 달러를 넘어섰고 중국 상위 0.5%인 6,500만 명의 부유층 소득은 훨씬 넘어섰다"며 "빈부 격차와 도농간의 격차, 1자녀 1정책으로 세계에서 가장 빨리 늙어가는 내부 문제가 심각한데 이런 모순을 소득재분배와 복지정책을 통해 해결하겠다는 것이 '포용성장'의 핵심이다"고 밝혔다.

중국은 현재 세계 경제가 'G2'로 미국 다음이다. 하지만 이산화탄소 배출은 1위이다. 베이징(北京)을 비롯해 선전(深圳), 광둥(廣東) 등 굴뚝에서 내뿜는 매연은 지구온난화의 주범이 된지 오래이다. 이러한 중국이 탈바꿈하고 있다. 지난 2011년부터 향후 5년간 지속될 제12차 5개년 계획에서 '녹색대국'성장 전략으로 추진하고 있다.

이는 '7대 산업'인 신재생에너지, 전기자동차, 환경보호 산업, 바이오 산업, 신소재, 차세대 IT, 첨단장비를 세계 1위로 키우겠다는 전략이다.

7대 산업 중 첫째는 '전기자동차'이다. 지난 2010년 중국은 1,800만 대로 세계 최대시장으로 급부상했다. 이러한 중국이 이제는 친환경 '전기자동차'로 방향을 급선회 했다. 2015년까지 전기자동차를 100만 대 보급 목표를 잡고 있다. 중앙정부와 지방정부는 전기자동차 보조금을 약 12만 위안(2천 40만 원)을 보조해 준다.

▲ BYD 자동차의 전기자동차 F3e(자료원:www.baidu.com)

차량구입자는 차체만 사고 엔진이나 밧데리 등 내부 값은 정부에서 보조를 해준다. 우리나라 전지업체가 눈여겨 보고 진출할 분야라 생각된다.

둘째, '신재생에너지 산업'이다. 중국은 사막의 나라다. 중국은 이러한 장점을 살려 사막과 고원에서 신에너지 '메카'를 만들겠다는 전략이다. 현재 세계 최대의 태양광 장비를 공급하고 있으며 풍력설비 투자 1위도 중국이다.

이는 중국 정부에서 전략적으로 기업에 지원하고 있기 때문에 가능하다. 중국은 이 분야에 약 850조 원을 투자하고 있다. 실로 엄청난 투자를 하고 있는 것이다.

▲ 재생가능에너지자원의 활용

셋째, '환경보호 산업'이다. 중국은 잘 아는 바와 같이 세계 공장으로 '에너지 다소비'가 심각하며 이로 인해 환경파괴 역시 최대의 현안 문제로 대두되고 있다.

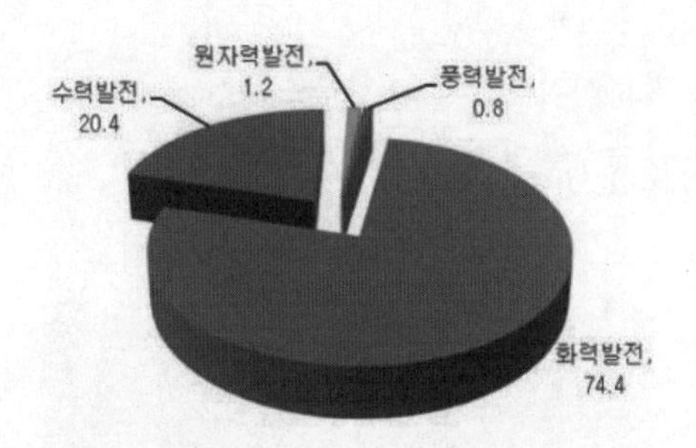

▲ 중국 전력 발전비율

때문에 중국은 2015년까지 에너지 절감 및 환경보호 산업에 3조 1,000억 위안을 투자할 계획이다. 에너지 절감을 위한 LED 가로등 사업, 대기오염물질, 공업 오·폐수 처리 산업, 고형폐기물 처리 산업 등으로 우리에게 고성장 분야로 주목할 만한 분야이다.

넷째, '바이오 산업'이다. 전문가들은 "중국이 가장 빨리 성장했지만 가장 빨리 늙어가는 나라"라고 말한다. 현재 중국의 노인 인구는 2억 명이 넘으며 10년 뒤에는 3억 명이 넘을 것으로 전망하고 있다.

▲ 신종플루 예방접종을 실시하는 모습(자료:동방조보 홈페이지(www.dfdaily.com))

중국인들은 피부미용, 줄기세포 시술을 포함한 성형미용에 관심을 갖기 시작했다. 때문에 현재 줄기세포 사업이 활기를 띠고 있다고 한다. 자가지방 추출 성체 줄기세포는 한국 보다 먼저 사업화를 추진하고 있다.

특히 중국인들은 '먹고 마시는 것'이 차지하는 가중치가 45%나 된다고 전문가들은 말한다. 때문에 제일 많이 소비하는 돼지고기값이 오르면 소비가 물가가 정기예금 금리를 넘어 선다고 한다.

▲ 신품종 벼 개발/자료원 : 옌청시과학기술국 홈페이지(www.yckjj.gov.cn)

하지만 먹는 문제는 '바이오 기술'로 해결이 가능하다. 연간 7억 마리 돼지와 124억 마리의 닭을 소비하는 중국인들이 드디어 먹거리 산업에도 '바이오'를 적용하고 있다.

다섯 번째, '신소재 산업'이다. 신 산업의 중간재로 리튬전지를 비롯해 환경보호용 소재 등이다. 이는 우리나라 중소기업들에게 매력적인 진출분야이다.

여섯 번째, '차세대 IT'분야다. 클라우드(Claud)컴퓨팅, 신형 디스플레이 산업으로 반도체나 휴대폰이 아니다. 여기에는 한국의 반도체, 핸드폰, 자동차 같은 부품이 아니라 비행기, 인공위성, 고속철 등에 사용되는 'IT'이다.

일곱 번째, '첨단장비 산업'이다. 중국은 반도체, 휴대폰 시대는 지나고 첨단 장비인 비행기, 인공위성, 고속철도, 항공모함 등의 제작 산업 육성이다.

이처럼 이제 중국은 세계 굴뚝 산업에서 벗어나 첨단 기술집약 산업으로 탈바꿈하고 있다. 이웃인 우리나라도 한중 FTA에 따른 전략 산업을 집중 육성해 수출동력을 이어나가야 할 것이다.

6 녹색지구를 구할 글로벌 녹색리더 '가이아 클럽'

글로벌 녹색리더 '가이아 클럽(GAIA CLUB)'/(GGL 'GC') 병들어가는 지구를 살립시다!. 가이아(GAIA)란? 고대 그리스 신화에 나오는 최초의 여신으로 '대지의 여신'을 뜻하며 살아있는 '생명체로서의 지구'를 의미한다.

■ '가이아 클럽' 창립 취지문

작금의 지구촌은 근대화의 역사 속에서 크게 오염되었고 자연과 인간의 관계 또한 점차 어려움에 처하고 있다. 생명을 보듬고 맑게 흘러가던 강물이 죽어가고, 푸르던 강변과 바닷가 해변은 곳곳에서 호흡을 멈춰버렸으며, 일부에서는 빠르게 사막화가 진행되어가고 있다. 인간은 개발이라는 미명아래 지구촌의 자연을 파괴해 병들어 신음하고 있다. 이는 발전이란 환상을 좇아가는 동안 '인류의 삶'을 저당 잡히는 결과를 나았다.

이제 우리는 더 늦기 전에 자연환경의 회복을 위해 사회적, 국가적 지혜를 모아야 한다. 개발과 발전의 그늘에서 생기를 잃은 물의 목소리, 그 물을 마시고 그 물로 몸을 씻는 평범한 사람들의 목소리, 단비와 이슬로 생명을 노래하는 풀과 나무와 벌레들의 목소리, 오염된 공기, 오염된 토양에서 현 시대를 살고 있는 우리는 얼굴을 알 수 없는 미래세대의 목소리는 그동안 들리지 않았다.

그러나 억눌렸던 목소리는 이제 생명의 봇물로 터져 나와 모든 생명의 목소리가 큰 합

창으로 노래해야 한다.

자연은 생명이며 지구상 모든 종의 공동 유산이기 때문에 지구상의 모든 종은 자연에 대한 근본적인 권리를 가진다. 자연은 단순한 상품처럼 이윤 창출만을 위해서 거래되어서는 안 된다. 자연은 공공의 것이며, 이윤을 앞서 추구하는 개인이나 사기업, 국가 등은 결코 자연의 주인이 되어서는 안 된다.

우리 인류는 풍요롭고 슬기로운 자연적 가치와 문화적 전통을 적극적으로 발굴해 창조적인 재해석이 필요하다. 지구온난화가 초래한 기후변화로 인해 우리나라를 비롯해 전 세계가 태풍과 홍수, 극심한 가뭄 등이 되풀이되고 있기 때문에 환경대책에도 발상의 전환이 필요하다. 우리는 자연재해와 더불어 살아가는 법을 배우고, 자연재해 피해를 줄이기 위한 예방 대책을 수립하는 데 힘을 모아야 한다. 자연재해는 남에게만 일어나는 일이 아니라 나에게도 일어날 수 있는 일이라는 마음가짐으로 주도적으로 대비하고 원래의 자연 생태계를 복원하는 일에 노력해야 한다.

우리는 한 사람의 탁월한 식견을 가진 전문가보다 자연을 이용하는 인류의 창조적인 지혜와 실천적 의지와 자연을 사랑하는 마음이 자연을 살리는 길임을 믿는다.

따라서 지구촌의 더 많은 사람들이 자연정책 수립과정에 직접 참여하는 것이 필요하다고 주장한다. 자연은 인류가 가꾸어야 할 소중한 자산인 동시에 그 자연에서 생명을 누리는 모든 자산이기도 하다.

각 나라별 공동체는 서로의 고유한 자연이용 방식을 존중하며 자연을 함께 공유하고 나눠쓰는데서 오늘 연대성을 회복해야 한다. 자연은 지역별, 국가별 경계와 인종의 벽, 이념의 철조망과 남녀간의 차별을 넘어 갈등과 분쟁의 씨앗이 아니라 평화의 전령이 되어야 한다.

우리는 전 지구적인 자연 문제에 대해서 깊은 관심을 가지고 문제 해결에 적극 나서야 한다. 지구촌에서 아름답고 풍요로운 자연에 접근할 수 없는 빈곤한 사람들의 고통을 더는데 적극 노력할 것이다.

뿐만 아니라 이들이 자연에 대한 기본 권리를 강대국들에 유린당하지 않고 정당하게 향유할 수 있도록 도움을 주고자 한다. 우리가 이미 겪었던 개발의 부작용과 잘못된 자연의 인식에 대해서 널리 알리며 대안적인 방식들을 함께 찾고자 한다. 우리는 그들과 똑같이 지구의 자연에 순응하며 살고 있기 때문이다.

또한 인류의 가난은 개인, 국가뿐만 아니라 세계가 함께해야 할 문제이다. 전 세계 인구 절반에 해당하는 약 30억 명이 매일 2.5달러로 생활하고 있다. 이를 위해서는 가진 자, 부자나라가 더 많은 돈을 내놔야 하며 더 불어 함께 살아가는 사회문화를 만들어야 한다.

지난 50년간 선진국이 빈곤국에 투자한 돈이 2조 3,000억 달러에 이르는데도 세상은 변화가 없다. 때문에 흔히 "물고기 한 마리를 주면 하루를 살지만 고기 잡는 방법을 알려주면 평생을 살 수 있다"고 한다. 문제는 가진 자에게 기부를 이끌어낼 때에는 도덕적 의무감에만 호소를 해서는 안 되며 감동이 필요하다.

'월가를 점령하라(Occupy Wall street)' 슬로건을 내걸었던 미국 뉴욕의 반(反)월가 시위에 대한 동조가 2011년 10월 15일 세계 82개국 1,500여 개 도시에서 동시다발적으로 벌어졌다. 시위대는 "99% 위기, 1%는 강도"라는 구호로 세계 각국에서 시위를 벌였으며 트위터와 페이스북 등 소셜네트워크서비스(SNS)를 통해 현장을 실시간 중계하면서 정보와 의견을 주고받았다.

우리나라는 지난 1997년 IMF(국제통화기금)위기를 전 국민이 화합하여 극복한 바 있으며, 현재는 우리나라를 비롯해 전 세계가 금융위기로 또다시 국가적인 위기에 처해있다. 지난 해부터 우리나라 국민들이 느끼는 체감지수가 지난 2008년 말 미국 발 금융위기 이후 최악의 상황이 되고 있다. 우리사회는 지금 심각한 "양극화 현상"에 시달리고 있다. 이구백(20대 90%가 백수)이라고 불리는 20대 청년 실업자가 100만 명이 넘고 한 달에 아르바이트로 88만 원을 버는 세대가 200만 명에 육박한다. 특히 상위 소득이 1%에게만 몰리면서 상대적 박탈감을 느끼는 정도가 점점 더 심해지고 있다.

이래서는 우리사회의 미래가 보이지 않는다. "나누고 함께하는 시스템"을 준비해야 한다. 많이 벌면 사회에 많이 내놓는 기부문화가 정착되어야 한다. 그래야 우리 사회가 건강해질 수 있다.

본 '가이아 클럽'은 내외환경뉴스. iGTV, 월드그린환경연합과 공동으로 21세기 인류의 자연에 대한 희망을 주기위해 지구촌의 자연환경보전과 지구촌의 어려운 이웃을 위해 봉사하는 프로그램을 추진하고자 한다.

또한 세계 인류 평화를 위해 세계 종교지도자, 각국 나라별 지도자들이 모여 우리 '인간의 삶'에 보다 여유롭고 풍요롭게 하기 위해 한자리에 모여 의논하는 장을 만들이 위함이다.

'지구촌 한 가족'이라는 새로운 테마를 정신적으로 세계 질서를 올바르게 하기 위해 '가이아 올림픽'을 주창하는 바이다. 이를 위해 '글로벌 녹색리더 가이아 클럽(GGL 'GC') 을 창립하고자 한다.

기후난민

지난 2011년 2월 아시아개발은행(ADB)의 기후변화 관련 보고서 초안에 따르면 "홍수, 해수면 상승, 폭풍, 해일 등 기후변화에 따른 피해로 아·태지역에 수백만 명의 '환경난민'이 발생할 것이다"고 예측했다. 이 보고서는 "아·태지역은 40억 명의 인구가 밀집한 곳으로 피해를 가장 많이 입을 것이다"고 전망했다.

2010년 파키스탄은 '대홍수'로 주택 190만여 채가 파괴되고 수백만 명이 다른 지역으로 이주해야만 했다. 스리랑카 역시 불과 한 달 만에 2번의 큰 홍수로 25만여 명이 임시대피소에 기거하는 '환경난민'이 되었다.

특히 이 보고서는 "해안 지역의 거대도시로 인구가 몰려 더욱 위험에 노출되고 있다"며 "기후변화 위험지역을 밝히고 구체적인 위협"을 경고했다.

이어 "남아시아인 인도, 방글라데시는 해수면 상승, 폭풍, 해일 등의 기후변화에 취약하며 중국의 해안 저지대, 파키스탄 남부지역, 메콩강 하구, 베트남 홍하하구, 미얀마 이라와디강 하구 등과 남태평양의 투발루, 키리바시 등 섬나라 등이 기후변화 위험지역"으로 밝혔다.

‘가이아 클럽’ 목적

① ‘가이아 클럽’은 내외환경뉴스, iGTV, 월드그린환경연합과 공동으로 21세기 인류의 자연에 대한 희망을 주기위해 지구촌의 자연환경보전과 지구촌의 어려운 이웃을 위해 봉사하는 프로그램으로 추진한다.

② 세계 인류 평화를 위해 세계 종교지도자, 각국 나라별 지도자들이 모여 우리 ‘인간의 삶’에 보다 여유롭고 풍요롭게 하기 위해 한자리에 모여 의논하는 장을 만들기 위함이다(향후 UN 등록).

③ 21세기 ‘지구촌 한 가족’이라는 새로운 테마를 정신적으로 자연 순응이라는 진리와 세계 환경질서를 올바르게 하기 위해 ‘가이아 환경올림픽’을 주창한다.

④ 지구온난화에 따른 기후변화, 기상이변 등으로 북극 빙하가 사라지고 저지대 섬나라들이 수몰 위기에 처함에 따라 ‘환경난민’들에게 지원 및 봉사활동을 한다.

⑤ 인류의 가난은 개인, 국가뿐만 아니라 세계가 함께해야 할 문제이며 전 세계 인구 절반에 해당하는 약 30억 명이 매일 2.5달러로 생활하고 있다. 이에 따라 아프리카를 비롯한 북한 등 세계빈곤 국가의 어린이들이 심각한 기아에 시달리고 있다. 우리 인류 미래를 위해 이들에게 건강한 미래를 위한 각종 지원 및 봉사프로그림 개발 활동하기로 한다.

⑥ 가이아 클럽은 그동안 국제석으로 활동해온 라이온스나 로타리클럽과 같은 ‘환경봉사 VIP클럽’으로 운영한다.

‘가이아 클럽’ 추진방향 및 활동계획

〈방향〉

- 가이아 환경올림픽 추진으로 우리민족의 영지인 백두산을 성지화한다.
- 가이아 환경올림픽 추진으로 우리 민족(천손)의 우수성을 세계에 알리고 작금의 국난을 희망으로 국민들에게 부여함으로서 국난극복의 계기 마련 한다.
- 가이아 환경올림픽에 앞서 세계인류평화를 위한 ‘세계봉사대회’를 개최함으로서 ‘지구촌 한 가족’이라는 새로운 정신테마로 세계질서 계도 앞장선다.
- 21세기 음(陰)의 시대인 대지(가이아) 시대에 부합하는 천손(天孫)의 민족으로 세계 정신세계 리더국가 발돋움 한다.

〈역점〉

- 가이아 환경올림픽을 추진함으로서 국민의 힘을 한곳으로 집중
- 우리 한민족은 천손의 민족으로써 긍지와 자부심을 국제적 환경의 정신적 지주로

부상 기여

- 우리 민족이 새로운 정신세계 문화로 21세기 음(陰)의 시대에 세계 정신질서 앞장
- 지구촌 환경(지구온난화에 따른 기후변화)연구 분야 논문발표 및 지원

〈활동〉

- 본 클럽은 '가이아 환경올림픽' 조직위원회 구성에 앞서 주도적으로 활동
- 가이아 환경올림픽 개최 추진으로 세계에 환경 리더국가 위상 정립
- 세계인류평화를 위한 '세계봉사대회'개최 추진
- 월드그린환경연합과 협력해 세계적인 환경VIP클럽(향후 UN등록)이 될 수 있도록 활동

〈진행〉

- 1차적으로 국내외 각국 각계 각 분야의 지도자 영입 추진

(대한민국 환경문화대상 '외교대상'을 받은 대사 영입)

– 내외환경뉴스 · 내외매일뉴스 · iGTV 방송이 주관하여 조직결성

– 대한민국 환경문화대상 수상자 및 대한민국 사회봉사대상 수상자 중

① 10만 원 이상(월 1만 원) 회비납부자는 회원

② 100만 원 이상(월 10만 원) 회비납부자는 특별회원

③ 300만 원 이상(일반), 500만 원(기업) 이상 기부자는 비즈니스 회원

④ 1,000만 원 이상 기부자는 골드 회원

⑤ 2,000만 원 이상 기부자는 클래식 회원

– 이사진과 재정위원을 중심으로 후원금, 기부금 마련

■ 글로벌 녹색리더 ‘가이아 클럽’ 발대식

– 일시 : 2013년 3월 29일(금) 오후 2시

– 장소 : 서울역 KTX(별식)

▲ 발기인들이 발대식 후 회의 진행 모습

▲ 박광영 총재 회의 진행 모습

▲ 박광영 총재가 임시의장으로 회의 진행 모습

▲ 발기인들 모습

▲ 발기인들 모습

▲ 발기인들 회의 진행 모습

■ **'가이아 클럽'과 '지구녹화운동본부' 자매결연식(MOU체결)**

– 일시 : 2013년 5일 2일(목) 오후 2시

– 장소 : 한국언론진흥재단 프레스센터 20층(국제회의장)

▲ 박광영 총재 총평 모습

▲ 지구녹화운동본부 창립총회 후 전체

▲ 박광영 총재와 우종춘 대표회장 체결

▲ 자매결연(MOU)후 기념촬영

▲ 축사 곽결호 전. 환경부 장관

▲ 축사 노재성 목사

▲ 축사 대우스님

▲ 사회자 서기철 아나운서

▲ 우종춘 교수 특강

▲ 오정수 박사 특강

▲ 고경숙 이사 선언문 낭독

▲ 지구녹화단 선서식

▲ 지구녹화단 선서식 후

■ '가이아 클럽' 제11회 대한민국 환경문화대상 공동주관

– 일시 : 2013년 6월 12일(수) 오후 6시

– 장소 : 한국언론진흥재단 프레스센터 20층(국제회의장)

제11회 대한민국 환경문화대상 시상식 행사 사진

▲ 대회사
대구한의대 변정환 명예총장이 대회사를 하고 있다.

▲ 인사말
내외환경뉴스/월드그린환경연합중앙회 박광영 회장/총재

▲ 축하
본지 이동한 상임고문이 국회의원으로부터 축하인사를 받고 있다.

▲ 기수단 입장
시상식에 앞서 기수단이 입장하고 있다. 기수단은 태극기, 내외환경뉴스기, 월드그린환경연합중앙회기 순서로 입장하여 박광영회장/총재에게 전달하고 있다.

▲ 축하 화환
국회의원을 비롯한 대사관, 기업 및 단체들로부터 제 11회 대한민국 환경문화대상 시상식을 축하해 주었다.

▲ 수상자 및 축하객
수상자와 축하객 450여 명이 참석하여 성황리에 시상식을 거행하였다.

▲ 환경대상 법조부문 수상
강릉교도소 박성래 소장이 법조부문 수상자로 선정되어 수상을 하였다.

▲ 환경대상 지방자치부문 수상
대전중구청 박용갑 구청장이 수상기를 흔들어 보이고 있다.

▲ 환경대상 종교부문 수상
전북 고창 선운사 주지 법만스님께서 종교부문에 선정되어 수상을 하였다.

▲ 환경대상 NGO부문 수상
NGO부문 단체부문에 반딧불이재능나눔봉사단에서 수상하였다.
시상식에는 봉사단 학생대표가 참석하여 상장과 수상기를 수여 받았다.

▲ 환경대상 시상식 전경
제11회 대한민국환경문화대상 시상식이 한국언론재단 20층 국제회의장에서 내외빈 450여 명이 참석하여 성황리에 열려 뜨거운 열기를 더했다. 특히 종교, 언론계 원로 분들이 대거 참석하였고, 주한 터키대사관에 대사가 수상자로 참석하였다.

■ ‘가이아 클럽’ 제6회 대한민국 사회봉사대상 공동주관

- 일시 : 2013년 12월 27일(금) 오후 4시
- 장소 : 한국기독교연합회관 3층(아가페 홀)

▲ 박광영 총재 인사말

▲ 이성호 장학재단 이사장 인사말

▲ 안상수 전 새누리당 대표 축사

▲ 이재필 대회장 인터뷰

▲ 이성호 장학재단 이사장 장학금 전달

▲ 행사장 모습

▲ 국민의례 모습

▲ 파라과이 대사 수상소감

▲ 조준형 심사위원장 심사평/강원대 교수

▲ 1부 사회자, 정민우 월드그린환경연합 사무총장

▲ 2부 사회자, 정상규 내외환경뉴스 전무이사/이지영 가수

▲ 김제철 국장 선물 전달

▲ 우총춘 가이아 클럽 교육위원장 인터뷰

▲ 김승도 기네스북 기록보유자 공연

▲ 파라과이 대사 및 일행 기념촬영

▲ 지자체의정대상/광양시 의회

▲ NGO 대상/해비타트 동해 광희고

▲ 가요대상/조수정 가수

▲ 가요대상/그룹 헤리클

▲ 국악대상/노수덕 국악인

▲ 사회대상/정찬용 국학자료원장

▲ 사회대상/신애란 관장

▲ 한복디자이너대상/윤성호 한복 대표

21세기 천손민족과
가이아의 비상飛上

초판 1쇄 인쇄일 | 2014년 2월 3일
초판 1쇄 발행일 | 2014년 2월 4일

지은이 | 박광영
펴낸이 | 정구형
편집 / 디자인 | 심소영 신수빈 윤지영 이가람 김효진
마케팅 | 정찬용 권준기
영업관리 | 김소연 차용원 현승민
컨텐츠 사업팀 | 진병도 박성훈
제작이사 | 김봉진
인쇄처 | 미래프린팅
펴낸곳 | **국학자료원**
등록일 2006 11 02 제2007-12호
서울시 강동구 성내동 447-11 현영빌딩 2층
Tel 442-4623 Fax 442-4625
www.kookhak.co.kr
kookhak2001@hanmail.net

ISBN | 978-89-279-0816-6 *03530
가격 | 18,000원

* 이 도서의 국립중앙도서관 출판시도서목록(CIP)은 서지정보유통지원시스템 홈페이지(http://seoji.nl.go.kr)와 국가자료공동목록시스템(http://www.nl.go.kr/kolisnet)에서 이용하실 수 있습니다. (CIP제어번호: CIP2014002833)